O'REILLY®

HTML5敏捷实践
HTML5 Hacks

Jesse Cravens & Jeff Burtoft 著

豆葆坤 译

U0332686

电子工业出版社
Publishing House of Electronics Industry
北京·BEIJING

内 容 简 介

本书共分 10 章，包括了 HTML5 中的语义化、新的样式、多媒体支持、新的图形实现方式、更易用交互功能、浏览器客户端存储、地理定位、Web Worker API、Node.js 服务器端开发等方面。贯穿全书，作者都在解释 HTML5 规范的发展方向和目前规范的成因，这让读者更容易理解和正确应用这些规范。作者还向读者提供了很多非常实用的开发思想，例如分而治之、前后兼容等。本书提供了 90 个实用的例子，为开发者遇到的常见实际问题提供了比较优雅的解决方案。全书内容源于两位资深工程师的工作经验，贴近开发者的实际需要。

本书可以作为 HTML5 规范的学习教材，也可以作为前端工程师和服务器端工程师开发 HTML5 应用的必备工具书。

版权贸易合同登记号图字：01-2013-4705

图书在版编目（CIP）数据

HTML5 敏捷实践 / （美）奎文（Cravens,J.），（美）巴特福德（Burtoft,J.）著；豆葆坤译.
北京：电子工业出版社，2014.1
书名原文：HTML5 hacks
ISBN 978-7-121-21702-9

Ⅰ．①H…　Ⅱ．①奎…　②巴…　③豆…　Ⅲ．①超文本标记语言－程序设计　Ⅳ．①TP312

中国版本图书馆 CIP 数据核字（2013）第 247225 号

策划编辑：张春雨　任晓露
责任编辑：徐津平
印　　刷：三河市双峰印刷装订有限公司
装　　订：三河市双峰印刷装订有限公司
出版发行：电子工业出版社
　　　　　北京市海淀区万寿路 173 信箱　邮编 100036
开　　本：720×1000　1/16　印张：31.5　字数：548.7 千字
印　　次：2014 年 1 月第 1 次印刷
印　　数：3000 册　定价：89.00 元

凡所购买电子工业出版社图书有缺损问题，请向购买书店调换。若书店售缺，请与本社发行部联系，联系及邮购电话：（010）88254888。

质量投诉请发邮件至 zlts@phei.com.cn，盗版侵权举报请发邮件至 dbqq@phei.com.cn。

服务热线：（010）88258888。

O'Reilly Media, Inc.介绍

O'Reilly Media 通过图书、杂志、在线服务、调查研究和会议等方式传播创新知识。自 1978 年开始，O'Reilly 一直都是前沿发展的见证者和推动者。超级极客们正在开创着未来，而我们关注真正重要的技术趋势——通过放大那些"细微的信号"来刺激社会对新科技的应用。作为技术社区中活跃的参与者，O'Reilly 的发展充满了对创新的倡导、创造和发扬光大。

O'Reilly 为软件开发人员带来革命性的"动物书"；创建第一个商业网站（GNN）；组织了影响深远的开放源代码峰会，以至于开源软件运动以此命名；创立了 Make 杂志，从而成为 DIY 革命的主要先锋；公司一如既往地通过多种形式缔结信息与人的纽带。O'Reilly 的会议和峰会集聚了众多超级极客和高瞻远瞩的商业领袖，共同描绘出开创新产业的革命性思想。作为技术人士获取信息的选择，O'Reilly 现在还将先锋专家的知识传递给普通的计算机用户。无论是通过书籍出版，在线服务或者面授课程，每一项 O'Reilly 的产品都反映了公司不可动摇的理念——信息是激发创新的力量。

业界评论

"O'Reilly Radar 博客有口皆碑。"

——Wired

"O'Reilly 凭借一系列（真希望当初我也想到了）非凡想法建立了数百万美元的业务。"

——Business 2.0

"O'Reilly Conference 是聚集关键思想领袖的绝对典范。"

——CRN

"一本 O'Reilly 的书就代表一个有用、有前途、需要学习的主题。"

——Irish Times

"Tim 是位特立独行的商人，他不光放眼于最长远、最广阔的视野并且切实地按照 Yogi Berra 的建议去做了：'如果你在路上遇到岔路口，走小路（岔路）。'回顾过去 Tim 似乎每一次都选择了小路，而且有几次都是一闪即逝的机会，尽管大路也不错。"

——Linux Journal

前言

HTML5 是一个关于互联网技术的包罗万象的新词。类似于以前的 Ajax 和 Web2.0，这个词在不同的上下文中使用会有不同的含义。HTML5 的字面含义是表示第 5 版本的 HTML 标记语言，但是也可以用来描述下一代网络技术规范集合，包括 CSS3、SVG 和 JavaScript API。

为了在这个背景下理解 HTML5，首先需要理解的是 HTML5 并不是一项添加到网页应用上的简单技术。在 HTML5 技术集合中有超过 30 项不同的规范，各项规范的成熟度不同。此外，主要浏览器厂商对各个规范的采用和实施方式也不同。

网页应用开发者会根据业务需求选择合适的 HTML5 功能，以提高应用的性能。最终在流行网页应用中实际使用的很可能只是其中很少的几项规范。

批评家经常说，必须要等到 HTML5 被百分之百支持后，才能在项目中使用。这明显是不正确的。很多 HTML5 规范已经非常成熟，并且在流行的浏览器中已经被完全实施了。但是有些规范还处于开发早期，或者主流浏览器厂商对其不太支持。了解所使用的规范类型很重要。虽然研究这些规范会有帮助，但是唯一正确的学习方法是在所有的浏览器里测试你的应用。

对于那些新的或者还没被很好支持的规范，有一些聪明的开发者已经开放了免费且开源的工具为老式浏览器提供 shim 和 *polyfill*。正如 Remy Sharp 定义的那样："polyfill 或者 polyfiller 是可以模拟浏览器的某些原生功能的一段代码（或者一个插件），并且可以提供一致的开发接口。"据我看来，最好的 polyfill 是不需要开发者知道某一功能是否是由浏览器原生提供的，它会在后台提供必要的支持，对于用户和开发者都是透明的。在大部分情况下，每项 HTML5 规范都有一个或者多个可以使用的、互相竞争的 polyfill。你会在本书中看到多种网络上流行的高效的 polyfill。

为什么学习 HTML5

初学者也许会有这样的疑问："为什么需要关心 HTML5？"不幸的是，这个问题没有一个简单的答案。即使是一些资深的开发者也会根据他们熟悉的功能给出不同的答案。

但是总体而言，一些功能集合是大部分开发者都认可的流行的功能。在 HTML5 出现之前，网页应用从来都没被当做原生桌面应用或者移动应用的竞争者。自从 HTML5 出现以来，网页应用才被认为是一项易于部署的、跨平台的应用平台方案。然而，由于缺少一些重要业务功能，如性能、安全和图形，HTML5 受到了束缚。如果流行的浏览器能够成为一个成熟的应用平台，开发者就可以不再针对不同平台开发原生应用了。

通过 `XMLHttpRequest` 对象、JSON 传输格式，以及浏览器上各种 JavaScript 类库的爆发（很多类库都提供了 ployfill 支持），Ajax 技术革命提供了异步的、后台执行的服务器端更新，将网页应用世界带到了正确的道路上。然而，HTML5 的目标是在流行的浏览器中为复杂应用开发提供原生的功能支持。为了实现这个目标，很多功能还需要改进，例如维护浏览器历史、异步交互过程中的书签、跨域通信、本地存储、离线支持、丰富的图形支持、为了改进速度和效率的新连接层协议等。

HTML5 的实现

作为一个渴望使用本书中介绍的特性实现新功能的开发者，有必要理解这一点：很多 HTML5 规范还处于试验和开发期。写作本书的一大挑战就是要与不断进化的规范保持同步。

接下来的几个话题对于学习试验期的浏览器规范很重要。

浏览器前缀

为了让浏览器厂商能够实施试验期的特性（通常在规范完成之前实施），浏览器厂商需要在这个特性标识之前添加"前缀"，表示这只是针对特定浏览器的功能。一个很好的例子就是 requestAnimationFrame 的实施方式，它是在浏览器中为页面添加动画效果的 JavaScript 方法。最初实施这一功能的浏览器前缀如下：

- requestAnimationFrame
- webkitRequestAnimationFrame
- mozRequestAnimationFrame
- oRequestAnimationFrame
- msRequestAnimationFrame

浏览器前缀在 CSS 中很常见。推荐你阅读第 2 章的引言，了解浏览器前缀是如何在 CSS 中实现的。

使用 HTML5 检查工具验证一致性

HTML 验证器是一组通过 DTD（Document Type Definition）定义的网页标准解析网页代码的软件。如果你还不熟悉 DTD，可以将它想象为一个处理 HTML 标记在浏览器中呈现方式的元数据。

HTML 验证器根据选择的标准返回找到的一系列错误。我们现在可以使用 HTML5 DTD 来验证。

HTML5 DTD 比最新的 XHTML 定义更宽松。W3C 的新验证器（*http://html5.validator. nu/*）显示了其中的差别。然而，验证器不应该针对编码风格问题抛出异常，它应该关注于根据某个规范验证 HTML 标记。

HTML5 Lint

这意味着开发者还需要规范编码风格的工具。需要检查的常见编码风格问题包括代码的缩进是否一致、标签是否小写和关闭标签是否被忽略。

在本书写作的时候，我们推荐使用 HTML5 Lint tool（*http://lint.brihten.com/ html/*）来检查。

HTML5 实施的状态和功能支持情况

在博客中（*http://html5hacks.com/blog*），我们会持续对本书提供的例子进行尽可能频繁的更新。

网络上还有很多不错的资源可以参考。这些资源提供了 HTML5 实施状态和特定浏览器对某些 HTML5 特性支持的状态。

针对大部分流行浏览器：

> *http://caniuse.com/*

> *http://html5test.com/*

针对 Chrome：

> *http://www.chromium.org/developers/web-platform-status*

针对 IE：

> *http://msdn.microsoft.com/en-US/ie/ff468705.aspx*

针对 Mozilla Firefox：

> *https://wiki.mozilla.org/Features*

针对 Apple Safari：

> *https://developer.apple.com/technologies/safari/html5.html*

为什么书名为 HTML5 Hacks

Hacker（黑客）在媒体中一般带有消极的含义，但是它已经逐渐被用来描述技术人员了。维基百科提供了黑客[1]这个词的如下三个不同的定义。

注1:　　*http://en.wikipedia.org/wiki/Hacker*

　　　　　　　　　　　　　　　　　　　　　　　　HTML5 敏捷实践

1. 在信息安全（Information Security）领域，"黑客"指研究智取计算机安全系统的人员。

2. 在业余计算机方面，"黑客"指研究修改计算机产品的业余爱好者。

3. 在程序员亚文化方面，"黑客"指对软件开发提倡"反独裁"的人，如今和开源软件运动联系起来。

我们使用的是其中的第二个定义。这里指的就是本身的含义，类似"敏捷"或者"秘诀"的含义。这些快速的小实例都验证了一个 API、功能或技术，不仅可以用来培训软件开发团队，也可以用来指引项目的开发技术方向。

谁应该阅读本书

本书通过 90 个实例向读者介绍了 HTML5 规范集合。初学者可以将本书作为构建基于浏览器的应用的基础。中级或者高级开发者可以通过本书来快速了解那些还没有接触到的规范。

总而言之，本书的作用取决于你如何使用它。

本书内容

本书共分 10 章，内容如下。

第 *1* 章，用语义化的方式实现

    介绍新的关键的 HTML5 标记元素和属性。

第 *2* 章，使用样式

    介绍 CSS3 的视觉表达和行为。

第 *3* 章，实践多媒体

    讨论 HTML5 音频和视频标签。

第 *4* 章，使用 Canvas 和 SVG 来做图形

    介绍如何使用 Canvas 和 SVG。

第 *5* 章，用户交互

    介绍 HTML5 拖放、可编辑元素和其他交互功能。

第 *6* 章，实践客户端数据存储

   讨论存储和 HTML5 应用缓存。

第 *7* 章，实践地理定位

   讨论如何使用地理定位功能。

第 *8* 章，WebWorker API

   介绍如何利用 WebWorker API。

第 *9* 章，实践 HTML5 连接

   讨论 web socket、跨文档消息、服务器端实践等。

第 *10* 章，使用 Node.js 实现高级 HTML5 应用

   讨论如何使用 Node.js 构建高级 HTML5 应用。

本书中使用的约定

本书中使用的印刷约定：

斜体（*Italic*）

   表示新名词、URL、Email 地址、文件名、文件扩展名、路径名称、文件夹和 Unix 工具。

等宽字体（`Constant width`）

   表示命令、选项、开关、变量、属性、关键词、函数、类型、类、命名空间、方法、模块、类属性、参数、值、对象、事件、事件处理器、XML 标记、HTML 标记、宏、文件内容或者命令的输出。

等宽加粗字体（**`Constant width bold`**）

   表示应该由用户输入的命令或者其他文本。

等宽加斜字体（*`Constant width italic`*）

   表示应该被替换为用户提供的值的文本。

此样式表示一个小技巧、一个建议或一般性注释、警告。

使用示例代码

这本书会帮你快速完成工作。一般情况下，你可以在自己的程序或者文档中使用本书提供的代码。你不需要联系我们获取许可，除非你用这些代码生成了有显著

价值的产品。例如，使用本书提供的几组代码写自己的程序不需要获得许可；出售或者分发包含 O'Reilly 书籍代码的 CD-ROM 需要获得许可；引用书中的示例代码回答问题不需要获得许可；在你的产品文档中明显使用本书的示例代码需要获得许可。

我们希望你标注版权归属，但这不是必需的。版权归属一般由标题、作者、出版商和 ISBN 组成。例如："由 Jesse Cravens 和 Jeff Burtoft 所著的 *HTML5 Hacks* (O'Reilly). Copyright © 2013 Jesse Cravens Jeff Burtoft，978-1-449-33499-4."

本书中的示例代码都保存在 *https://github.com/html5hacks* 上。

你可以在 *http://html5hacks.com* 上看到作者的更新。

联系我们

关于本书的建议和疑问，可以与下面的出版社联系。

美国：

O'Reilly Media, Inc.

1005 Gravenstein Highway North

Sebastopol, CA 95472

中国：

北京市西城区西直门南大街 2 号成铭大厦 C 座 807 室（100035）

奥莱利技术咨询（北京）有限公司

我们为本书提供了一个网页，列出了勘误表、例子和其他额外信息。你可以访问：
oreil.ly/HTML5_Hacks

如果要评论本书或者咨询关于本书的技术问题，请发邮件到：
bookquestions@oreilly.com

想了解关于 O'Reilly 图书、课程、会议和新闻的更多信息，请访问以下网站：
http://www.oreilly.com.cn
http://www.oreilly.com

Safari® 在线书店

Safari 在线书店 (*http://my.safaribooksonline.com/?portal=oreilly*) 是一个能及时响应读者需求并提供专业内容的数字图书馆，它以图书和视频的形式提供在技术和商业领域领先的作者的作品。

很多专业技术人员、软件开发者、网页设计师、商业和创新人才将 Safari 在线书店作为他们主要的研究工具，利用它解决问题、学习和进行认证训练。

Safari 在线书店为组织、政府机构或者个人提供一系列产品组合和定价方案。订阅者可以访问数千本书籍、培训视频和正式出版前的手稿，这些内容由众多出版商共同提供，其中包含了 O'Reilly Media、Prentice Hall Professional、Addison-Wesley Professional、Microsoft Press、Sams、Que、Peachpit Press、Focal Press、Cisco Press、John Wiley & Sons、Syngress、Morgan Kaufmann、IBM Redbooks、Packt、Adobe Press、FT Press、Apress、Manning、New Riders、McGraw-Hill、Jones & Bartlett、Course Technology、anddzens 等发行商的可搜索的数据库。更多关于 Safari 在线书店的信息请在线访问我们的网站。

致谢

我们首先要对两位作者的家庭表示感谢。写作本书占用了很多夜晚和周末的时间，因此他们牺牲了很多陪伴妻子和孩子的时间。

Jeff 要感谢他的妻子 Carla，她鼓励他写作本书，并且允许他们的生活在写作期间被打乱。他也要感谢他的孩子们，Chloe、Maddy 和 Jude 为他的创作提供了灵感，并对他所做的一切感到自豪。Jeff 还要感谢他的合作者和共同作者 Jesse，他们一起将这本书从梦想变为现实。

Jesse 要感谢他的妻子 Amy 的支持，使他可以在这本书上花费很多时间。还要感谢他的孩子 Carter 和 Lindley，他们理解自己的父亲需要在周末和晚上工作。感谢他的哥哥和嫂子为他的写作提供了一个安静的环境，并给予鼓励。感谢父母的支持和鼓励。最后，他要感谢本书的共同作者 Jeff，他们共同克服困难，完成了这个项目。

特邀嘉宾

John Dyer（*http：//j.hn/*）是达拉斯神学院通信和教育技术执行总监。他拥有十几年的网络开发经验和技术作家经验。他喜欢为开发者提供简化复杂任务的工具。他和妻子 Amber、两个可爱的孩子一起生活在达拉斯。

Alex Sirota 是 FoxyTunes 的联合创始人，之前担任这家公司的 CTO 和产品主管。现在该公司被雅虎收购了。Alex 在这家公司做了 4 年多的构建多媒体和娱乐网络产品的工作。之前，他是 Elbrus Ltd.的联合创始人。Elbrus Ltd.是一家为飞利浦医疗系统、IBM 等公司提供软件方案的公司。在去 Elbrus 之前，他是以色列国防部计算设备部门的主管。共同出版过关于 Mozilla 和网络技术的书籍（由 Wiley 公司出版）。他拥有以色列工程技术学院的计算机科学学士学位。

Raymond Camden 是 Adobe 公司的高级开发者传教士。他关注于网页标准、移动应用开发和 ColdFusion。他著有很多书籍，经常参加各种技术会议或者用户组。你可以通过他的 blog（*http://www.raymondcamden.com*）或者 Twitter（*@cfjedimaster*）或者 email（*raymondcamden@gmail.com*）联系他。

Phil Leggetter 是一个实时网络软件和技术传教士。他拥有十多年的实时网络技术的开发经验，他关注如何使用这些技术构建新一代实时网络应用。

Alexander Schulze 是 jWebSocket 项目的创始人，也是一位 IT 咨询师和培训师。他在很多会议上做过演讲，著有很多书籍和文章。

译者序

最近以硅谷为首的开发社区提出一个名词：全栈工程师（Full Stack Developer），是指可以掌握 Web 开发各个方面的工程师，不仅需要熟悉服务器后端项目的开发和部署，而且需要熟悉前端的开发和部署。本书就是你成为全栈工程师必备的一本书。因为它不仅关注前端表现和交互层，而且关注服务器端的连接层。所以本书不仅适合前端开发人员阅读，而且适合服务器后端开发人员阅读。

HTML5 可以说是最近 10 年 Web 开发领域最大的变革。HTML5 不是将来时，而是进行时。本书的作者为一线互联网公司的资深开发工程师，因此更容易从实际开发的角度审视 HTML5 在当前实际项目中的使用方式。

本书通过 90 个实例向开发者展示了 HTML5 各个功能在实际项目中的使用方式。本书不仅注重实际应用，而且注重介绍一种应用 HTML5 的思想，那就是通过回退（Fallback）支持老旧浏览器。即使 HTML5 还没有最终完成，各个浏览器的实现对 HTML5 的支持还不完善，你也可以开始在项目中使用这些技术。

本书还提供了一种分而治之的思路来解决复杂的问题。与服务器端可控的开发环境不同，前端开发需要考虑到各个浏览器使用的环境，不仅各个厂商的浏览器对标准的实现不一致，移动设备中的浏览器的带宽、CPU 处理能力以及电池的消耗也各不相同。本书考虑了所有这些问题，并且在每个实例中都提供了一种拿来即用的"最佳实践"。

本书原书名为"HTML5 Hacks"，中文书名取"Hack"中"敏捷"的含义，"敏捷"的含义不完全等同于"敏捷开发"中"敏捷"的含义；又因为本书内容很注重实践，在实际项目中使用 HTML5 技术，故书名译为"HTML5 敏捷实践"。

本书不仅可以作为系统了解 HTML5 规范的实例教材，而且可以作为在实际项目中改善原有互联网应用性能的参考书。

由于水平和时间有限，译稿中难免存在错误。如果你有技术或者文字方面的问题，欢迎致信 *doubaokun@gmail.com*，我会尽力解答。

豆葆坤

2013 年 4 月于北京

目录

第 1 章

用语义化的方式实现

HTML5 的精髓在于简化。HTML5 使以往难以实现的 Web 标准变得简单了。那些有远见的标准化组织，例如 WHATWG（Web Hypertext Application Technology Working Group）和 W3C（World Wide Web Consortium），在目前 Web 标准进化的基础上构建了新的 HTML5 标准，而不是推倒重来。

本质上，HTML5 是原来的 HTML 的升级。在这一章，我们以构建 HTML 区块和语义化元素为基础，向你展示本书讨论的这个简单而又强大的新型网页浏览器技术。

那么，现在打开你喜欢的编辑器，煮一壶咖啡，准备用 HTML5 这个史上最强大的网页语言来开发应用吧。

实例 01 使用正确的<doctype>来简化你的网页

如果要找一个体现了 HTML5 简化网页开发的标志的话，那就是<DOCTYPE>标签。HTML5 的<doctype>标签使用起来非常简单。

当你打开一个 XHTML 文档的时候，首先会看到文档非常复杂的第一行：

```
<!DOCTYPE html PUBLIC "-//W3C//DTD XHTML 1.0 Transitional//EN"
"http://www.w3.org/TR/xhtml1/DTD/xhtml1-transitional.dtd">
```

以前 HTML 的<DOCTYPE>标签继承了 SGML 组织的标准。由三部分组成：标签名、公有定义字符串和 DTD URL。这些奇怪的大小写字符、引号、斜杠和 URL 的声明造就了这难以阅读的文件。更奇怪的是，<DOCTYPE>标签是特殊的，因为从 HTML 4.01 开始它是唯一的全部大写的标签。

HTML5 告别了那些复杂和混乱，简化成：

```
<!doctype html>
```

浏览器通过<doctype>标签来决定如何渲染网页。大部分浏览器并不从 URL 地址下载 DTD 文件，而是通过识别不同的<DOCTYPE>标签来做不同的操作。如果浏览器遇到之前的代码，它会切换到标准模式（不同于怪异模式），用 XHTML 过渡格式来渲染。

综合这一切，HTML5 怎么才能使用一个简单的（例如只包含 html 的）<doctype>标签呢？新的<doctype>就是答案。新的<doctype>标签用来触发一个简化的网页渲染模式，这种模式有别于旧的模式。浏览器厂商关于如何执行浏览器自定义功能达成了共识，所以不再需要"怪异模式"的网页渲染。如果所有浏览器都按标准方式来渲染网页，就不需要 DTD 标签了；所以简化的 html 规定浏览器应该忽略 DTD 并且简化渲染网页。

HTML5 是一个简化版的 HTML。标签不再复杂，功能不再复杂，最重要的是规则不再复杂。

然而，在你写大部分网页应用的时候，不能假设用户都支持 HTML5。那么如何在那么多的<doctype>标签中选择一个作为文件的第一行呢？这并没有很大的空间来发挥你的花哨技巧。好消息是，还有一个向后兼容的 HTML5 <doctype>标签：

```
<!DOCTYPE html>
```

"不过，请等一下，"你说，"这不是刚刚讨论的那个标签吗？"是的，这正是那个标签。唯一的区别是"doctype"全用了大写。HTML5 规范规定<doctype>对大小写不敏感；然而，之前版本的 HTML 需要<doctype>全部大写。以后你会发现大部分 HTML5 特性都是向后兼容的。如今市场上大部分浏览器都会识别新的<doctype>，并且把它简单地作为"标准模式"来渲染页面。

使用向后兼容的<doctype>可以让你现在就开始使用 HTML5，而且同时支持旧的浏览器。

实例 02 采用常见结构

很多网页文档都有类似的结构，这样有利于统一风格和预期。

网页设计师和开发者长时间配合构建同一个网页。一个常见的高层次网页结构类似下面这样：

```
<!DOCTYPE html PUBLIC "-//W3C//DTD XHTML 1.0 Transitional//EN"
"http://www.w3.org/TR/xhtml1/DTD/xhtml1-transitional.dtd">
<html>
<head>
<meta http-equiv="content-type" content="text/html;charset=
UTF-8" />
    <title>...</title>
</head>
<body>
    <div id="header">...</div>
    <div id="nav">...</div>
    <div id="article">...</div>
    <div id="footer">...</div>
</body>
</html>
```

注意页面里的定义"结构"的 id。可以看出来这个页面的内容组织得很好，并且页面结构也很清晰。但是上述代码的问题是几乎每一个元素都是一个 div。虽然 div 很好，但是如果脱离了 id 就起不到标识的作用了。用 id 定义 div 角色存在一个问题，即当你需要在其他地方用 id 时会发生冲突。例如，在标识一个文档树的时候，你会遇到这样的问题：当你在页面上增加一些工具，如 YUI 的表格或者 WordPress 时，你需要用 div 的 id 来标识一些信息，但却不能简单替换原有的 id。另外，增加的那些 div 层次只是为了满足结构需求。所以，之前那个清晰的页面就会变成这样：

```
<!DOCTYPE html PUBLIC "-//W3C//DTD XHTML 1.0 Transitional//EN"
"http://www.w3.org/TR/xhtml1/DTD/xhtml1-transitional.dtd">
<html>
<head>
<meta http-equiv="content-type" content="text/html;charset=
UTF-8" />
    <title>...</title>
</head>
<body>
    <div id="header">
    <div id="nav">
        <div id="doc2">
            <div id="wordpress-org-2833893">...</div>
        </div>
    </div>
    <div id="article">
        <div id="doc2">
            <div id="wordpress-org-887478">...</div>
```

```
        </div>
    </div>
    <div id="footer">...</div>
</body>
```

你很快就发现它变得混乱了，然而我们并不想放弃用结构化的元素来分割页面的想法，因为很多代码阅读器（例如屏幕阅读器和搜索引擎爬虫）开始依赖结构约定。像处理其他问题一样，HTML5 通过定义新的结构化标签很简单地将这个复杂的问题解决了。让我们用结构化的元素重写页面：

```
<!DOCTYPE html>
<html>
<head>
    <meta charset="UTF-8">
    <title>...</title>
</head>
<body>
    <header>...</header>
    <nav>...</nav>
    <article>...</article>
    <footer>...</footer>
</body>
</html>
```

你再次得到一个简单清楚的 HTML5 方案来保持页面容易使用，也容易被屏幕阅读器和浏览器爬虫解析。同样的代码也可以同时满足我们支持第三方产品的需求，像下面这样：

```
<!DOCTYPE html>
<html>
<head>
    <meta charset="UTF-8">
    <title>...</title>
</head>
<body>
    <header data-yuigrid="doc2" data-wordpress="2833893">...
</header>
    <nav>...</nav>
    <article data-yuigrid="doc2" data-wordpress="887478">...
</article>
    <footer>...</footer>
</body>
</html>
```

我们会在本章之后的部分深入讨论 data-属性标签。现在你只需要理解它的一个特点：允许保持页面结构化的元素识别节点，同时将 id 属性留给网页开发者来控制。第三方开发者需要注意不要操作元素的 id。

综合以上及更多

HTML5 并不仅有之前段落讨论的那些新标签。以下是一部分常见的 HTML5 新定义标签的列表：

`<article>`	`<aside>`	`<figcaption>`	`<figure>`	`<footer>`	`<header>`	`<hgroup>`
`<mark>`	`<nav>`	`<section>`	`<time>`	`<keygen>`	`<meter>`	`<summary>`

这些标签大部分是从网页开发者常用的标签总结出来的。W3C 明智地决定"循规蹈矩"，遵循网页开发者的习惯。这样，新的标签可以很容易被使用起来。

大部分情况下每个标签的使用意图都很明确。`<header>`和`<footer>`标签是用来表示页面或者应用的头部和尾部。`<nav>`标签用来表示导航。你可以用`<section>`和`<article>`标签来替代过度使用的`<div>`标签；用这些标签来对页面进行内容划分（例如，用 `<article>` 标签表示文章）。`<aside>`标签和`<article>`标签的用法类似，只是表示内容会出现在侧边栏。`<figure>`标签表示一段自包含的内容，等等。注意这个列表没有最终确定，还会不断变化。访问 w3schools 网页（*http://www.w3schools.com/html5/html5_reference.asp*）可以看到网上最完整的 HTML5 标签列表。

实例 03 使你的 HTML5 新标签在旧的浏览器里正确渲染

不要试图等待 HTML5 完全应用在互联网上，而要让 HTML5 结构化标签在所有浏览器里正确渲染。

如今我们可以在 HTML5 世界里用易表达和语义化的标记，我们已经可以摆脱层次复杂的 div，重新有时间在聚会上露面了！

语义化标记是指用有意义的方式来使用标记。结构和表现分离，可以让我们用 CSS 来定义表现（外观和感觉），用有含义的语义化标记来定义内容。

一些访客并没有安装 HTML5 浏览器——普通访客并不像你一样是网页标准的精英分子，你的页面需要做到向后兼容。不要抛弃之前那些 HTML5 标签。本实例会教会你如何编写支持所有浏览器的代码。

在过去 10 年里开发的所有浏览器会使用以下三种方式之一来解析你的 HTML5 标签：

1. 识别 HTML5 标签并且正确渲染它们（恭喜，你支持 HTML5）。

2. 识别 HTML5 标签，不解析它，把它作为一个无样式（默认内联）的 DOM （Document Object Model）元素。

3. 识别 HTML5 标签，不解析它，并且完全忽略它来构建 DOM。

方式 1 很简单：你在用一个 HTML5 浏览器。方式 2 看起来也很容易解决，你只要简单地设置默认的 CSS 样式。记住，对于这些新的标签，你不能应用任何 DOM API，所以这些标签并不能被真正地支持。换句话说，用这种方式创建元素（meter）并不是在创建真正有功能的元素。但是对于语义化的标记元素，这不是个问题。

所以，我们把精力放在方式 3 上。如果你用 IE 6、IE 7 或 IE 8 打开一个包含 HTML5 语义标签的网页，代码看起来会像下面这样：

```
<!DOCTYPE html>
<html>
<head>
    <meta charset="UTF-8">
    <title>My New Page with Nav</title>
</head>
<body>
<div>
    <nav class="nav">
    <p>this is nav text</p>
    </nav>
</div>
</body>
</html>
```

这里有两种不同的方式来向后兼容。

回退 div

在之前代码示例中，nav 元素没有被识别，在渲染时被跳过。因为 DOM 并不识别这些元素，方式 1 是使用一个浏览器可以识别的回退元素，用它来包围不能被识别的元素。以下代码可以帮我们理解：

```html
<!DOCTYPE html>
<html>
<head>
    <meta charset="UTF-8">
    <title>My New Page with Nav</title>
</head>
<body>
<div>
    <nav class="nav">
        <div class="nav-div">
            <p>this is nav text</p>
        </div>
    </nav>
</div>
</body>
</html>
```

就这样！我们现在可以用类 nav-div 而不是类 nav 来修饰元素，并且我们的 DOM 树可以被大部分浏览器完整识别了。网页会被正确地渲染，并且 HTML5 语义化标签还会从屏幕阅读器和搜索引擎获得好处。

这种方法可以完成任务，但是这个解决方式有很多劣势。对于初学者来说，重复的标签在很多方面抹杀了它带来的好处，因为我们还是用 div 来做页面的结构元素。这个方案最大的问题是会污染 DOM 树，我们不再在所有的浏览器里拥有一致的父子关系。在那些可以识别 HTML5 元素的浏览器里，每一个内容元素外会多出一个"父"元素，所以 DOM 树会和旧的浏览器不同。你也许会想，可以先不考虑这些，但是你一旦开始用 JavaScript 操作 DOM（尤其是用 YUI 或 jQuery 的 JavaScript 库时），就会重新陷入跨浏览器支持的问题。

用真正的 DOM 方式来实现：HTML5 Shim（或者 Shiv）

幸运的是还有一种更好的方式来解决这个问题。我记得这个"功能"是 Sjoerd Visscher 在 2002 年首次先发现的。当时他从 createElement 换成 innerHTML 时发现元素的样式不能修改了。到 2008 年时 John Resic 发现了让 IE 识别 HTML5

元素的一种方式。他把这种能力命名为"HTML5 shiv"，实际上就是 shim。以下是详细的解释。

比较旧的 IE 浏览器本身不能识别 HTML5 元素。但是如果你在页面的头部添加一些包含函数 document.createElement() 的 JavaScript 代码，并且把不能被识别的元素作为参数传到这个函数之后，那些不能被识别的元素就可以用 CSS 来修饰了。让我们回到代码：

```
<!DOCTYPE html>
<html>
<head>
    <meta charset="UTF-8">
    <title>My New Page with Nav</title>
<style>
.nav {
color:red
}
    nav {
display:block;
background-color:blue
}
</style>
</head>
<body>
<div>
    <nav class="nav">
            <p>this is nav text</p>
    </nav>
</div>
</body>
</html>
```

图 1-1 展示了之前的标记在 IE 6 至 IE 8 中的效果。

图 1-1　浏览器不支持修饰 nav 元素

注意元素忽略了 CSS 中定义的样式。让我们增加一些 JavaScript 代码试试：

```
<!DOCTYPE html>
<html>
<head>
    <meta charset="UTF-8">
    <title>My New Page with Nav</title>
<style>
.nav {
color:red
}
    nav {
display:block;
background-color:blue
}
</style>
<script>
```

```
        document.createElement('nav');
    </script>
    </head>
    <body>
    <div>
        <nav class="nav">
                <p>this is nav text</p>
        </nav>
    </div>
    </body>
    </html>
```

现在元素会使用 CSS 中定义的样式，显示了蓝色的背景和红色的文字；结果如图
1-2 所示。

图 1-2   浏览器并不支持用 CSS 修饰 nav 元素，但是这是个 JavaScript 技巧

新定义的<input>标签

HACKHTML5 重新定义了<input>标签，这个古老的标签让我们重新兴奋起来。必须承认，我对这个<input>标签有一些厌烦。在 HTML5 出现之前，任何真实的交互都必须在这个标签以外完成：无论这些交互是关于验证、格式，还是关于图形展示，都必须辅以 JavaScript 来实现。HTML5 有理由让我们对<input>标签感到兴奋。

<input>标签本身并不是一个新的 HTML5 标签，它在之前几乎每个版本的 HTML 规范里都出现过。但是在 HTML5 里增加了一些新的功能。更新已有标签的好处是可以自然地向后兼容。你可以像下面这样创建一个标签：

```
<input type="date" />
```

不支持 HTML5 的浏览器会将其解析成：

```
<input />
```

在这个实例中，我们会讨论这个标签的一些常用的新功能。

一些基础

在 HTML5 的<input>标签里有一些基础（很强大）的新功能，适用于几乎所有输入类型。我们先看一些简单的属性，然后再接触那些稍微复杂的属性。

首先看占位文字，这是一些赋值给 placeholder 属性的文字，实现输入框的提示功能。占位文字很常用也很有效。这些文字在输入框内容为空的时候显示，当光标点击输入框的时候就会消失；当光标离开文本框的时候它们又会显示出来（假设输入框还是空的）。

另外一个常见属性是 autofocus。从名字就能猜出来，它是用来在页面加载时让某些元素获取焦点的。在元素上简单地设置 autofocus="autofocus"属性（或者只增加一个 autofocus 属性），就可以使这个元素在页面加载时获取焦点（而不是默认让页面的第一个元素获取焦点）。

required 属性是另一个很多年来都是用 Javascript 操作 DOM 来实现的功能。只需要在你的输入框上增加一个 required = "required"属性（或者只添加 required），DOM 就会阻止用户在请求未被满足时提交表单。让我们看一个简单的例子：

```
<!DOCTYPE html>
<html>
<body>

<form>
  Add your telephone:<input type="tel" name="phone" required /><br />
  <input type="submit" />
</form>

</body>
</html>
```

如果你不输入内容时点击提交按钮，浏览器会弹出一个默认的警告信息"请填写这个字段"。虽然不太完美，但我们已经开始尝试了。

form 属性的出现也由来已久了。你难道没有尝试过在页面上添加一个表单，但是并不想把这个表单都放在一个 DOM 元素内部？例如你在用一个移动设备，希望提交按钮从底部弹出来而不是占用表单所在的空间。form 属性允许你将一个元素添加到表单里，即使它不是表单的子节点，只需要将元素的 form 属性设置成表单的 id（不能是表单的 name 或者其他属性，W3C 还未明确这一点）即可。在之前代码里添加 form 属性，代码如下：

```
<!DOCTYPE html>
<html>
<body>

<form id="myForm">
  Add your telephone:<input type="tel" name="phone" required /><br />

</form>


  <input type="submit" form="myForm" />
</body>
</html>
```

现在我们已经了解了<input>标签的一些基础特性，下面让我们接触它的一些其他好玩的功能吧。

autocomplete 属性

autocomplete 功能无疑会为网页带来很大的好处。因为我们都不喜欢打字，所以希望 form 元素能自动为我们提供想打的字。为了实现这个功能，HTML5 增加了 autocomplete 这个简单属性。你只需要将 autocomplete 设置成 on 或者 off（默认是 on）就可以了。代码如下：

```
<!DOCTYPE html>
<html>
<body>

<form id="myForm">
  Add your telephone:<input type="tel" name="phone" autocomplete="on"/
><br />

</form>


  <input type="submit" form="myForm" />
</body>
</html>
```

现在我们还不知道 autocomplete 从哪获取数据。为了解释这个，我想引用 W3C 烦琐的老定义：

> user agent 会记录用户输入的表单信息。当用户返回输入过信息的页面时，user agent 会自动填充表单。[1]

可以看出 autocomplete 的数据是由 user agent 提供的。但什么是 user agent 呢？它指的不是页面开发工具，也不是 Javascript 或者 HTML，而是浏览器。当我们要填写一些表单的时候，经常会在电子邮件地址字段输入字符串 email@mail.com，浏览器就会记住它，并且在下次自动为我们填写。所以，这个功能在需要填写电子邮件地址或者电话号码时很有用，但是这对于开发者来说并不是很有用，不过你可以在不需要时将这个 autocomplete 功能关掉。

幸运的是，这一切并没有被 HTML5 忽略。它还考虑了其他的情况。虽然它在一个标准里有规范，但是因为命名很差，所以支持得更差。list 属性是用来提供 autocomplete 的值的，但是直到目前为止，只有 Firefox 10 和 Opera 10 支持这个规范。

注1： *http://www.w3.org/TR/html5/common-input-element-attributes.html#the-autocomplete attribute*

list 属性

开发者可以把 list 属性看成一个特殊的 autocomplete。list 属性必须绑定一个 datalist 的 id（是的，又一次必须是 id，而不能是 name 或者其他属性）。代码如下：

```
<!DOCTYPE html>
<html>
<body>

<form action="demo_form.asp" autocomplete="on">
  First name:<input type="text" name="fname" /><br />
  Last name:<input type="text" name="lname" /><br />
  E-mail:<input type="email" name="email" /><br />
  Favorite Animal:<input type="text" name="animal" list="animals"
/><br />
  <datalist id="animals">
   <option value="Dog">
   <option value="Dolphin">
   <option value="Duck">
   <option value="Cat">
   <option value="Bird">
   <option value="mouse">
  </datalist>

  <input type="submit" />


</form>


</body>
</html>
```

使用效果像 autocomplete 一样：当你用键盘打出 D 字母时会显示一个以 D 开头的候选词列表（如图 1-3 所示）。如果你喜欢的 HTML5 浏览器不支持这个功能也不要奇怪，因为这是需要时间的。记住用户是看不到 datalist 的，其作用是在其他需要的地方引用它。

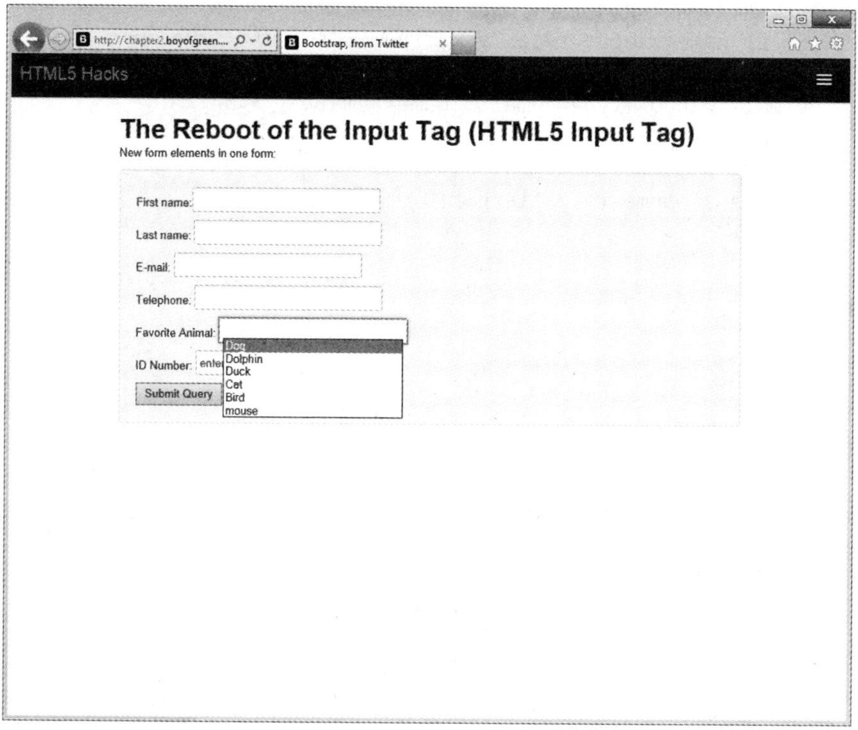

图 1-3 显示候选列表的详细效果

list 和 autocomplete 标签的一个共同缺点是无法用 CSS 修饰。这对于其他一些功能性输入类型（例如日期）尤其难以忍受。我们希望这表单元素可以像其他元素一样用 CSS 修饰。

pattern 属性

还能记得清有多少次想用正则表达式来限制一个字段的输入吗？如果你和我一样，你也会很难记清了。这就是 HTML5 增加 pattern 属性的原因。根据 W3C 的规范，pattern 可以控制输入值。正像你期望的那样，你可以把 Javascript 正则表达式赋值给 pattern 属性。让我们看一下：

```
<!DOCTYPE html>
<html>
<body>
```

```
<form action="demo_form.asp" autocomplete="on">
  First name:<input type="text" name="fname" /><br />
  Last name:<input type="text" name="lname" /><br />
  E-mail:<input type="email" name="email" /><br />
  ID Number:
  <input placeholder="enter your 5 digit id number" type="text"
    name="idNumber" pattern="[0-9]{5}" />
  <br />

  <input type="submit" />

</form>

</body>
</html>
```

如果不满足 pattern 的限制，表单就不能被提交，而是弹出浏览器消息"请按格式填写"。这样实施的一个最大的问题是不符合现在流行的网页设计风格。

以前（2005 年左右）等表单提交之后才验证每个字段，如果一个或者多个字段没有通过验证，就会给用户返回一个错误提示——在 HTML4.01 中 W3C 的实现方式是如此的。在 HTML5 中，我们希望表单验证可以在敲击键盘或者光标离开输入框时就执行。

幸运的是 HTML5 还有一个备用的解决验证问题的方式。下一个实例将讨论利用表单验证来解决这个问题。

实例 05 不使用 JavaScript 实现表单验证

HTML5 无缝支持了所有新输入类型的表单验证。

也许表单验证还是很乏味，但是至少比以前有趣了。好吧，让我们先承认表单验证很烦琐。虽然很烦琐，但它却是必需的。以前设计表单时，需要附加特定的代码，以确保用户输入的内容合法。这一般有两种实现方式：在服务器端实现或者在客户端实现。服务器端验证就是用户提交表单到服务器，然后通过服务器端代码的验证以确认输入合法。如果输入不合法，页面会被刷新，并且显示一两个错误消息，提示用户问题出在哪里。客户端验证和服务器端的执行方式类似，不同之处是在表单提交之前执行一些 JavaScript 代码，以确保通过验证。为了保险起见，最好是在两端都加上验证。你先在客户端验证，立即给用户提示，然后在服

HTML5 敏捷实践

务器端再次验证，这样可以保证服务器不被攻击。

HTML5 并不会改进服务器端验证，但却会把客户端验证变得简单。HTML5 又实现了一个Web标准应该有的功能——让浏览器原生支持表单验证。让我们更深入一些！

这对于验证来说意味着什么

在 HTML5 里每个输入元素都可以包含验证，如果验证没通过，表单不会提交成功。为了满足整个表单的验证，表单的每个输入元素都需要满足对应的条件。这非常简单：每个输入元素都有一个方法用来查询它是不是验证通过了。让我们看一个包含 number 类型的输入：

```
<!DOCTYPE html>
<html>
<body>

<form name="myForm">
  Quantity (between 1 and 5):
  <input type="number" name="quantity" min="1" max="5" value="11" />
  <input type="submit" />
</form>

</body>
</html>
```

现在我们用 JavaScript 检查一下：

```
<script>
if(document.myForm.quantity.checkValidity() === false){

alert('fail');
}

</script>
```

当 quantity 的值大于 5 时会弹出警告框。现在，我们来稍微修改一下，使之检查表单而不是检查输入元素。这是新的 JavaScript 代码：

```
<script>
//myForm 是 form 元素的名字
if(document.myForm.checkValidity() === false){
```

```
      alert('fail');
      }

    </script>
```

注意验证被设置在了整个表单上。如果表单里的任何一个输入元素不满足验证条件，表单的验证结果都会返回 false。这在长表单里是个非常关键的特性。例如，如果我有一个包含 25 个输入框的表单需要验证，我不想用 JavaScript 把每个元素都验证一遍，因为这需要对 DOM 进行 25 次不同的查询。我希望只检查一次表单，就立即知道所有 25 个输入是否都通过了验证。

验证条件

我们现在知道了如何检查一个表单是否合法，但是怎么才能设置自己的验证标准呢？在 HTML5 里有如下三种方法来完成这个任务。

required 属性

首先，我们简单地把 required 属性添加到 input 元素上。这样只有在元素有值并且满足 required 标准的时候，input 才会设置它的 validity 值为真，并且返回 true。在下面的例子里，input 的值需要是一个大于 1 且小于 5 的数字：

```
  <input type="number" name="quantity" min="1" max="5" />
```

pattern 属性

新的 pattern 属性非常巧妙，那些喜欢写正则表达式的人将尤其喜欢。在这个例子里，你可以设置 pattern 属性的值为一个正则表达式，来检验用户输入是否满足它，若满足则得到 validity 的值为 true：

```
  <input type="text" name="quantity" pattern="[0-5]{1}" />
```

注意，输入的类型已经改成了 text 来让输入无效；我们需要去掉 number 类型，否则它就会成为验证标准。如果输入的类型和 pattern 矛盾（相互不包含对方），验证标准就永远满足不了，表单永远无法通过验证。

Measurable 属性

一些输入类型有比较标准，例如 email，它们会严格限制输入形式。其他输入类型有类似于 min 和 max 的属性，这些也是需要在验证的时候满足的。让我们重新看一下第一个输入的例子：

```
<form name="myForm">
  Quantity (between 1 and 5):<input type="number" name="quantity"
min="1" max="5" />
  <input type="submit" />
</form>
```

这个例子里的数字必须大于 1 且小于 5，这样才能通过验证。例如，数字 11 不能通过验证，而数字 4 可以通过。类似的我们还有 email 类型：

```
<form name="myForm">
  Enter Your Email:<input type="email" name="myEmail" />
  <input type="submit" />
</form>
```

email 类型的输入需要满足传统 email 的标准，满足这样的正则表达式：

```
var emailTest = /^[a-zA-Z0-9._-]+@[a-zA-Z0-9.-]+\.[a-zA-Z]{2,4}$/;
```

如果输入的值不包含 username 部分，或者@符号，或者域名，都是不合法的。

让我们完成验证

有时候我们希望跳过验证。HTML5 的某些验证允许你这么做。首先是 formnovalidate 属性。如果你把这个属性添加到一个按钮或者类型为 submit 的元素上，验证系统将不再禁止表单的提交了。这个属性可以这么用：

```
<form name="myForm">
  Quantity (between 1 and 5):<input type="number" name="quantity"
min="1" max="5" />
  Enter Your Email:<input type="email" name="myEmail" />
  <input type="submit" />
<button type="submit" formnovalidate>save</button>
</form>
```

注意表单仍然没通过验证。如果你在表单上调用 checkValidity()方法，它也会返回 false。在有 formnovalidate 属性的情况下，你可以忽略表单是否合法。

第二种跳过验证的方法是 novalidate 属性。类似地，novalidate 属性添加到 form 元素本身，表单的所有按钮和 submit 类型的元素都会跳过验证，直接提交表单：

```
<form name="myForm" novalidate>
    Quantity (between 1 and 5):<input type="number" name="quantity"
min="1" max="5" />
    Enter Your Email:<input type="email" name="myEmail" />
    <input type="submit" />
<button type="submit" >save</button>
</form>
```

强制验证 API

HTML5 规范允许我们自己定制验证的错误消息。在之前例子的表单里，用户必须输入一个在 1 和 5 之间的数字，否则就会收到一个错误提示。如果想把错误提示的内容改得更加贴切的话，我们可以用 setCustomValidity()方法添加定制的消息内容。

```
<form name="myForm">
  Quantity (between 1 and 5):
  <input type="number" name="quantity" min="1"
   max="5" oninput= "updateMessage(this)"/>

  Enter Your Email:<input type="email" name="myEmail" formnovalidate />
  <input type="submit" />
</form>

<script>

myForm.quantity.setCustomValidity('looks like your numbers ...
between one and five')

function updateMessage(input){

if(input.value ==""){}
input.setCustomValidity('');

}


</script>
```

HTML5 敏捷实践

表单给了我们定制更友好、更有用的用户信息的机会。注意我们还有另外一个方法：在 <script> 标签里设置 input 元素为 oninput。当你设置了 setCustomValidity() 方法并且执行 checkValidity() 方法的时候，强制验证 API 的其他部分会返回 false。为了使用自定义验证方法并且在满足标准时让表单有效，你需要写一些 JavaScript 代码，在满足标准的时候（在例子里是指表单不为空时）清除 setCustomValidity() 方法。我认为 W3C 在未来的版本里还有一些让网页开发者变得轻松的空间。这样的功能应该不用写 JavaScript 就可以实现。

开发者不是唯一用强制验证 API 的人，用户代理也用同样的 API 在 CSS 里设置伪类。通过 CSS3 我们可以更改被验证对象的样式。我们通过 CSS 里的伪类来实现对元素的修饰：:required 标识被标记为 required 的元素；:invalid 标识被标记为 invalid 的元素。整个表单的验证发生在表单提交时，与此不同的是，伪类可以实时更新。这可以给用户很友好的提示。让我们看这样一个联系表单，名字字段是必需的，而电话号码和电子邮件地址字段不是必需的：

```
// css
<!DOCTYPE html>
<html>
<body>

<style>
input {display:block;
border:1px solid #ccc;
}


:invalid{
border-color:#DB729C;
  -webkit-box-shadow:0 0 5px rgba(27, 0, 97, .5);
}

:required{
border-color:#1BE032;
  -webkit-box-shadow:0 0 5px rgba(57, 237, 78, .5);
}

</style>

//表单
```

```
<form name="myForm" >
  Enter Your Name:<input type="text" name="myName" required >
  Enter Your Phone Number:
  <input type="tel" name="myPhone" pattern="\d\d\d-\d\d\d-\d\d\d\d" />
  Enter Your Email:<input type="email" name="myEmail" />
  <input type="submit" />

</form>
```

图 1-4 展示了真实效果的视图。

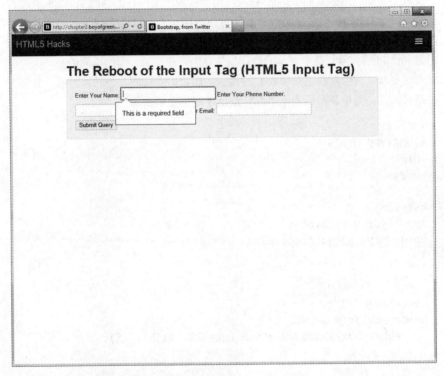

图 1-4　包含必填字段的表单的验证

在之前的代码里 CSS 给非法字段添加了一个红色的框。直到正确的内容被输入的时候，红色的框才会消失。

由于浏览器的差异，我们需要用两种不同的方法来实现。简单的方法是我们之前用于验证电子邮件地址的方法。input 知道什么样的输入是合法的（例如地址的 pattern，不管它是否有效）。所以一旦值被设置成正确的字符串，字段的红色框就会消失。

另一种方法相对复杂，是我们验证电话号码的方法。复杂是因为大部分流行浏览器只是部分地支持 HTML5 中的 tel 类型的输入元素，不支持检验输入的是否是真正有效的电话号码。例如我可以简单地把我的名字打进去，它会通过验证。这里我们需要用之前的 pattern 属性，用一个正则表达式来定义什么是有效的电话号码。这个特殊的正则表达式并不是很有用，它只是检查是否是满足 xxx-xxx-xxx 这样模式数字的字符串。它并没有检查地区号码，更不检查美国地区以外的电话号码的格式。我们需要一个兼容性更好的正则表达式。

现在看来我们的表单已经完成了，并且可以添加到网站上了，但是还需要做一些收尾工作。我们给 name 字段添加了 required 属性。但是需要注意的是只填写了部分 input 的表单也无法提交（表单的字段无效但不是必需的，但是表单必须在提交前验证）。在表单上添加 novalidate 属性后，不但允许输入错误时提交，也允许在必填内容为空时提交。并没有简单的方法可以避免这些。所以让我们继续，等这成为一个问题时再帮用户解决。

在尝试这个表单之前，让我们给 Enter Your Name 字段添加一个用户友好的错误消息：

```
<style>
input {display:block;
border:1px solid #ccc;
}

:invalid{
border-color:#DB729C;
  -webkit-box-shadow:0 0 5px rgba(27, 0, 97, .5);
}

:required{
border-color:#1BE032;
  -webkit-box-shadow:0 0 5px rgba(57, 237, 78, .5);
}

</style>

//表单
<form name="myForm" >
 Enter Your Name:
```

```
<input type="text" name="myName" placeholder="Enter Your Name"
 oninput="updateMessage(this)" required>
Enter Your Phone Number:
<input type="tel" name="myPhone" pattern="\d\d\d-\d\d\d-\d\d\d\d" />
Enter Your Email:<input type="email" name="myEmail" />
<input type="submit" />


</form>


<script>
document.myForm.myName.setCustomValidity("To join our list...,
please enter it here")

function updateMessage(input){

if(input.value ==""){}
input.setCustomValidity('');


}


</script>
```

这样就完整了。以前，类似的验证需要大量的 JavaScript 代码。如今我们可以用简单的 HTML5 功能完成。

实例 06　使用新控件提高表单的易用性

HTML5 中的表单变得更容易使用了。HTML5 浏览器提供了一些新的控件，例如 date 输入类型和<range>标签。

我们在之前的几个实例里已经讨论过表单元素，它们的特点是一脉相承的。实际上，这些简单且容易实施的特性替代了网页开发者已经用了很多年的实现方式。这让开发者更加轻松，网页加载更快（在浏览器内部执行而不是执行 JavaScript），并且让网页应用变得统一。

让我们关注一下一致性。例如，date 输入类型。之前网页开发者开发了一个类似于图 1-5 展示的日期选择控件，它是包含在流行的 YUI 库里的一个控件。

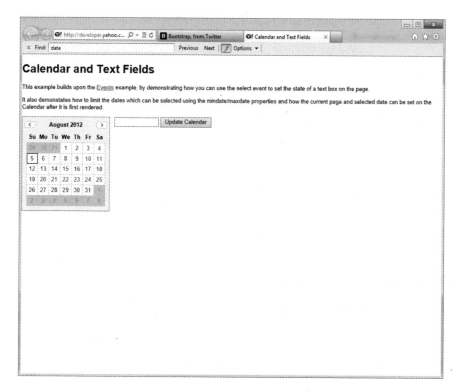

图 1-5　YUI 日期选择控件，提供了一个简单的日期选择方式

这比让用户输入复杂格式的日期进步了很多。还可以使用 CSS 修饰 YUI 的日期
选择控件，让它更符合应用的风格。很多年以来，我们都是这样实现的。无论使
用的是 IE 浏览器还是 Firefox 浏览器，日期选择控件看起来完全一样，用户也明
白如何使用。

后来出现了移动设备。移动设备浏览器的大部分特性和桌面浏览器类似。如果你
尝试过在 iPhone 上使用这个日期选择控件，会发现它变得很难操作。因为这个控
件不会根据环境而变化（这里是个小屏幕），不能适应环境。很多 JavaScript 高手
已经开始考虑通过检测（请求的一部分）浏览器定义来实现不同的环境定制输出。
这个想法很好，并且有很多常用的库，例如 YUI 已经开始为小屏幕定制了。但是，
如果没有 HTML5，要实现这一特性就需要写非常多的代码。更多的 JavaScript、
更多的 HTML、更多的 CSS 导致页面占用更多的内存。让我们节省体力和内存去

做更有意义的事情，把基础输入功能交给浏览器处理。接下来讲的每一个表单功能都是为了将 JavaScript 难以实现的功能变得简单、轻便、自适应。

date 输入类型

date 输入类型是我最喜欢的类型之一。之前那个的例子里的大部分工作都是在创建一个好用的日期选择控件。我有无数次被网络上的那些缓慢且难用的日期选择控件弄得沮丧（是的，我说的正是那些订机票和租车网站）。

HTML5 的 date 输入类型非常容易实施。开箱即用，代码如下：

```
<form name="dateSelection">

Enter Departing Date:<input type="date" name="departingDate" />
  </form>
```

之前的代码生成一个简单的下拉框，如图 1-6 所示：

图 1-6　date 输入框显示一个日期选择器

针对这种使用情况，之前的例子还有很大的改进余地。因为之前的日期选择器在
iPhone 上变得很难用；不仅是因为字很小，而且因为人们手指很粗而点击区域很
小。所以在 iOS 5 之后，苹果公司实现了另一个日期输入控件，如图 1-7 所示。

图 1-7　iPhone 上 iOS 5 的 Safari 浏览器中的日期输入控件

苹果公司，做得好！现在让我们看一些能添加到这个强大的日期选择器中的其他
属性，让应用变得更好用。这是代码：

```
<form name="dateSelection">
  Enter Departing Date:<input type="date"
                      min="2012-03-12" step="1"
                      max="2012-05-12"name="departingDate" />
  <input type="submit" />
</form>
```

让我们仔细分析一下。

step

> 日期的递增量是可以选择的。规范并没有明确规定浏览器必须实现的递增类型，但是很明显日、周、月和年的递增都需要实现。

min

> 合法日期的最小值。规范并没有明确规定选择器允许选择小于 min 的日期，还是只允许选择合法日期范围内的日期。不同浏览器的实施有所不同。

max

> 合法日期的最大值。

这里所有的变化都很强大，还添加了一些新的 DOM 方法：

stepUp()/stepDown()

> 可以调用 stepUp()/stepDown() 来让日期变大/变小。stepUp() 显示后一天，stepDown() 显示前一天。

valueAsDate()

> 返回一个 JavaScript 日期对象，而不只是日期字符串。

这也许不神奇，但是你可以把下面这些代码：

```
<form name="myForm">
  Birthday:<input type="text" name="bday" value="03/12/2012" />
  <input type="submit" />
</form>
<script>
var myInput = document.myForm.bday.value;
var myDate = new Date(myInput);
</script>
```

替换成

```
<form name="myForm">
  Birthday:<input type="date" name="bday" value="2012-03-12" />
  <input type="submit" />
</form>
<script>
var myInput = document.myForm.bday.valueAsDate();
</script>
```

注意，date 输入类型有很多变化，每一个变化都对界面做出了改进，尤其是在移动和触摸设备上。下面是一些类似的输入类型：

- datetime
- month
- week
- time
- datetime-local

range 输入类型

我们再来看一下强大的类库是如何解决问题的。图 1-8 显示了一个 YUI 滑块控件的屏幕截图：

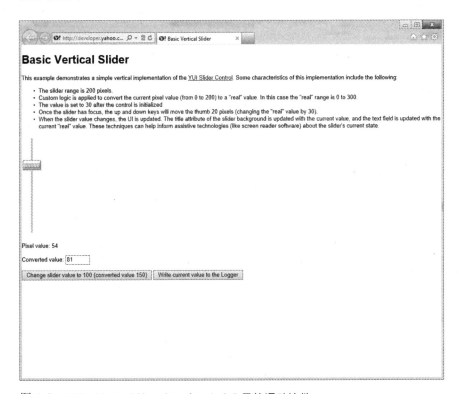

图 1-8　YUI（Yahoo! User Interface）3.5 里的滑动控件

当我们选择范围值的时候，最差的方式是直接输入范围值。如果你想看一下范围变化时会怎样，这一方式更显得糟糕。滑块控件是网络和桌面设备的标准工具。一般由一个代表不同数值或者颜色的长条和一个可以拖动的块组成。我们再次想象一下在移动设备上使用 YUI 的滑块控件有多困难。滑块很小，并且在移动设备上稍微一拖动，数值就会变化很大。

HTML5 中的 range 输入类型允许浏览器厂商提供最适合使用场景的范围选择控件。在桌面浏览器上显示为一个滑块控件。让我们看一下如何实现：

```
<form name="myForm">
Shoe size:<input type="range" name="shoeSize" min="0" max="15"
step=".5" value="3" />

<input type="submit" />
</form>
```

实现这个功能不需要任何 JavaScript 代码，这节省了上十万字节的代码。现在让我们看一些可以添加到这个输入类型的属性。

min/max

　　range 也可以添加 min 和 max 属性。因为它需要定义最小值（滑动条的底部）和最大值（滑动条的顶部），这使得 range 输入类型看起来有点深奥。假如没有设置 max 和 min 值，浏览器会假设值的范围为 0 到 100。

step

　　在之前例子里，选择的鞋码可能是整码也可能是半码。所以，设置 step 为.5，这样半码的大小也可以被选择了。这在较大范围的选择里也很有用。假设需要实现申请贷款的功能，可以使用一个范围选择工具选择贷款的数额。假如需要把数额圆整成 10000 美元的倍数，为了提高用户体验，可以将 step 设置为 10000。

value

　　从讨论输入控件开始，我们已经见过很多次 value 属性了：设置输入控件的默认值。这对于 range 输入类型来说很有意思，因为不存在 null 值。因为这是一个滑动条，没有任何点的值是未定义的，所以浏览器会为你选择一个合理的范围内的默认值。在我们的例子里，设置 value 为 3，因为商店里大部分流行鞋子的大小都是 3 号（是的，这个商店是针对儿童和身材瘦小

　　　　　　　　　　　　　　　　　　　　HTML5 敏捷实践

的成人的）。value 属性允许设置一个合理的默认值，而不只是中间值。

HTML5 里的滑动控件也有一些新优点，可以和其他浏览器的控件匹配，如图 1-9 所示。

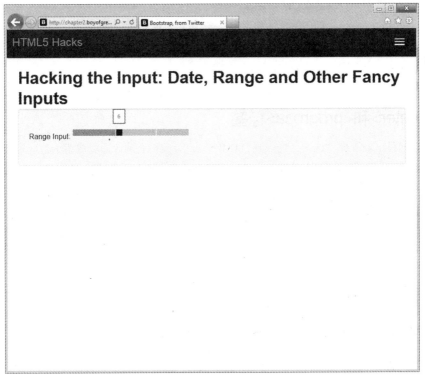

图 1-9　IE 10 里的 HTML5 范围输入控件和页面的其他表单元素很匹配

将 range 控件绑定到 datalist（在实例 04 里已经讨论过）上也很有趣。datalist 可以包含 range 控件上选择的非数字或者不同的数值。我还没见过哪一款浏览器实现了这一点，但是看到这个可能性也是很有意思的。

color 输入类型

你也许没想过颜色选择器也是用户输入所必需的，但是随着网页成为应用程序运行的环境，像选择颜色这样的复杂操作就成为了必需。color 输入类型允许为一个输入元素选择一个颜色值。

对这个输入类型的支持才刚刚开始，目前还没有浏览器支持。和处理其他不支持的输入类型一样，不支持（或者还未支持）color 输入类型的浏览器会显示一个文本输入框。

<meter>和<progress>标签

让我们跳出输入控件这个话题回到 HTML5 表单，我们看两个即将成为构建区块和网页应用所必需的新的表单控件。第一个是<meter>标签。规范中是这样定义的：

> meter 元素显示的是一定范围的测量值，或者一个比值，例如磁盘使用空间、搜索结果的相关性，或者对某个候选人投票的选民比例。

把 meter 想象成柱状图里的一个柱子。它用图形的方式显示一个小数字占大数字的比例。让我们看一个例子：

```
<form name="myForm">
30%:<meter value="3" min="0" max="10"></meter><br />
30%:<meter value="0.3" low="0.4">30%</meter>

</form>
```

上面代码的效果如图 1-10 所示。

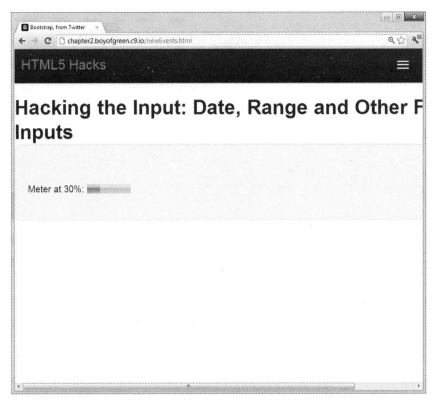

图 1-10　<meter>标签在 Windows Chrome 浏览器中的样子

这个表单元素有一些有趣的 UI 控件。可以从前面的例子看到，meter 控件需要一个数值和一个范围才有效。min 和 max 属性可以设置范围（meter 完全为空和完全为满的值），value 决定了填充多少。如果缺少其中一个属性，表单会设置一个默认值——例如，在大部分浏览器里未定义值会被设置为 0。

另外，meter 还有其他三个属性用来控制界面。optimum 值会显示一个理想值情况下的图形。low 和 high 属性会为你的 meter 设置一个偏离理想值的范围。界面会随之改变，目前浏览器一般用黄色代表 low，用红色代表 high。

第二个标签是<progress>，它是 HTML5 表单中的一个全新的标签。你可以把<progress>标签想象成下载文件时弹出的进度条，告诉用户还需要等待多久，如图 1-11 所示。

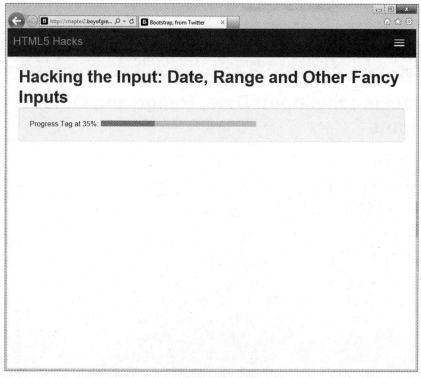

图 1-11 <progress>标签在 IE 10 浏览器中的样子

实现代码如下：

```
<form name="myForm">
Downloading progress:
<progress value="35" max="100" >
</progress>
</form>
```

<progress>标签只有很少的设置属性，都包含在上面这段代码里了。一个是 max 属性，告诉用户进度条的目标值是多少。max 值位于 meter 的顶端，meter 的底端一般为 0。另一个是由应用指定 value 属性的值，表示进度条被填满了多少。

这两个新标签替代了通常使用 JavaScript 和 CSS 实现的功能。这又是一个 HTML5 简化 Web 标准的例子。每个标签在相应的应用环境里使用得都很贴切。

如何修饰表单元素

表单元素的默认样式一般都不漂亮。从我 15 年前开始使用表单以来，就一直在尝试美化表单。最好的例子是下拉菜单。下拉菜单看起来很简单。然而，任何针对它的定制都很难实现。例如，为选项添加帮助文字，或者当选项里有很多文字时控制菜单的宽度。

HTML5 和 CSS3 带来了一些好消息和一些坏消息。好消息是可以用 CSS 来修饰和改善这个实例涉及的控件。坏消息是不能完全定制。让我们看一些的例子。

```
<form name="myForm">

<input type="number" value="5" />
<input type="submit" />


</form>
//css
<style>
input[type=number]::-webkit-inner-spin-button,
input[type=number]::-webkit-outer-spin-button {
    -webkit-appearance:none;
    margin:0;
}

</style>
```

在上面的代码里有一个 number 类型的输入控件，上面有一些时髦的微调按钮和递减的数字。我们不想用微调按钮，所以在 CSS 里定制需要修改（用浏览器前缀）的子组件。在这个例子里，需要修改 -webkit-inner-spin-button 和 -webkit-outer-spin-button，我们只是简单地隐藏了它们。

浏览器厂商为很多表单控件提供了便利性。大部分浏览器厂商也允许我们改变验证错误弹出框的样式。一些组件（例如 date 和 color 输入类型）可能没有可以用 CSS 修饰的子组件。

这些控件有好的方面，也有坏的方面。如果你不喜欢浏览器默认的样式，想改成

自己喜欢的样式和感觉，这些控件就很有用。但是，在对这些元素进行定制的时候，会丧失一些适应环境的能力。还记得我之前抱怨的下拉菜单吗？iOS 在 iPad 和 iPhone 上把它变成了很好用的输入控件。在 iPhone 里，它变成一个位于屏幕下方的微调工具（如图 1-12 所示）；在 iPad 里，它变成选择框里的一个下拉窗口。这两种情况都适应了环境。如果你用 CSS 定制这些元素，没人会知道用户在 iOS 里的体验会变成什么样子。

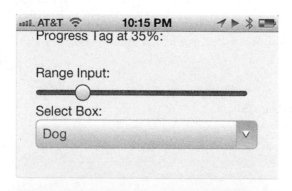

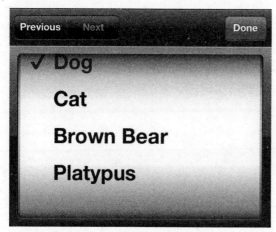

图 1-12　iPhone iOS 5 里选择框的效果

小结

现在我们研究了一些表单的内部元素，你应该可以深入开发一些 HTML5 应用了。表单是网页的基础，也是理解 HTML5 的基础。那么，让我们继续！

新的 DOM 事件

HTML5 提供了很多新的事件供你使用。世界不再局限于鼠标和键盘。如今网页也一样。

DOM 事件在过去的 15 年里没有很大变化。我可以回忆起来的最新添加的 DOM 事件是鼠标滚轮事件（鼠标中间的那个滚轮）。DOM 甚至都没有官方支持的触摸事件，虽然它比 `DOMMouseScroll` 更加流行（也更加需要支持）。

在 HTML5 里我们可以使用大量新的输入类型。JavaScript 是一个事件驱动语言，这有助于和原生支持操作时触发事件的 DOM 协同工作。一些操作直接和用户交互有关（例如传统 DOM 事件）；另外一些和浏览器触发事件有关（例如断开连接和重新连接）。让我们从一些表单事件开始。

oninput、onchange 和 oninvalid 事件

过去我们经常依赖 `keydown` 和 `keyup` 事件来决定如何处理表单元素。缺点是键盘事件并不是针对输入框的。从本质上说，接收到键盘事件的是整个网页而不只是表单。因此需要在光标指向输入框的时候开始监听键盘事件，在光标离开的时候停止监听键盘事件。这是非常低效的。

使用 `oninput` 事件，input 标签可以直接添加一个监听器（或者其他标签），并且只和 input 的操作关联。让我们看一个不使用 `onkeypress` 事件而使用 `oninput` 事件实现的监听器。

```
<input id="myInput" type="text" placeholder="enter text">

<script>

document.getElementById('myInput').addEventListener('input',
function(e){
  console.log("I just changed an input on:", e.target);
}, false);

</script>
```

只要在输入框输入，日志就会被打印出来。可以看到输入事件绑定到了 `myInput` 元素上，所以在其他输入框上输入不会触发这个事件。

类似的，还有两个传统事件可以绑定到输入框：onchange 和 oninvalid。onchange 事件在 value 属性的值变化时触发。你也许不会立刻看到哪里需要 onchange 事件，因为已经有了 oninput 和其他很多事件可以在输入变化的时候被触发。不过让我们考虑一下 HTML5 里的那些新元素，例如 range 类型的输入。range 类型的输入（滑动条）没有输入机制，它只是简单地变化。当把滑块从一个位置拖动到另一个位置的时候，不会触发 oninput 事件，只会触发 onchange 事件。类似的事件是其他一些输入机制（例如日期选择器、数字滚轮和颜色选择器）所必需的。这些新的输入机制让 onchange 事件变得不仅易用，而且必需。

oninvalid 事件是一个类似的新事件，它在表单元素的值非法时被触发。和其他验证不同，现在不仅可以将验证应用在表单元素上，还可以应用在独立的输入元素上。你还记得之前案例里我抱怨的那个问题吗？表单元素在输入日期的时候不能实时验证（例如在输入日期而不是提交表单时），只有 CSS 状态可以实时更新。让我们看一个例子，看看如何将这些事件组合起来，实现以前难以完成的功能。

使用 oninput、oninvalid 事件实现实时表单验证

为了实现实时验证用户输入的日期值，我们需要一个在用户改变输入值的时候被触发的事件。过去我们会使用烦琐的键盘按键来实现。但是有了 oninput 事件之后，可以简单地在输入元素上绑定一个监听器，监听它的变化。

一旦捕获到事件，就可以立刻做一些特定的验证，可以用之前的 checkValidity()（参见实例 06）方法让元素做自验证。oninput 事件很容易被触发。这样，一旦输入非法，oninvalid 事件就会被触发。

最后需要做的是将 oninvalid 事件绑定到一个监听器上，需要一个可以被触发的函数告诉用户输入的值是非法的。可以使用 CSS 样式来增强用户输入体验。

让我们看一些代码：

```
<!DOCTYPE html>
<html>
<body>

<style>
input[type=number]{border:2px solid green}
input:invalid {border:2px solid red}
```

```
</style>

<form name="myForm">
  Pick a number, any number between 1 and 5:
  <input type="number" name="quantity" min="1" max="5" /> <br />
  <input type="submit" name="mySubmit" />
</form>

<script>
document.myForm.quantity.addEventListener('input', function(e){
                                    this.checkValidity()
                                        }, false);

document.myForm.quantity.addEventListener('invalid', function(e){
alert('Your Number needs to be between 1 and five, you chose '+this.value
+'.')
}, false);
</script>

</body>
</html>
```

乐趣无穷，没错吧？现在实现了两个非常好的特性：内置验证、实时响应。

其他新事件

HTML5 建议采用之前章节讨论的那些新事件。这些事件大部分都是关于用户操作的，它们在操作之前、之中和之后被触发。下面是一个还没有被浏览器完全采用的事件列表，不过很可能会被尽快采用：

onabort	oncanplay	oncanplay through	onchange	onclick
oncontextmenu	oncuechange	ondblclick	ondrag	ondragend
ondragenter	ondragleave	ondragover	ondragstart	ondrop

ondurationchange	onemptied	onended	oninput	oninvalid
onkeydown	onkeypress	onkeyup	onloadeddata	onloadedmeta a data
onloadstart	onmousedown	onmousemove	onmouseout	onmouseover
onmouseup	onmousewheel	onpause	onplay	onplaying
onprogress	onratechange	onreadystatechange	onreset	onseeked
onseeking	onselect	onshow	onstalled	onsubmit
onsuspend	ontimeupdate	onvolumechange	onwaiting	

实例 08 在标记上添加丰富的上下文数据

HTML5 正式具备了在页面元素上存储数据的能力。数据的添加和访问都很简单。

自定义数据属性让标记具备了添加很多丰富且深入的数据的能力，这是以前做不到的。自定义数据属性，一般标记为 **data-***属性，是一种将上下文数据到添加 HTML5 标记的简单方式。只要将一个以"data-"开头的属性名添加到任意 HTML 标签上即可：

```
<ul id="carInventory" >
    <li class="auto" data-make="toyota" data-bodytype="sedan" data-year="2005">
    Light blue Toyota Prism
    </li>
</ul>
```

之前的例子将提供给用户的数据以文本形式包含在标签里。也有一些上下文信息是应用需要使用的，是为了给用户提供一些附加功能。在 HTML5 之前，附加数据有两种存储方式——或是在其他现有属性（例如 **class** 属性或者 **id** 属性）上存储一个包含这些信息编码的字符串，或是在 JavaScript 里存一个指向这个标签的数据源。这两种方式都不太好，都需要写很多行 JavaScript 代码才能完成。

在元素上添加数据不仅是为了方便操作，而且是为了提供丰富的上下文信息。根据 W3C 的 HTML5 规范，自定义数据属性的定义如下：

自定义属性是以"data-"开头的没有命名空间的属性，连词符后至少要有一个字符，并且是兼容 XML 标准，不在 U+0041 到 U+005A（大写的拉丁字母 A 到 Z）之间的字符。[2]

综合来说，自定义属性是一个以"data-"开头的全小写的字符串。现在，让我们了解一下数据属性的用途。从为何不使用数据属性开始（目的是不让负面的东西成为阻碍）。

首先，数据属性不能替代现有的 HTML 属性（例如类名 id）。举例来说，当需要做页面元素唯一性标识的时候，应该直接用 id，因为 id 就是为此而设计的。如果在所有元素上添加一个 data-id 属性，可能会引起很多人的抱怨。第二，不用为了让代码更加"机器友好"而添加数据属性。使之"机器友好"应该用微格式来实现，我们会在之后的案例里讨论。自定义数据属性是为了给应用提供相关信息，不是为了给外部页面阅读器（无论是人还是机器）提供信息。

现在开始有意思的部分！何时应该使用自定义数据属性？简而言之，应该在做"你需要做的任何事"的时候使用，重点是"任何事"和"你"。当需要操作关于 DOM 元素数据的时候，或者为元素展示相关信息的时候，都可以将这些数据存储在自定义数据属性标签上。

在后边的例子里有一个使用 JavaScript、根据数据库的数据动态创建的表格。数据库有一个内部索引用以标识每一行数据，但是索引只对我们的应用有意义，对用户无意义。在有自定义数据属性之前，我们需要这样做：

```
<table width="100%" border="1">
  <tr>
    <th class="key">key row</th>
    <th>Title</th>
    <th>Price</th>
  </tr>
  <tr>
    <td  class="key">323</td>
    <td>Google Hacks</td>
    <td>FREE</td>
  </tr>
  <tr>
    <td  class="key">324</td>
    <td>Ajax Hacks</td>
```

注2：   *http://dev.w3.org/html5/spec/single-page.html#attr-data*

```
        <td>FREE</td>
    </tr>
    <tr>
        <td  class="key">325</td>
        <td>HTML5 Hacks</td>
        <td>FREE</td>
    </tr>
</table>
```

然后需要使用 CSS 隐藏第一行（用类名 key 标识）：

```
.key{
display: none
}
```

另一个很不好的方案是使用现有属性存储这些数据。在下面的例子里，数据被存在 id 属性上：

```
<table width="100%" border="1">
    <tr>
        <th>Title</th>
        <th>Price</th>
    </tr>
    <tr id="323">
        <td>Google Hacks</td>
        <td>FREE</td>
    </tr>
    <tr id="324">
        <td>Ajax Hacks</td>
        <td>FREE</td>
    </tr>
    <tr id="325">
        <td>HTML5 Hacks</td>
        <td>FREE</td>
    </tr>
</table>
```

这样做有很多问题，多得都不知道该从哪里开始讲。首先，将数据存储在 id 属性上是个可怕的想法。id 属性是 HTML 元素的唯一标识。因为它和数据库中的索引关联，当数据发生变化时，它会随着发生变化，所以无法用 id 来标识那个元素。将索引存为类名也不好，原因类似。

现在让我们回过头来在一个自定义的属性上添加需要的数据：

```
<table width="100%" border="1">
  <tr>
    <th>Title</th>
    <th>Price</th>
  </tr>
  <tr data-key="323">
    <td>Google Hacks</td>
    <td>FREE</td>
  </tr>
  <tr data-key="324">
    <td>Ajax Hacks</td>
    <td>FREE</td>
  </tr>
  <tr data-key="325">
    <td>HTML5 Hacks</td>
    <td>FREE</td>
  </tr>
</table>
```

这里的简单标记包含了数据库的索引，没有多余的标记，也没有破坏 id 或者
class 属性，甚至不需要写任何 CSS 来完成。

访问数据

另一块重要的内容是关于访问数据的。W3C HTML5 规范有明确的实现从
JavaScript 访问数据的方法。HTML5 元素都有一个 dataset 对象，它允许通过
名字访问对应的自定义数据：

```
<div id="myNode" data-myvalue="true">my node</div>

//javascript 访问值
var nodeValue = document.getElementById('myNode').dataset.myvalue
//nodeValue = 'true'
```

注意我们不需要在数据前加"data-"，只需要直接调用数据的名字即可。这个访
问方法很不错并且符合规范，但是和其他 HTML5 功能一样，只有一些 HTML5
浏览器实现了这个方法。很有意思的是，在 IE 6 时代，支持过在元素上添加一个

sort 类型的自定义数据属性（可能不太合法，但是却可以使用）。然而，请注意 JavaScript 访问方法是 HTML5 规范定义的，不过不要担心——还有其他办法：

```
<div id="myNode" data-myvalue="true">my node</div>

//javascript 访问 nodeValue = 'true'的值
var nodeValue = document.getElementById('myNode').getAttribute('data-
myvalue')
```

以前，HTML5 浏览器只是简单地把自定义值识别成元素的属性，所以一个简单的 getAttribute 方法就能获取数据。注意在这个方法里，"data-" 是获取数据所必需的部分。

还有一种访问数据的方法，但是使用的时候有一些注意事项。现在大部分浏览器支持基于样式声明的 CSS3 伪类（更多关于伪类的内容见第 3 章）。它看起来像这样：

```
<div id='myNode' data-myvalue='true'>my node</div>

/*css declaration */
#myNode[data-myvalue]{
color: red;
}
```

或这样：

```
#myNode[data-myvalue='true']{
color: red;
}
```

现在 CSS 可以根据是否存在自定义数据属性或者根据自定义数据的值来修改元素的样式。注意事项是：不要在可以用 class 的时候用自定义数据属性。类名仍然是最好的声明可重用样式规则的方法。记住，自定义属性不是用来为用户展示信息的，而是为应用提供上线数据的。这意味着，通常不能用之前方式使用伪类。

实例 09 使用自定义数据跟踪用户事件

在高度动态的页面上，仅仅使用 JavaScript 跟踪用户事件比较困难，经常需要添加和删除多个事件监听器。通过 HTML5 自定义数据，你可以只用一个监听器来实现同样的动态交互。

用 JavaScript 生成 HTML 时，最大的困难就是管理事件行为。在动态应用里使用过 DOM 事件的人都知道管理事件行为有多困难。这个实例向你展示如何用 JavaScript 事件分发机制和自定义数据将一个很困难的任务变得简单和轻松。

我们不打算过多讨论事件分发机制，已经有很多书和资料解释了它的运行机制。但是知道什么是事件分发和为什么使用事件分发却是很重要的。

事件委托（更准确的术语是"冒泡"）是内部标签将捕获的事件传递到外部标签的行为。想一下当点击一个在 li 元素之内的按钮时会发生什么。因为按钮在 li 元素之内，所以理论上你把它们都点击了，所以浏览器默认将点击事件从按钮传递或者"冒泡"到 li 元素。首先，按钮执行它的 onclick 事件，然后 li 元素执行它的 onclick 事件。事件分发是指当允许事件（这里是点击事件）冒泡到它的父元素（这里是 li 元素）时，在父元素触发一个点击按钮的事件。

通常，事件分发机制允许在页面上使用较少的事件监听器，因为任何一个监听器都可以根据不同元素的点击事件调用无限个函数。事件监听机制也会占用更少的页面内存，这使维护动态页面更加简单。

在这个实例里，我们准备使用自定义数据属性和一个事件监听器为一组元素添加提示消息。

让我们从代码开始：

```html
<div class="container">

  <h1>Choose Your weapon</h1>
  <p>
  Click on one of the selections below to find out more info
  about your character:
</p>

  <ul id="myList">
    <li data-description="Most powerful goblin in entire kingdom"
>Ludo</li>
    <li data-description="Ruler over all goblins big and small" >
    Jareth the Goblin King
    </li>
    <li data-description="Only person who can put a stop to the Goblin
King" >
    Sarah
    </li>
    <li data-description="Unsung hero of the goblin kingdom" >
    Hoggle
```

```
    </li>
  </ul>
  <p id="displayTarg" class="well"></p>
</div> <!-- /container -->
```

图 1-13 显示了上述代码的结果。

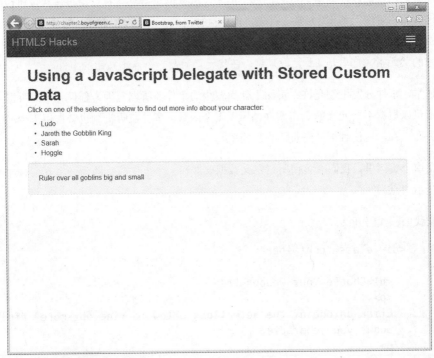

图 1-13 我们的简单内容

自定义数据属性允许我们将 **data**-属性添加到元素上，以"内联"数据。更多关于自定义数据属性的内容，请参见实例 08。

我们使用一个称为 *Twitter bootstrap* 的 HTML5 样板（用来进行快速开发的基础页面）。它使页面看起来很整洁，一些额外的类名也都来源于此。现在在一组无序列表 ul 上添加监听器，然后就可以根据内部任何一个元素的事件执行动作。

```
var mainElement = document.getElementById('myList');
var descriptionTarget = document.getElementById('displayTarg');
```

```
mainElement.addEventListener('click', function(e){
    var description = e.target.getAttribute('data-description');
//我们不用 dataset.description 而使用 getAttribute
//是因为它具有向后兼容性。
    descriptionTarget.innerHTML = description;
});
```

当你需要访问 DOM 元素上附加的数据时，JavaScript 的事件分发机制就会显得非常强大。现在想象一下这些数据都是从数据库或者 JSON（JavaScript Object Notation）对象上取出来并且更新到 DOM 上的。列表和标记可以被更新，但是 JavaScript 不需要变化。同样的监听器可以处理有 4 个角色或者 400 个角色的列表，无论这个列表变化多少次。

还能更加简单吗

随着标记变得越来越复杂，并且元素之间开始互相包含，找到正确的 target 元素并从中提取描述变得更加复杂。很幸运，市面上有很多不错的用于管理事件分发的框架。这些框架允许我们用很少的代码找到正确的元素，而不是管理事件目标（之前代码里的 e.target）。让我们通过一些例子看一看这有多简单：

- YUI（Yahoo!User Interface）库 3.0 及以后版本
  ```
  Y.one('#myList').delegate('click',
  function(e){...}, 'li');
  ```

- jQuery 库 1.7 及以后版本

  ```
  $("myList").on("click", "li", function(e) {...});
  ```

使用 JavaScript 事件分发机制，可以让你的标记通过自定义数据属性变得更强大。你会发现自己写更少的代码，用更少的内存，过更轻松美好的生活！

实例 10 使机器人和人类能够像微数据一样访问你的页面

HTML5 微数据提供了一种让机器更容易读取页面数据的机制，同时不影响用户体验。

如果你和我一样，那么你应该也相信机器将来会超过人类，并且会用铁拳统治我们（当然，前提是僵尸启示录没有先到来）。虽然我们没办法让僵尸理解互联网，但 HTML5 却提供了为机器独裁者准备的特性。它被称为"微数据"，只为机器设计，不允许人类使用。

到现在为止 HTML5 已经添加了很多数据了，但是这些都是关于用户的。微数据带来了稍微不同的理念，访问者不一定是人类。微数据是更容易访问的，可以在标记上附加上下文数据。当构建页面时，可以将这些附加属性添加为标记，以提供更多上下文信息。

微数据可以添加到页面的任何元素上，用以标记这个元素是"一条数据"还是高层次的一组数据。条目内部的内容可以标记成它的属性。当条目属性变为值的索引，并且人类可读的数据变为值时，这些属性会自然而然地成为键值对。相关代码如下：

```
<div itemscope>
    <span itemprop="name">Fred</span>
</div>
```

有时候条目属性数据并不是机器可读的，需要添加附加的属性，说明人类可读的数据是关于什么的。这种情况下数据看起来像下面这样：

```
<div itemscope>
    Hello, my name is <span itemprop="name">Fred</span>.
    I was born on
    <time itemprop="birthday" datetime="1975-09-29">Sept. 29,
1975</time>.
</div>
```

现在我们来想一下，当微数据添加到页面时，如何让机器获取这些数据。

在这个实例里，我们将用微数据确保联系人列表是机器可读的。每个联系人都被标记为一项，它的内容被标记为属性。第一个联系人看起来像下面这样：

```
<li itemscope>
    <ul>
        <li>Name:<span itemprop="name">Fred</span></li>
        <li>Phone:<span itemprop="telephone">210-555-5555</span></li>
        <li>Email:<span itemprop="email">thebuffalo@
rockandstone.com</span>
        </li>
    </ul>
</li>
```

HTML5 敏捷实践

可以看到，页面上构建了一个数据列表。当机器阅读页面时，它看到的是这样：

```
Item:{   name:'Fred',
      telephone:'210-555-5555',
      email:'thebuffalo@rockandstone.com'
      }
```

现在让我们构建整个列表：

```
  <ul>
  <li itemscope>
     <ul>
        <li>Name:<span itemprop="name">Fred</span></li>
        <li>Phone:<span itemprop="telephone">210-555-5555</span></li>
        <li>Email:<span itemprop="email">thebuffalo@
rockandstone.com</span>
        </li>
     </ul>
  </li>
  <li itemscope>
     <ul>
        <li>Name:<span itemprop="name">Wilma</span></li>
        <li>Phone:<span itemprop="telephone">210-555-7777</span></li>
        <li>Email:<span itemprop="email">thewife@rockandstone
.com</span>
        </li>
     </ul>
  </li>
  <li itemscope>
     <ul>
        <li>Name:<span itemprop="name">Betty</span></li>
        <li>Phone:<span itemprop="telephone">210-555-8888</span></li>
        <li>Email:<span itemprop="email">theneighbour@rockandstone.com
        </span></li>
     </ul>
  </li>
  <li itemscope>
     <ul>
        <li>Name:<span itemprop="name">Barny</span></li>
        <li>Phone:<span itemprop="telephone">210-555-0000</span></li>
        <li>Email:<span itemprop="email">thebestfriend@rockandstone.com
        </span></li>
     </ul>
  </li>
  </ul>
```

在人类看来，页面效果如图 1-14 所示：

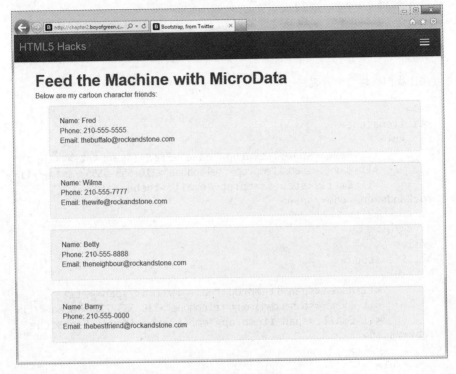

图 1-14   在页面上添加微数据，不影响人看到的部分

在机器看来，代码会是下面这样：

```
Item:{  name:'Fred',
    telephone:'210-555-5555',
    email:'thebuffalo@rockandstone.com'
    },
Item:{  name:'Wilma',
    telephone:'210-555-7777',
    email:'thewife@rockandstone.com'
    },
Item:{  name:'Betty',
    telephone:'210-555-8888',
    email:'theneighbor@rockandstone.com'
    },
```

```
Item:{   name:'Barny',
     telephone:'210-555-0000',
     email:'thebestfriend@rockandstone.com'
     }
```

在页面上添加微数据同时不影响人的视觉感受是多么简单啊。

细节，细节！

微数据非常容易实施，并且 W3C 规范认为它也应该容易被读取。这也是 W3C 添加 JavaScript API 用来读取数据的原因。记住，每个定义的元素都被标记了 `itemscope` 的属性，这意味着 API 可以把它们当做数据项。你可以使用简单方法获取所有数据：

```
document.getItems();
```

现在可以对项目做分类，可以区分哪些是人哪些是猫。微数据允许通过添加指向 URL 的 `itemtype` 属性定义项目，或者包含内联定义。这时，如果我们定义猫的类型指向的 URL 是 *http://example.com/feline*，那么猫的类型标记如下：

```
<li itemscope itemtype="http://example.com/feline">
    <ul>
        <li>Name:<span itemprop="name">Dino</span></li>
        <li>Phone:<span itemprop="telephone">210-555-4444</span></li>
        <li>Email:<span itemprop="email">thecat@rockandstone.com</span>
        </li>
    </ul>
</li>
```

如果我们想只取猫这一特定类型的项目，可以这样调用：

```
document.getItems("http://example.com/feline")
```

借助这个简单的 API，添加了微数据的标记既容易生成，又容易被读取。

第 2 章

使用样式

我还记得不用 CSS 修饰网页的时代，那些用很多表格、图片和图片映射组成的网页很糟糕。在那时，很多网页需要几分钟才能加载完成，因为需要使用很多图片技巧来实现像样的设计。然后出现了 CSS，非常实用。后来出现了网页标准，将功能分离到 JavaScript 里，将标记分离到 HTML 文件里，将样式分离到 CSS 文件里。

HTML 这十年来没有实质性变化，CSS 也类似。这正是我对 HTML5 的变革以及 CSS3 的出现感到如此兴奋的原因。本章关注于 HTML5 技术集合中的另一个规范：3.0 版本的层叠样式表，又称为 CSS3。HTML5 为我们带来了全新的功能，而 CSS3 为我们开启了通向用户体验之门！

关于浏览器前缀的几句话

本章需要注意的一点是包含浏览器前缀的新的 CSS3 属性。简而言之，浏览器前缀是指当一个功能还在试验阶段时，添加在 CSS3 类名之前的字符串。关于浏览器前缀的信息，请看实例 11。

在案例和代码例子里，即使需要前缀，我也不会使用浏览器前缀。原因很简单：浏览器变化很快，纸质的书难以跟上这种变化。很可能一些功能现在需要浏览器前缀，但是当本书出版的时候已经不再需要了。

我建议你在打算支持某些浏览器之前研究一下哪些功能是需要前缀的。这也是在开发中的一种好习惯。当你实现本书里的一些例子的时候，先尝试直接用一些 CSS3 属性，如果失败了再加上浏览器前缀。

CSS3 是个强大的工具，但是由于它的功能都处于实验发布阶段，所以现在实施比较困难。不过通过本章的实例可以清楚地感受到这个令人兴奋的新技术。

实例 11 通过浏览器前缀实现试验期 CSS 功能

一般浏览器厂商在规范完成之前，允许使用试验版 CSS3 功能。浏览器前缀允许我们在开发中就提前使用这些试验功能。

CSS3 功能的兴起是由于 Webkit 浏览器（Webkit 是由苹果公司开发的开源浏览器布局引擎）大量采用新的 CSS 功能。基于 Webkit 的浏览器实现了丰富的 CSS 功能，这激励了 Firefox、IE 和 Opera 等其他浏览器厂商也去实现同样的功能。

浏览器实现新的 CSS 功能的速度甚至超过了规范制定的速度，这导致浏览器厂商实现的一些功能仍然处在规范的草稿模式或者试验模式。由于功能规范还没有稳定下来，所以这些功能在不同浏览器里的实现方式也不同。

为了避免混乱并且允许开发者在试验阶段使用这些新功能，浏览器厂商开发了浏览器前缀技术。浏览器前缀可以添加到属性名之前，用以限定特定的浏览器使用。表 2-1 列出了常见的浏览器前缀。

表 2–1 CSS 浏览器前缀扩展

前缀	浏览器
-khtml-	Konqueror（非常老的 Safari）
-moz	Firefox
-o	Opera
-ms	Internet Explorer
-webkit	Safari、Chrome、Silk、Android 和其他基于 Webkit 的浏览器

经常可以在 CSS3 中看到样式声明，而且重复了带有不同浏览器前缀的属性。这些功能是这些浏览器提前支持的。CSS 代码看起来像这样：

```
.testClass {
width:100%;
color:#fff;
transform:rotate(30deg);
-ms-transform:rotate(30deg); /* IE 9 */
-webkit-transform:rotate(30deg); /* 所有的 webkit 浏览器 */
-o-transform:rotate(30deg); /* Opera */
-moz-transform:rotate(30deg); /* Firefox */
}
```

这给了开发者很大的灵活性，可以在支持这些 CSS 功能的浏览器上使用新功能，同时不影响那些不支持 CSS 功能的浏览器。假设你只对 Firefox 的文字转换功能满意，可以让其他浏览器回退到非转换文字，CSS 代码如下：

```
.testClass {
width:100%;
color:#fff;
transform:rotate(30deg);
-moz-transform:rotate(30deg); /* Firefox */
}
```

注意这里也包含了传统 `transform` 属性。一旦 CSS3 转换功能稳定下来，浏览器厂商就会去掉前缀，将它作为默认属性。在使用浏览器前缀属性的同时，添加传统属性是个不错的适应未来趋势的做法。

关于浏览器前缀的争议

网页开发社区对于浏览器前缀持有不同的态度。浏览器前缀给预先使用这些功能的应用带来了很大的好处。因为这些功能是在规范发布之前实现的，浏览器前缀允许开发者使用这些试验版的功能，而不必担心这些 CSS 某天会停止工作。

浏览器前缀的缺点是给开发者带来了复杂性。很多年来，网页开发社区希望浏览器厂商符合标准，鼓励他们符合 W3C 规范和准则，而不是开发仅被某一浏览器支持的功能，目标是使同样的代码在任何浏览器里渲染效果一致。浏览器前缀的出现使得开发者重新开始针对不同浏览器写不同的代码。最终开发者社区还保持对浏览器前缀审慎的态度。当你使用浏览器前缀写 CSS 代码的时候，需要考虑各个浏览器对功能的支持情况。请仅在需要时使用浏览器前缀。

实例 12　使用自定义网络字体设计页面

如今网页不再局限于老旧的"网络安全"字体了，可以使用 CSS3 网络字体美化设计。

网页字体实际上不是 CSS 中的新概念。在 2.1 版本的 CSS 里就建议过添加网络字体，但是在规范发布之前去掉了。奇怪的是，一个浏览器厂商提前实施了这个功能；更奇怪的是，这个浏览器就是 IE。1999 年，IE 5 开始支持网络字体。然而，像 20 世纪 90 年代的大部分网页功能一样，网络字体属于一种时尚的做法，并且只支持一种字体。IE 5 支持 EOT（嵌入式 OpenType）字体。而其他浏览器厂商都不可能采用。因而，当时的网络字体走向绝地，直到 CSS3 出现才获得新生。

是否使用正确的字体会直接影响一个设计的好坏。几十年来，网页开发者只能使用很少的网络安全字体：Arial 和 Verdana。在 CSS3 支持网络字体（最早在 Safari 3.1）之前，CSS 允许开发者设置网页使用的字体列表。浏览器会遍历这个字体列表，直到找到在用户机器上安装的字体。字体的声明如下：

```
body {
font-family:Verdana,Arial,Helvetica,sans-serif;
}
```

因为不能保证用户的机器上安装了我们需要的字体，所以在这个列表里将我们喜欢的字体放在前边，浏览器就可以选择一个最能达到我们设计目的的字体。之前列表里的最后一个字体 sans-serif 是浏览器一定支持的通用字体，因为它需要系统标识一种所有系统都支持的字体集。[1]

CSS3 并没有改变使用 font-family 属性的方式。仍然可以使用类似的顺序优先列表，根据喜好列出字体。现在我们来重新声明之前的 CSS 规则，这次添加喜欢的字体：

注1：　浏览器的通用字体有：serif、sans-serif、mono-space、cursive 和 fantasy。

　　　　　　　　　　　　　　　　　　　　　　　　　　HTML5 敏捷实践

```
body {
font-family:Radley,Arial,Helvetica,sans-serif;
}
```

如果用户安装了 Radley 字体，不需要任何其他改变，每个浏览器都会在正文上使用这个字体。但是，很可能用户没有安装这个特殊的字体，CSS3 `font-face` 声明可以解决用户没有安装特殊字体的问题。每个页面只需要声明一次特殊字体，就可以在任何 CSS 规则里或者 `font-family` 属性里使用它了。特殊字体的声明很简单：

```
@font-face {
font-family:Radley; src:local('Radley'), url('Radley.woff');
}
```

导入了这个字体之后，就可以应用到所有 CSS 声明里了。在之前的例子里，任何支持@font-face 或者安装了 Radley 字体的用户都可以在页面看到 Radley 字体，其他浏览器会遍历列表以找到可以用的字体。

让我们看看如何使用导入的字体。在下一个例子里，我们将用示例页面展示一些特殊的字体。图 2-1 展示了示例页面。

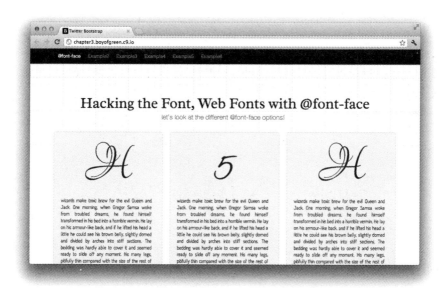

图 2-1　用网络字体适配我们设计里的字体，用户不需要在机器上安装这些字体

我们在页面上添加了三种特殊字体（之前提到的主要字体之外的字体）。首先，需要将字体加载到页面上，这样就可以让用户访问。下面是导入特殊字体的方式：

```
@font-face {
  font-family:'Radley';
  font-style:normal;
  font-weight:normal;
  src:local('Radley'), url('/f/Radley.woff') format('woff');
}
@font-face {
  font-family:'Lovers Quarrel';
  font-style:normal;
  font-weight:400;
  src:local('Lovers Quarrel'), url('/f/quarrel.woff') format('woff');
}
@font-face {
  font-family:'Dosis';
  font-style:normal;
  font-weight:400;
  src:local('Dosis Regular'), url('/f/dosis.woff') format('woff');
}
```

每个字体都有两个 src 定义。第一个是字体的本地名，为所有的字体进行这样的设置是一个不错的方法：如果用户本地已经下载了同样的字体，可以节约从网上下载的成本。第二个声明是 url。如果浏览器在本地没有找到那个字体，则会将那个字体加载到页面上。font-family 属性指定了如何引用在页面上加载的字体（通过字体名称）。其中必须包含的属性是 font-family 和 src。

在 CSS 中，导入字体和普通字体的使用方式一样。下面是用来自定义页面字体的CSS：

```
.fontHeader {
    font-family:Radley, Arial, sans-serif;
    }

h2.fontHeader {
    font-size:12em;
    line-height:1em;
    font-family:Lovers Quarrel, Arial, serif;
    text-align:center;
    color:#c91c10;
```

HTML5 敏捷实践

```
    }

    .smallFont {
        font-family:Dosis, Arial, sans-serif;
        text-align:justify;
        }
```

注意回退字体仍然列在 `font-family` 声明里。如果浏览器加载字体失败了，可以回退到一个尽可能好的替代字体上。通过导入字体和一些新的 CSS 声明，可以让页面的设计里包含与众不同的字体。

使用不同版本的字体

大部分时候，我们使用字体的 normal、bold、italic 或 myriad 等变体。这意味着需要加载更多的字体支持这些格式。CSS 代码如下：

```
@font-face {
  font-family:'Radley';
  src:local('Radley'), url('/f/Radley.woff') format('woff');
}

@font-face {
  font-family:'RadleyBold';
  src:local('Radley'), url('/f/RadleyBold.woff') format('woff');
}

@font-face {
  font-family:'RadleyItalic';
  src:local('Radley'), url('/f/RadleyItalic.woff') format('woff');
}

.fontHeader {
    font-family:Radley, Arial, sans-serif;
    }

.fontHeader.bold {
    font-family:RadleyBold, Arial, sans-serif;
    }

.fontHeader.italic {
    font-family:RadleyItalic, Arial, sans-serif;
    }
```

这样做可以达到目的：可以使用默认字体、黑体和斜体。但是这样实现比较乱，并且容易出错。让我们回顾一下那些导入字体的定义：

```
@font-face {
  font-family:'Radley';
  font-style:normal;
  font-weight:normal;
  src:local('Radley'), url('/f/Radley.woff') format('woff');
}

@font-face {
  font-family:'Radley';
  font-style:normal;
  font-weight:800;
  src:local('Radley'), url('/f/RadleyBold.woff') format('woff');
}

@font-face {
  font-family:'Radley';
  font-style:italic;
  font-weight:normal;
  src:local('Radley'), url('/f/RadleyItalic.woff') format('woff');
}
```

和简单的实现：

```
.fontHeader {
    font-family:Radley, Arial, sans-serif;
    }

.fontHeader.bold {
    font-weight:800;
    }

.fontHeader.italic {
    font-style:italic;
    }
```

在导入时设置字体风格和粗细，就可以用一种简单常用的属性定义字体。这可以保持 CSS 的整洁。而且因为按其他字体的方式使用导入字体，所以更不容易出错。

需要注意：支持和性能

IE 5 在十年前开始支持更多的网络字体，然而直到 CSS3 支持之后开发者才能真正地大量使用。回顾一下，这可能是因为 IE 支持一种网络字体（EOT），而其他浏览器却不支持的缘故。CSS3 的实施开启了这种支持模型之门。CSS3 的 `font-face` 属性支持大部分现代字体：TTF（TrueType）、OTF（OpenType）、WOFF（网页字体）、EOT（Embedded OpenType，仅支持 IE）和 SVG 生成字体。但并不是所有浏览器都支持这些字体。

另外要注意，加载字体需要时间。浏览器在加载字体的同时也能显示网页，但是大部分浏览器在导入字体加载完成之前不会直接按导入字体显示页面内容。我们需要留意这一点，因为这可能导致用户体验问题。一个网页使用的字体数量和每个字体的使用次数并没有明确的限制，但是需要记住大部分情况下这些字体都需要从网络加载。所以需要考虑每个页面里的字体的数量和字体的大小。

实例 13 使用 Google 网络字体来实现简单的 @font-face

网络字体对于设计来说很好用，但是有时候难以维护。Google 网络字体让网络字体的实施变得简单，让维护变得更加简单。

感谢 Google 网络字体团队的 DaveCrossland 对本实例的贡献。Dave 是个字体专家，可以通过 Twitter 账号@davelab6 找到他。

在实例 12 中我们已经看到，网络字体是一种强大的设计工具。它允许设计师使用任何想用的字体，无论用户是否安装了这种字体。网络字体带来了很多好处，但是也有缺点。

之前提到过，字体有时候是资源集约的，需要花费时间从服务器上下载并且在页面上渲染。在大部分浏览器里（在本书写作时，这是指除了 Firefox 之外所有的浏览器），这意味着在字体完全加载完之前是看不到网络字体的效果的。用户需要等待好看的字体加载完，这与用户希望得到的体验相比还是差一点的。

还有另外一个"以字体为乐"的障碍：法律体系。因为可以访问一个字体并不等于拥有在自己的网页应用中使用这个字体的权利。这无疑表示我们没有分发字体的权限（把字体放在一台可以公开访问的服务器上可以被理解为分发）。

如今，我们已经体验了网络字体的所有乐趣，现在看一个来自网络保护者 Google 的方案。Google 网络字体项目提供访问开源字体的服务。你可以免费用在自己的网页应用里。Google 是这样描述这个项目的：

> 网络字体 API 服务运行在 Google 的服务器上，这一服务快速、可信、已测试。Google 免费提供这个服务。你可以很快将 Google 网络字体添加到自己的网站上。[2]

Google 的服务加载速度很快，大部分情况下比自己分发字体更快。实际上，每个将要添加到网页上的特定字体都有对应的所需加载时间的分析。可以在每个字体的页面上找到类似于图 2-2 所示的图表：

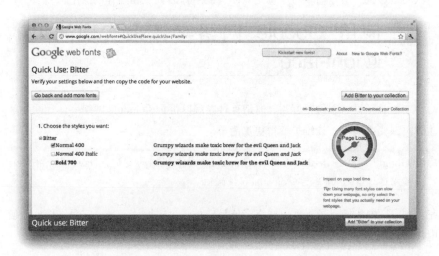

图 2-2　Google 网络字体服务的字体页面显示了该字体在你网页上的执行效率的可视化图表（在屏幕右方）

注 2：　*http://www.google.com/webfonts#AboutPlace:about*

Google 网络字体服务提供的字体都是开源的，这帮助我们避开了使用这字体的法律问题。服务中的每个字体都提供了使用许可证。这不仅仅帮我们避免了使用这些字体的权限问题，而且意味着不必担心分发这些字体会引起的法律问题。

Google 网络字体的简单实施方式

Google 网络字体提供了几种简单的实施方式（如果你对 CSS3 的实施不熟悉，请回顾实例 12）。首先，用最喜欢的 HTML5 网页浏览器打开 Google 网络字体页面（*http://google.com/webfonts*），默认是一个画廊模式的页面。虽然可以使用过滤选项或者浏览字体，但是我们想搜索一个特定的字体。在搜索框中输入字体名称 **Bitter**，则只有一种字体出现。选择"快速使用"选项来获取使用这个字体的更多信息。有三种主要的实施方式：标准方式、@import 和 JavaScript。首先来看标准方式。

Google 会帮我们处理其他问题。标准实施方式只需要在 HTML 页面上添加一行代码：

```
<link href='http://fonts.googleapis.com/css?family=Bitter'
    rel='stylesheet' type='text/css'>
```

当加载这个样式的时候，在页面添加这些声明：

```
@font-face {
  font-family:'Bitter';
  font-style:normal;
  font-weight:400;
  src:local('Bitter-Regular'), url('http://themes.googleuser
content.com/static/fonts/bitter/v4/SHIc
Xhdd5RknatSgOzyEkA.woff') format('woff');
}
```

如果你读过实例 12，就应该比较熟悉这些代码。层叠样式表会加载 `@font-face` 声明。一旦字体加载完成，就可以在任何 CSS 中的任何样式中使用这些声明的字体了。只需简单地把字体名添加到样式里：

```
h1 {
font-family:Bitter, Georgia, serif; font-weight:400;
}
```

第二种方式是 @import。为了导入字体，请把下面这行代码添加到层叠样式表里或者 HTML 网页的样式块中：

```
@import url(http://fonts.googleapis.com/css?family=Bitter);
```

这会加载和@font-face 声明一样的样式。

第三种方式 JavaScript 会加载同样的 CSS 样式，但是这次是通过脚本动态加载。

```
<script type="text/javascript">
WebFontConfig = {
  google:{ families:[ 'Bitter::latin' ] }
};
(function() {
  var wf = document.createElement('script');
  wf.src =('https:'== document.location.protocol?'https':'http')
  +'://ajax.googleapis.com/ajax/libs/webfont/1/webfont.js';
  wf.type = 'text/javascript';
  wf.async = 'true';
  var s = document.getElementsByTagName('script')[0];
  s.parentNode.insertBefore(wf, s);
})(); </script>
```

这段代码动态加载一个 JavaScript 文件，反过来，这个 JavaScript 文件又会动态加载 CSS 文件。

这些加载方式各有利弊，建议在应用里尝试每一种方式，看哪一个最适合你的情况。

现在，讨论一下如何在页面上加载多种不同的字体。Google 网络字体把这称为集合（collection），并提供一种最简单的实现方式。让我们回到 Google 网络字体列表（*http://google.com/webfonts*）同时选择多个不同的字体。这次点击"添加到集合"（Add to Collection）按钮。我打算搜索三种喜欢的字体：Merriweather、Bitter 和 Alegreya。当选择了多个字体，点击"使用"（Use）按钮时，会打开一个熟悉的页面。这个页面提供了在网页上添加多个字体的代码。你可能注意到了图 2-3 中的加载仪表的示数变大了，因为现在需要下载三种字体，而不是之前的一种字体。

添加一组字体和添加一种字体一样简单。选择标准加载方式：

```
<link href='http://fonts.googleapis.com/css?family=Bitter|Merriweather
|Alegreya' rel='stylesheet' type='text/css'>
```

当打开这个 CSS 文件的源码时，可以看到其中包含了三个@font-face 声明：

```
@font-face {
  font-family:'Alegreya';
  font-style:normal;
  font-weight:400;
```

图 2-3　Google 网络字体集合显示了应用三种字体对页面性能的影响

```
    src:local('Alegreya'), local('Alegreya-Regular'),
url('http://themes.googleusercontent.com/static/fonts/alegreya
/v3/MYF
QxfgoxFvFirdbdLj3M_esZW2xOQ-xsNqO47m55DA.woff') format('woff');
}
@font-face {
    font-family:'Bitter';
    font-style:normal;
    font-weight:400;
    src:local('Bitter-Regular'),
url('http://themes.googleusercontent.com/static/fonts/bitter/
v4/SHIcXh
dd5RknatSgOzyEkA.woff') format('woff');
}
@font-face {
    font-family:'Merriweather';
    font-style:normal;
    font-weight:normal;
    src:local('Merriweather'),
url('http://themes.googleusercontent.com/static/fonts/merriwea
ther/v4/
RFda8w1V0eDZheqfcyQ4 EHhCUOGz7vYGh680lGh-uXM.woff') format('woff');
}
```

非传统字体的访问

虽然 Google 提供了加载网络字体的几种方式，但是这些可能都不适合你，别灰心。还有一种技巧应对这种情况！Google 网络字体允许在本地使用这些字体。在每个使用页面的角部都有一个下载当前集合所有字体的链接。可以在本地使用所有字体，甚至可以在本地的其他应用里使用这些字体，例如 Adobe Photoshop 中。这对于用 Photoshop 做设计图的设计师来说非常必要。他们需要在设计图和整个项目里使用同样的字体。

为了更方便，Google 还为开发者提供了一整套访问网络字体服务的 API。Google 团队提供了更多相关指南，见网址 *https://developers.google.com/webfonts/docs/ developer_api*。

对于使用 Google 现有服务开发的开发者来说，通过 API 访问是非常必要的。

优化字体的使用方式

假如这些还不够，那么 Google 网络字的体优点就更能突显出来了！加载字体会延长页面的加载时间，但是 Google 网络字体有另外几个技巧可以令实施变得更轻量。很多情况下，特定字体应用在页面的固定部分，这些部分的内容是可预知的。针对这种情况，Google 构建了一个字体访问优化功能（注意，这个功能在本书写作的时候还处于测试阶段）。

每个实施方式都要加载一个包含 @font-face 声明的 CSS 文件。CSS 文件的 URL如下：

```
http://fonts.googleapis.com/css?family=Inconsolata
```

为了限制字体文件里包含的字符，我们在 URL 最后添加 &text=，在 text 之后添加访问字符串变量。然后在 text 之后定义需要的字符集合：

```
http://fonts.googleapis.com/css?family=Inconsolata&text=Hello
```

这会返回优化过的字体文件，最多能减小 90% 的大小。这是使用喜欢的字体而又减小字体文件大小的好办法。

常见错误

使用字体需要大量工作，把它做好需要更多工作。大部分工作已经被 Google 网络字体解决了，但是还有一些需要注意的常见错误。

有些情况下，在网页上加载字体过于简单，以至于开发者会加载很多不需要的字体。大部分 Google 网络字体不仅提供标准重量（400）和样式。回到我喜欢的那个字体：Bitter。搜索"Bitter"，查看使用页面，如图 2-4 所示。

图 2-4　Bitter 字体的 Google 网络字体使用页面

在这个页面上可以访问 Bitter 字体的多个版本。无论是为了访问所有字体而下载所有重量和样式，还是无意间加载了额外的版本，都需要注意，网络字体都会对页面的性能带来影响。加载字体的版本越多，用来渲染页面的时间就会越长。强烈建议使用 Google 网络字体服务中的集合生成器（Collection Builder）来指定网页应用所需要的字体和样式。

第二种常见错误是关于字体使用的恰当性。在页面的标题中使用特殊字体非常常见。标题都有一个常被忽视的"功能"：自动加粗。浏览器为每个 HTML 标签提供了一些基础样式。常见的例子就是会为每个包含在（ul）里的无序列表项（li）增加缩进。另外一个常见例子就是把标题变大、变粗。标准文字的重量是 400，大部分浏览器会将标题的重量设为 700。

让我们回头看那个使用 Bitter 字体的页面。为了能正确渲染，这个特定的字体提供了一个重量为 700 的版本。并不是所有字体都会提供重量为 700 的版本。实际上，很多字体只提供了 400 的标准重量。

让我们看那些只提供 400 标准重量的字体。Inconsolata 字体是一个不错的例子（如图 2-5 所示）。

图 2-5　Inconsolata 字体的 Google 网络字体使用页面

这是 CSS：

```
p{
font-family:Inconsolata, Arial, Sans Serif;
}
```

这是个很好看的字体。现在让我们将这个字体应用到标题上（如图 2-6 所示）。

下面是 CSS：

```
h1{
font-family:Inconsolata, Arial, Sans Serif;
}
```

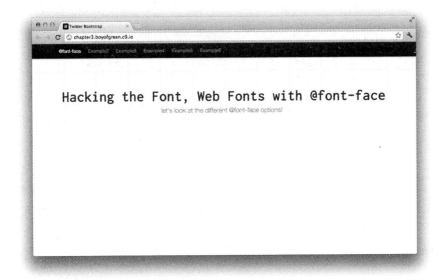

图 2-6　Inconsolata 字体应用在一个重量为 700 的 h1 标题上

由于 Inconsolata 字体没有提供重量为 700 的版本，浏览器尝试将字体的默认粗体应用到文字上。这通常会导致最终产品非常不美观。

幸运的是，解决的方式很简单。需要重置字体的重量为 400，这样就不会被自动加粗影响到了。很多 CSS 重置（一个添加到页面上的额外的 CSS 文件，清除浏览器设置的默认样式）会为你清除掉字体的重量，它们看起来像下面这样：

```
h1, h2, h3, h4, h5 {
   font-weight:400;
  }
```

我更喜欢这种方式，因为它为所有浏览器制定了一个可预测的基础。不过它带来的好处可能在实施了 font-family 重设字体重量后会更明显。相关代码如下：

```
 h1{
font-family:Inconsolata, Arial, Sans Serif;
font-weight:400;
 }
```

每种方式都可以保证网络字体的一种原始样式。要了解更多关于 Google 网络字体的内容，请访问产品主页 *http://www.google.com/webfonts/*。

实例 14　使用 CSS3 的字体特效美化页面

CSS3 文字特效提供了对文字样式的完全控制。我们来研究如何通过 CSS3 文字特效控制文字的样式。

CSS 对于开发者和设计师来说都很重要。我们喜欢这种通过简单的定义来控制视觉和感觉的强大能力。不幸的是，如果我们理解了样式语言的内部原理，就会理解它的缺点。作为一个用来修饰 HTML（其中的 T 代表 "Text"）的语言，并没有太多关于控制文字的功能。我经常遇到 CSS 文字控制的限制，可以从图 2-7 中简单地看出来。

图 2-7　常见的 CSS 例子显示了文字流控制的局限性

图 2-7 使用的是如下 CSS：

```
p.test{
    width:45px;
    padding:5px;
    border:1px solid black;
    text-transform:uppercase;
}
```

和这些标记：

```
<p class="test"> CSS is awesome!</p>
```

"bug"发生了，因为 CSS 不能使不包含空格的文字换行。以前通过 JavaScript 修正或者手动输入换行符的方案都不优美。现在，CSS3 解决了这个问题。对于之前同样的标记，即段落里包含的一行简单的文字，我们来使用一个新的 CSS 属性（如图 2-8 所示）。

CSS3
IS
AWESO
ME!

图 2-8　应用 word-wrap 功能改进的 CSS 例子

这是图 2-8 效果使用的 CSS：

```
p.test{
    width:45px;
    padding:5px;
    border:1px solid black;
    word-wrap:break-word;
    text-transform:uppercase;
}
```

这是使用的标记：

```
<p class="test"> CSS3 is awesome!</p>
```

如今，CSS3 真的很强大！`word-wrap` 属性允许在一个词内部换行。CSS 还可以通过 `word-break:hyphen` 属性在文字换行时添加连字符。现在 HTML 可以像文字编辑器一样展示文字了。

文字阴影属性

有时候影响字体效果的不仅是字体，而且还包含字体的展示方式。这也是文字阴影让网页设计师兴奋的原因。以前，文字阴影需要用图片或者 Falsh 对象实现。在 CSS3 里，文字阴影可以通过一些属性来控制：

```
h2{
text-shadow:2px 2px 4px #ccc;
}
```

文字显示效果如图 2-9 所示。

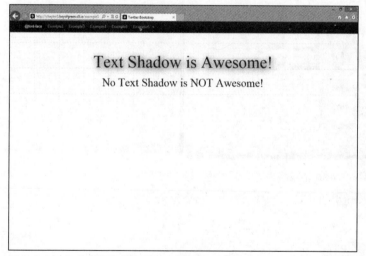

图 2-9　包含文字阴影效果的 h1 标题和不包含文件阴影效果 h1 标题的对比

我们将文字阴影属性的细分属性列出来：

`h-value`

阴影的横向距离，负数或正数。

`v-value`

阴影的纵向距离，负数或正数。

blur size

阴影的大小，可选。

color

阴影的颜色。

这非常简单地实现了（不用图片和 Flash）文字阴影效果。

其他文字效果控制

CSS3 添加了一系列额外的文字效果控制功能，让开发者对文字有更多的控制，增强了 HTML 作为一种语言的用途。一些新的控制功能主要是针对书面非拉丁语言。关于这些控制功能的完整列表可以参见 W3C Level 3 text specification （*http://www.w3.org/TR/css3-text/*）。

实例 15 不改变透明度来让元素显得透明

不透明度（opacity）属性可以让元素显得透明，但是经常会带来负面影响，尤其是在嵌套元素里。CSS3 引入了 Alpha 透明度，可以让开发者自由使用透明效果而不带来负面影响。

可以使用透明度在设计里实现视觉深度。通常使用透明度来实现在整个屏幕上覆盖一个新层，或者给菜单添加阴影。透明度可以让人眼在应用里感受到三维空间。

很多年以来，不透明度（opacity）是实现透明的主要机制。在过去的 6 年里，这个被广泛支持的功能在所有浏览器里病毒式地出现。可以在任何元素上像下面这样添加 opacity 属性：

```
.opacity {
    opacity:.5;
}
```

不透明度的最好的一面同时也是它最坏的一面：opacity 的继承特性。在 CSS 里，一些元素的属性声明作用在自身（例如 background-color），其他作用在子元素上（例如 font-family）。opacity 则都不是。opacity 传递特性。在下边的例子里，每个包含在 opacity 类的元素内的子元素都会有 50%的不透明度。这种继承特性是我们无法改变和重设的。来看一个嵌套不透明度的例子：

```
<div class="opacity">
    <p class="opacity">this is text</p>
</div>
```

在这个例子里，文字的不透明度会被渲染为.25 或者 25%，因为它对父元素的不透明度继承了两次。有些时候继承特性很有用，但是有些时候它会带来无法规避的问题。

关于 Alpha 透明度的介绍

CSS3 引入了两种包含额外 Alpha 透明度的颜色选项：RGBA 和 HSLA。

RGB 和 HSL 可以用来表示百万种颜色的颜色格式。两种格式里添加的 A 通道用来设置颜色的 Alpha 透明度。通过它可以改变透过颜色的"光"的百分比，并看到颜色之后的物体。

可以通过 illustration 很好地理解这一概念。图 2-10 至图 2-12 显示了一组不同透明度的 RGB（红、绿、蓝）颜色色环。

Full Color

图 2-10　重叠的完全不透明的色环

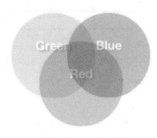

应用 opacityR 的色彩

图 2-11　重叠色环的不透明度为 50%

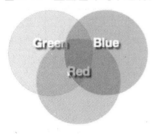

添加 Alpha 通道的色彩

图 2-12　重叠色环的 Alpha 透明度为 50%

图 2-10 没有设置不透明度，也没有添加 Alpha 通道，结果是完全显示出来。
图 2-11 中的每个色环有 50%的不透明度；图 2-12 中的每个色环有 50%的透明
通道。

可以看出，图 2-11 和图 2-12 中的颜色色环几乎一模一样，但是其中文字的样式
却很不同。在图 2-11 中，色环内部的文字应用了 opacity 特性；在图 2-12 中，色
环内部的文字保持不变。让我们看一下两种方式的 CSS 代码：

```
.one.opacity {
    background-color:rgb(0, 255, 0);
    opacity:.5;
}

.two.opacity {
    background-color:rgb(255, 0, 0);
     opacity:.5;
}

.three.opacity {
```

```
    background-color:rgb(0, 0, 255 );
    opacity:.5;
}
caption:css for circles with alpha transparancy

.alpha.one {
    background-color:rgba(0, 255, 0, .5);
}

.alpha.two {

    background-color:rgba(255, 0, 0, .5);
}

.alpha.three {
    background-color:rgba(0, 0, 255, .5 );
}
```

新的 Alpha 透明度允许在设置颜色的同时设置透明度。它可以是一个背景颜色、一个渐变、一个投影或者任何有颜色的属性。它只影响颜色值本身，而不会影响子元素的样式。很多情况下，不透明度和它的继承特性是设计所需要的。但为了应对其他情况，CSS3 提供了不使用 opacity 设置透明度的能力。

关于颜色格式的几句话

设置透明度的时候有两种颜色格式可以用，即 RGBA（红、绿、蓝、Alpha）和 HSLA（色调、饱和度、亮度、Alpha），它们可以产生同样的效果。不要困惑应该使用哪种模式，选择你感觉最舒服的格式即可。一些开发者喜欢使用 RGBA，因为它可以从 Photoshop 调色板里直接选择；另一些人喜欢 HSLA，因为它给了更多可预测的值。在 HSLA 里，当增加 L 值的时候，颜色变得更亮，当减小 S 值的时候，饱和度降低。请根据自己的需要选择不同的颜色格式。

实例 16 使用 media query 来实现响应式设计

你的网页在手机上的显示效果可以和在电脑上一样好看。完成这个任务的奥秘被称为响应式设计，媒体查询（media query）是实现网页响应式的关键。

HTML5 敏捷实践

如今移动设备越来越多。由于 HTML5 的出现，移动网页更加流行。社区很早就明白为不同的设备开发不同的设计不是一个好做法。我们都不想为手机用户设计一个网站、为桌面用户设计一个网站、再为平板电脑用户设计另一个网站。而开发一个能"响应"用户使用的所有设备类型，并且提供适合相应设备的网页是很好的方案。这就是我们说的"响应式设计"。

有一些技术可以实现"响应式设计"，但实现响应式页面的核心是使用媒体查询（media query）。在我们深入了解如何使用媒体查询（media query）之前，先看一下需要实现什么。图 2-13 向我们展示了响应式网站在桌面浏览器中的显示效果。

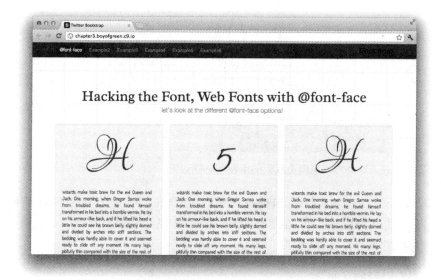

图 2-13　在桌面版 Google Chrome 里浏览我们的示例网站的效果

图 2-14 显示了没有响应式特性的同样的网站在 iPhone 里的显示效果。

图 2-14　在 iPhone 4s 里浏览我们的示例网站的效果

网站在这种状态下很难使用。iPhone 提供了"捏合放大"功能，虽然可以阅读网页内容，但是体验并不好。虽然它可以被访问，但是并没有适应设备。让我们看一些构成中间栏部分的标记：

```
<div class="row">
    <div class="span4">...</div>
    <div class="span4">...</div>
    <div class="span4">...</div>
</div>
```

这是实现布局的 CSS 代码：

```
.row {
    width:100%;
    }

.span4 {
```

HTML5 敏捷实践

```
width:300px;
float:left;
margin-left:30px;
}
```

为了让网站适应设备，需要取消多栏布局，将所有内容显示成一栏，本质上是从横向布局变为线性布局。现在，页面将窗口分为三栏，并在每栏中放置内容。新布局会将这些栏变为浮动排列。现在，不再有三个互相挨着的固定宽度的栏，相反页面可能会变窄，文字和内容由 iPhone 的 viewport 来包围。在页面上应用新的 CSS 会明显改善在 iPhone 上的样式，如图 2-15 所示。

图 2-15　在 iPhone 4s Safari 浏览器里浏览我们的线性布局示例网站的效果

这个新布局的标记并没有改变，只是修改了一些 CSS：

```
.row {
    width:100%;
    }


.span4 {
    width:auto;
    float:none;
    margin:0;
    }
```

拥抱 media query

祝贺！你已经实现了一个响应式的设计！现在需要让浏览器知道在什么时候用哪个设计。接下来介绍 media query。media query 允许在 CSS 外部设置应用相应样式的条件。有一些特征可以用来决定是否应用那些样式。下面这些是其中重要的部分：

- Width
- Height
- Device width
- Device height
- Resolution
- Orientation
- Aspect ratio

在本实例中，通过设备宽度来决定使用什么样式。下面相应的规则，先睹为快吧：

```
@media (max-width:767px)
```

我们规定如果屏幕的宽度小于 767px 的时候使用 CSS 样式。这些样式在条件为真（`true`）时才采用（在这里，当窗口宽度不大于 767px 时返回 `true`）。可以通过几种方式将这个规则应用到 CSS 上。记住，这个 media query 条件为真时才采用新的线性布局。

有三种不同的方式来应用这个条件规则：

`<link>`*tag*

media query 可以设置在 `<link>` 标签里。文件里定义的样式只当 media query 满足条件的时候才有效，条件如下：

```
<link rel="stylesheet" type="text/css"
    media="screen and (max-width:767px)"  href="test.css" />
```

@media *condition*

一块 CSS 代码可以用花括号包围起来，CSS 定义只有当 media query 满足下面条件的时候才有效：

```
@media screen and (max-width:767px) {
.row {
    width:100%;
    }

.span4 {
    width:auto;
    float:none;
    margin:0;
    }
}
```

@import *condition*

一个引用只有在 media query 条件满足的时候才会将外部 CSS 导入。在外部文件里定义的 CSS 样式只有条件被满足的时候才会有效。

```
@import url("test.css") screen and (max-width:787px);
```

我们已经可以用 media query 来改变页面的布局了，但是使用它们做类似的条件 CSS 定义也是可以的。我们经常通过改变字体大小、图片质量、空白等其他元素来更好地适应不同类型的设备。

实例 17 使网页应用响应设备的方向变化

原生应用已经足够智能，知道你是如何把持设备的。如今网页应用也可以实现这个功能，使用基于方向的 media query 实现网站的响应式。

移动设备为网站开发带来了新的问题。不像台式机或者笔记本拥有固定的方向（我几乎没见过谁把 PowerBook 竖起来用），移动设备可以以宽度模式或者高度模式查看。大部分手机和平板电脑内部都有方向感应器来识别设备方向的变化，从而调整屏幕的方向。这让你能够从设备的各个方向和长宽比查看上面的内容。

例如，iPad 有一个宽高比为 3:4 的屏幕，高度比宽度更长。当你横过来的时候，它的屏幕宽高比变为 4:3（宽度比高度长）。这就是方向变化。

使用 media query，可以识别设备如何把持，从而针对不同的方向使用不同的 CSS。让我们回到之前的示例页面，查看在宽度模式（如图 2-16 所示）和高度模式（如图 2-17 所示）的样子。

图 2-16　在 iPad 的宽度模式下查看我们的示例页面，分为三栏

这是让每个视图工作的标记：

```
<div class="row">
    <div class="span4">...</div>
    <div class="span4">...</div>
    <div class="span4">...</div>
</div>
```

Hacking the Font, Web Fonts with @font-face

let's look at the different @font-face options!

wizards make toxic brew for the evil Queen and Jack. One morning, when Gregor Samsa woke from troubled dreams, he found himself transformed in his bed into a horrible vermin. He lay on his armour-like back, and if he lifted his head a little he could see his brown belly, slightly domed and divided by arches into stiff sections. The bedding was hardly able to cover it and seemed ready to slide off any moment. His many legs, pitifully thin compared with the size of the rest of him, waved about helplessly as he looked. One morning, when Gregor Samsa woke from troubled dreams, he found himself transformed in his bed into a horrible vermin. He lay on his armour-like back, and if he lifted his head a little he could see his brown belly, slightly domed and divided by arches into stiff sections. The bedding was hardly able to cover it and seemed ready to slide off any moment. His many legs, pitifully thin compared with the size of the rest of him, waved about helplessly as he looked.

wizards make toxic brew for the evil Queen and Jack. One morning, when Gregor Samsa woke from troubled dreams, he found himself transformed in his bed into a horrible vermin. He lay on his armour-like back, and if he lifted his head a little he could see his brown belly, slightly domed and divided by arches into stiff sections. The bedding was hardly able to cover it and seemed ready to slide off any moment. His many legs, pitifully thin compared with the size of the rest of him, waved about helplessly as he looked. One morning, when Gregor Samsa woke from troubled dreams, he found himself transformed in his bed into a horrible vermin. He lay on his armour-like back, and if he lifted his head a little he could see his brown belly, slightly domed and divided by arches into stiff sections. The bedding was hardly able to cover it and seemed ready to slide off any moment. His many legs, pitifully thin compared with the size of the rest of him, waved about helplessly as he looked.

图 2-17　在 iPad 的高度模式下查看我们的示例页面，只有一栏

这是实现三栏视图的 CSS：

```
.row {
    width:100%;
    }

.span4 {
    width:300px;
    float:left;
    margin-left:30px;
    }
```

这是实现单栏视图的 CSS：

```
.row {
    width:100%;
    }

.span4 {
```

```
    width:auto;
    float:none;
    margin:0;
    }
```

现在我们用不同的 media query 包围相应的 CSS 代码以适应不同的方向。记住,
当 media query 的条件满足返回 **true** 的时候,内部的 CSS 才会被使用。用内联
media query(关于这个实现方式的解释,参见实例 16),CSS 现在看起来像这样:

```
@media screen and (orientation:landscape) {
.row {
    width:100%;
    }

.span4 {
    width:300px;
    float:left;
    margin-left:30px;
    }

}
@media screen and (orientation:portrait) {
.row {
    width:100%;
    }

.span4 {
    width:auto;
    float:none;
    margin:0;
    }
}
```

利用带有 media query 的 CSS,页面在宽度模式下显示为三栏,在高度模式下显
示为单栏。

为什么不根据宽度确定模式

如果对比设备方向 media query 和 max-width media query,你可能会明白这个例子
也可以通过 max- 和 min-width 来实现,因为设备方向变化的时候宽度也会改变。
然而,这么做既有好处,也有坏处。

根据方向的 media query 一般都很简单。不需要知道屏幕的大小，只需要简单依靠设备提供的方向，就可以区分宽度模式和高度模式，也可以保持设备不同方向显示的一致性。

关于方向 media query 的争议也非常类似——你本不应该考虑你的方向是宽度模式还是高度模式。如果屏幕宽度是 700px，那么设备如何把持影响不大：布局会适应 700px 宽度的屏幕。当利用有效空间设计的时候，实际方向无关紧要。

实例 18 使用伪类实现对 DOM 的完全控制

有很多开发者使用 CSS2.1 的几个有限的伪类很多年了。现在，CSS3 允许在页面的每个元素上使用这些伪类。

伪类是 CSS 中令人更加兴奋的部分。伪类是这样的类：根据是否满足特定条件（例如一个按钮是否处于禁用状态或者是不是父元素的第一个子元素）而应用在元素上的类。伪类在类名之前加一个冒号。

在 CSS2.1 中已经引入了一些非常流行的伪类。其中最常用的是 hover 类。它看起来像下面这样：

```css
a:hover {
    color:green;
}
```

伪类在鼠标指向<link>标签时应用所定义的 CSS 声明。鼠标指向的时候改变颜色非常常见。

CSS3 引入了大量新的伪类。特别是引入了大量基于 DOM（Document Object Model）位置的类。让我们看一些例子：

```css
div:first-child {
    color:blue;
    }
span:nth-child(5){ /*选择第 5 个子元素*/
    color:red;
    }
p:empty {
    display:none;
    }
```

每个 CSS 声明并没有完全根据类名、ID 或者标签名选择元素，而是根据其他符合伪类条件的特征选择元素。

CSS 实现的斑马条纹数据表

让我们看一个关于 DOM 关系的例子（一个元素如何与其父元素相关）。对于一个包含大量数据的数据表，一个好的展示方式是让奇偶行有不同的颜色。这种做法一般被称为"斑马条纹"，可以帮助你的眼睛定位在某一行上。在过去，有一个应用在表格上的 JavaScript 函数区分奇偶行，偶数行被添加一个类，背景变暗，也就是让表格"条带化"。

使用 CSS 伪类，我们可以实现同样的效果，但是不是通过 JavaScript 而是使用 DOM 关系来实现。让我们看一下表格的标记：

```
<table class="zebraStripe">
  <tr>
      <th>Name</th>
      <th>Town</th>
  </tr>
  <tr>
      <td>Jeff</td>
      <td>Dayton, OH</td>
  </tr>
  <tr>
      <td>Carla</td>
      <td>Rochester, NY</td>
  </tr>
  <tr>
      <td>Chloe</td>
      <td>San Juan, PR</td>
  </tr>
  <tr>
      <td>Maddy</td>
      <td>San Juan, PR</td>
  </tr>
  <tr>
      <td>Jude</td>
      <td>San Antonio, TX</td>
  </tr>
</table>
```

如果不添加任何 CSS，表格里的每一行都将显示同样的颜色。现在让我们用 nth-of-type 伪类来给行加上颜色。这个伪类包含一个关键词（例如 odd 或者 even）、一个数字或者一个表达式。对于当前例子，我们选择使用 odd 关键词，但是也可以用形如 2n–1 的表达式。我们看看这个表格的 CSS：

```
.zebraStripe {
    width:100%;
    text-align:left;
    }
.zebraStripe td, .zebraStripe th {
    padding:10px;
}

.zebraStripe tr th {
    color:white;
    background-color:#858385;
    }

.zebraStripe tr:nth-of-type(odd) td{
    background-color:#a6caf5;
    }
```

表格现在显示为每隔一行变暗，如图 2-18 所示。

变暗只应用在那些我们通过伪类和 DOM 位置控制的行上。页面上还有很多其他方式用来标识和控制元素：first-of-type、last-of-type、only、empty、root，等等。开始在你的项目中使用这些伪类吧！

实例 19 图片聚合和通过图片数据 URI 内联图片

让我们先抛开那些关于是否使用图片聚合的争论。开发者可以使用图片数据 URI 来实现将图片直接"内联"到 HTML 或者 CSS 里。

图片集合和 CSS 的关系就像黄油和面包的关系。一个"聚合图片"是把几个图片拼合到一张图片里。而后，不用图片标签显示图片，而是使用 CSS 背景图片显示它们。在 CSS 里，可以改变背景相对于元素的位置，从而显示聚合图片中的不同图片。图 2-19 展示了一个常见的聚合图片。

图 2-18   使用 nth-of-type 伪类形成隔行蓝色背景的表格

图 2-19   从 Google Gmail 应用下载的聚合图片（*http://bit.ly/TvBhMV*）

这个聚合图片几乎包含了 Gmail 应用里需要用到的每个图标。现在让我们看看将这个大图分成每个小图标的代码。

这是标记：

```
<div class="uF">
    <div id=":99" class="uE dk dh"></div>
    <div class="uD">
        <span id=":98" class="uC">Jeffrey Burtoft</span>
    </div>
</div>
```

这是 CSS：

```
.dh {
    background:url(images/2/icons_ns10.png) no-repeat –40px –100px;
}
.dk {
    width:16px;
    height:16px;
}
```

在 Gmail 里，这段代码在我的名字旁边显示一个图标。你可以通过背景位置定义知道显示的是图片的哪一部分。图标的高和宽让图片的其他部分隐藏起来。最终效果如图 2-20 所示。

图 2-20　包含图片聚合图标的 Google Gmail 中的联系人列表

为什么使用图片聚合

图片聚合是作为一项性能优化技术被使用的。网页性能 101 告诉我们改善网页性能的第一步是减少对服务器的连接请求。一般来说，连接越少，页面性能越好。图片聚合大量减少了请求的数量。不用图片聚合的情况下，每个小图标都会分别向服务器发起一个连接。概括地说，图片聚合让页面的加载更快。

还有一个附加性能改善是减小了总文件大小，不过并不明显，因为你需要增加一些额外的空白到聚合图片里，而这些是原有图片不需要的，但是图片聚合还是减小了所有图片的总体大小。由于在一个页面上显示的图片往往比较相似，共用一个颜色组合可以减小文件的大小。所拼合的相似图片越多，节省的文件大小就越多。

图片聚合的问题

虽然图片聚合减少了图片的请求，但它却不是一个完美的方案。使用图片聚合最大的问题是难以维护。每次你需要修改图标的时候，都需要重新聚合。如果你的图标的大小改变了，你也许需要调整这个聚合图片中各个图标的位置。而且这意味着还要修改大量的 CSS 保证每个背景图片的位置都是显示正确的。有一些自动化的工具，例如 CSS Sprites Generator（*http://csssprites.com/*），但是自动生成聚合图片不会像手动操作那么灵活有效，因为聚合工具无法适应使用聚合图片的所有方式。另外，文件总大小只在你聚合类似的图片时才会减小（例如聚合有类似颜色组合的图片）。这会增加维护的时间，因为你可能需要在修改图标颜色的时候重新安排聚合图片。

CSS 聚合的另一个副作用是会增加浏览器内存的占用。CSS 聚合一般会使用额外的空白，从而保证 CSS 显示某一部分图片而不显示其他部分。空白虽然也会下载，但是空白一般会被压缩掉。问题是在渲染这些图片的时候：浏览器并不渲染压缩格式的图片，它需要渲染整个未压缩的聚合图片。根据空白的大小，一个大小为25KB 的图片在浏览器里渲染需要超过 10MB 的内存。这在只有有限内存的移动设备的浏览器上是个很大的问题。

使用图片聚合

那么，我们怎么才能解决图片聚合的这个固有的问题呢？我们可以使用图片数据URI（Uniform Resource Identifier）。这种 URI 最早在 IE 8 中被支持，让你在 CSS里"内联"图片数据，甚至图片标签。和 URL 从远程获取图片不同，数据 URI在文档中包含了用 Base64 编码的图片。数据 URI 的格式非常简单：

```
data:[<mime type>][;base64],<encoded data>
```

在这种情况下，`data` 是协议，`<mime type>`是图像的类型，`base64` 是用来编码图片的方式，`<encoded data>`是编码数据的字符串。一个真实内联图片的代码看起来像下面这样：

data:image/png;base64,iVBORw0KGgoAAAANSUhEUgAAACAAAAAgCAYAAABzenr0AA
AAGXRFWHRTb2Z0d2FyZQBBZG9iZSBJbWFnZVJlYWR5ccllPAAAAs1JREFUeNq8VztvE0
EQnnsFxbJxlCAEIiAoiC0qOxJpkCAoHRIKLR0VFRJdWugQBRX8EBASDUIkSGlC4XTEps
DiIVEAcsA6x77Hsrs5+24ft7d+6FY6rc8+z8x+M983cwbg9f32yjre3kO+6+by69a2Gd
3sQ/6L+jSGdxgFNImVwqKp/WwwAOh3Q/oZn576qtqc9hjVnjBGAeEaThyRP+HkE0kJ01b
rSimGYYJ+ey/TmN/fojhASfClT4Gy9UBp2HAcK5XJmAH/vXzl0gQfKFOzwP6Kvn6fG0m
h9lH29IwtAWKjXnWniUSAWobIGhNPsvgH49TM2aJnQX5pX/if8/SP+HICyBgQWoIMGQC
UuxBAHEJLvEqt/xpqKBWZevAt9uc4lA2gLCLj/2Icrq5PnP2RuR74YGePlmOiAioqEhu
UMGrrP7lEdICro/mFlONcUkD6QlQKhEJE7PQ2Db59A5YNXwg4vRGGzkW7csiFYLLInWq
6CUSgJdSSTYa1u6D19kP4bMcDRsPjkLRPAKFhPbs0WwLPOPHD3RIRgXLmsFRBFYOpeA/0
CpAbIADoWOh52blfpkBdCLaRxngPUxNguMU2fTh5Pz1XQh8pBWCrbx9UjoiAkEnK3ntD
CJTAeNDzjfNtilDbBX1sCqXJXOARIf+kUIHBUJAhZB4dotmHceQOljHkg0oUwd6MxSfE
YUZNsw4O0YKGXTMZFks36dFmOSETIpJpXv77+jg8gwBWkyrD0VkxY8asOFIlg4GIPOib
UN3OW6EDSxs9Yedcw3MBqAAryhhqCQJf8HZRF+aSxjww6KLh+0AbI3Api4btmfR/XHheD8
HRYQgDN0y1bc+y6Eiu/T6+Bum8z0xB4mV1M5LlmsrAiZZPmseMjpBbq/CPdfkZdRrQC4YB
bwdgdfN6J9IeMv7cghGb1fYqedsRHICKgWIbOZaFz0hGTHDsd6xfsvwAB8ABqbrMgqHw
AAAABJRU5ErkJggg==

上面的代码会生成一个 32×32 大小的图片，如图 2-21 所示。

图 2-21　HTML5 标识图标

要在你的 CSS 里实施图片聚合，只需要在一般 URL 的位置替换成 Base64 格式编码的图片数据即可：

```
.backgroundImageClass {
  background-image:
url(data:image/png;base64,iVBORw0KGgoAAAANSUhEUgAAACAAAAAgCAYA
AABzen r0AAAAGXRFWHRTb2Z0d2FyZQBBZG9iZSBJbWFnZVJlYWR5ccllPAAAAs1
JREFUeNq8Vz tvE0EQnnsFxbJxlCAEIiAoi...);
  }
```

在图片标签上实施图片数据 URI，只需要将 src 设为之前的代码：

```
<img src="url(data:image/png;base64,iVBORw0KGgoAAAANSUhEUgAAACAAAAAgC
AYAAABzenr0AAAAGXRFWHRTb2Z0d2FyZQBBZG9iZSBJbWFnZVJlYWR5ccllPAA
AAs1JRE FUeNq8VztvE0EQnnsFxbJxlCAEIiAoi..." />
```

这很简单。但是我猜你一定在思考如何才能把图片（之前已聚合成一张图的图片）
转换成数据 URI。幸运的是网络上有很多工具可以完成这个任务，我最喜欢的是
Data URL Maker（*http://dataurl.net/#dataurlmaker*）。通过这个工具，你可以快速
上传一张图片然后将它转换成 Base64 编码的字符。

数据 URI 的缺点

在图片标签或图片聚合中使用数据 URI 有一些不好的方面。首先看维护，它虽然
不像图片聚合那样难以维护，但是仍然比较麻烦，每次需要修改图片的时候都要
做转换。有一些类库可以在运行时帮你完成转换，这样你既可以得到数据 URI
的好处，又不用担心维护问题。

第二个不好的方面是无法压缩。在传输图片时，压缩版本的图片会解压。当你将
一张图片转换成数据 URI 的时候，它无法压缩，所以显得非常大，增加了负载。
好消息是大部分 HTTP 服务器会用 *Gzip* 压缩所有请求，那是通过 HTTP 实现的一
种压缩。这弥补了转换成 URI 的压缩损失。

第三个不好的方面是数据 URI 无法缓存。对于传统的图片，如果你在页面上多次
使用这个图片，浏览器会缓存这张图片，不需要多次下载。当浏览不同页面的时
候，图片也会缓存在浏览器中，以便重复利用。但是数据 URI 是内联的，它们无
法被缓存，除非父元素是可以缓存的。

这就是关于图片聚合和数据 URI 的好处和坏处。每个应用都有自己的特性，观察
你的应用的细节，做一些测试然后再决定哪种方案更适合你。

实例 20 **通过简单的方式实现渐变效果**

CSS3 让你能够在元素背景上使用颜色渐变。用渐变属性获得正确的明暗效果非
常难，但是 ColorZilla 开发了一个让这些变得简单的工具！

本实例是由 colorZil- la.com（*http://colorzi lla.com*）以及 ColorZilla 渐变生成器的
开发者 Alex Sirota 贡献的。

渐变是指包含两种或者更多连续变化的颜色的图片。这在图形、网页设计中被广泛用于生成优雅的背景、光滑的按钮和其他有趣的视觉效果。

通常，你需要一个图形编辑器（例如 Photoshop 或者 GIMP）来创建渐变，并且保存在文件里，然后在页面或者面板中应用重复的背景。如图 2-22 所示是一个渐变的例子。

图 2-22　网络上常见的简单的渐变效果

这个渐变可以简单地作为图片背景应用到设计中：

```
#my-panel {
    background:url(http://www.example.com/my-gradient.png);
    background-repeat:repeat-x;
}
```

上面的 CSS 会产生如图 2-23 所示的元素样式。

图 2-23　一个应用了以 my-gradient.png 为重复背景图片的元素

虽然这很容易实施，但是也有一些明显的缺点。首先，修改渐变的时候需要回到图像编辑器中修改背景图片。其次，浏览器需要增加一个 HTTP 请求去下载图片，这会导致页面加载变慢。

纯CSS渐变

好消息是 CSS3 在添加了众多优秀功能的同时，引入了纯 CSS 渐变。它允许设置所有渐变相关的参数：颜色、方向等，而且纯 CSS 更加灵活，性能也得到了提升。

在理想情况下，之前的例子可以变成这样：

```
#my-panel {
    background-image:linear-gradient(rgb(0, 0, 88), rgb(0, 0, 255));
}
```

使用 CSS 渐变的另一个好处是，由于不再需要固定大小的图片来实现渐变，我们可以在任何大小的面板上正确应用这个渐变。图 2-24 显示了一个例子。在左边的图片中，面板的高度高于渐变背景图片的高度，渐变不能完全覆盖整个面板的高度。在右边的图片中，用 CSS 渐变实现的渐变背景正确地覆盖了这个面板的高度。

图 2-24　渐变图片不能覆盖整个面板的高度（左）、渐变正确地覆盖了整个面板的高度（右）

ColorZilla 终极渐变生成器

你可能已经注意到了，每个浏览器都有自己的技巧和语法，这使得网页开发很复杂，使用渐变也不例外。因为没有实现 CSS 渐变的最终标准语法，每个浏览器都实现了自己的前缀式渐变定义方式。所以，为了支持多种浏览器，原本简单的一行纯 CSS 实现代码声明变成了这样：

```
#my-panel {
    background-image:-moz-linear-gradient(rgb(0,0,88), rgb(0,0,255));
    background-image:-webkit-linear-gradient(rgb(0,0,88), rgb(0,0,255));
    background-image:-ms-linear-gradient(rgb(0,0,88), rgb(0,0,255));
    background-image:-o-linear-gradient(rgb(0,0,88), rgb(0,0,255));
}
```

如果你还要需要支持老旧的 IE 版本或者其他浏览器，事情就变得更加复杂了，每个浏览器都有自己的语法。

为了简化支持多种浏览器的渐变代码，使纯 CSS 渐变的实现变得简单，类似于 ColorZilla 终极渐变生成器的工具出现了。通过这个工具，可以用一个类似于 Photoshop 渐变设计器的界面来自动生成需要的跨浏览器 CSS 声明。这个工具会管理复杂的语法。图 2-25 显示了 ColorZilla 终极渐变生成器的界面。

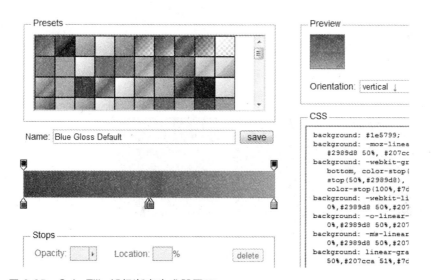

图 2-25　ColorZilla 终极渐变生成器界面

为了创建之前例子中的渐变，在颜色选择器上选择渐变的开始和终止颜色（如图 2-26 所示），复制生成的 CSS 代码并且插入到 CSS 中。

图 2-26　用颜色选择器来设置渐变的开始和终止颜色

现在直接从 Color Zilla 终极渐变生成器中把 CSS 复制出来（如图 2-27 所示）。

```
background: rgb(0,0,88); /* Old browsers */
background: -moz-linear-gradient(top, rgb(0,0,88) 0%, rgb(0
background: -webkit-gradient(linear, left top, left bottom,
Chrome, Safari 4+ */
background: -webkit-linear-gradient(top, rgb(0,0,88) 0%,rgb
background: -o-linear-gradient(top, rgb(0,0,88) 0%,rgb(0,0,
background: -ms-linear-gradient(top, rgb(0,0,88) 0%,rgb(0,0
background: linear-gradient(top, rgb(0,0,88) 0%,rgb(0,0,255
filter: progid:DXImageTransform.Microsoft.gradient( startCol
```

图 2-27　从 ColorZilla 终极渐变生成器中生成的 CSS 代码

设计并自定义渐变

ColorZilla 终极渐变生成器有设计和自定义渐变的选项。例如，可以创建纵向、横向或者斜向的渐变，如图 2-28 所示。

图 2-28　纵向、横向和斜向渐变

前面已经提到，简单的渐变是两个颜色之间的连续变化：一个开始颜色和一个终止颜色。你也可以用多个停止颜色来创建更加细致的渐变，这样颜色的转变就发生在多种颜色之间。在这种情况下，颜色变化从第一个颜色开始，连续变化到第一个"停止颜色"，然后连续变化到第二个"停止颜色"，以此类推，直到变化到最终的颜色。图 2-29 显示了一个例子。

　　　　　　　　　　　　　　　　　　　　　　　　　　HTML5 敏捷实践

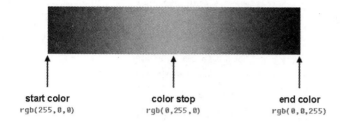

start color
rgb(255,0,0)

color stop
rgb(0,255,0)

end color
rgb(0,0,255)

图 2-29　渐变停止颜色

我们也可以通过变化透明度来制作渐变，这对于实现渐变与其他元素融合的效果
非常有用。例如，可以创建一个从不透明到完全透明的渐变，然后放置在一个图
片上。透明度的变化和渐变都会应用到图片内容上。图 2-30 至 2-32 显示了它们
是如何起作用的。

图 2-30　原有的图片

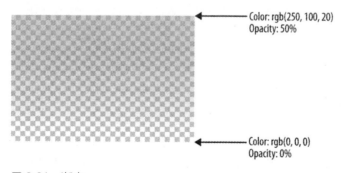

Color: rgb(250, 100, 20)
Opacity: 50%

Color: rgb(0, 0, 0)
Opacity: 0%

图 2-31　渐变

图 2-32　用渐变覆盖图片的最终效果

另外，这个工具包含了一些已经设计好的渐变效果，你也可以在工具中保存自己喜欢的设计。

革新旧的渐变

ColorZilla 终极渐变生成器允许你导入现有的渐变，可以是图片或者 CSS，这是一种编辑现有渐变并把它变成跨浏览器 CSS 的简单方式。

CSS 渐变为性能和灵活性提供了很大的好处，ColorZilla 终极渐变生成器隐藏了简单界面背后的跨浏览器支持的复杂性。通过一些实验和想象，就可以方便地在页面中添加很棒的视觉效果。

实例 21　拯救边框，让边框变得有趣

CSS3 把无聊的边框变得有趣了。忘记边角图片和阴影"技巧"吧。CSS3 提供了一些让边框变得有趣的功能。

边框是 CSS 中最常使用的属性之一。边框是一种广泛应用到 HTML 元素上的效果，它们用各种方式将人的眼球吸引到网页上。传统边框的显示效果有很大的局限性。在 CSS2.1 里，我们只能用固定的颜色、直角边角和有限的样式（只有实线、点、点画线）。

CSS3 提供了一些新的边框效果功能。圆角边框、盒阴影和边框图片是主要的增强方式。

圆角边框

圆角边框最近几年都很流行，它是一种设计模式，在无数的应用中被背景图片或者像素大小的元素模仿。圆角边框是一种非常直接的实现方式：

```
.borderRadiusClass {
border:1px solid #777;
border-radius:15px 15px 15px 15px
}
```

圆角边框包含一个边框，所以首先需要定义一个边框属性。你应该从一个看得见圆角的边框开始。然后设置每个角（左上、右上、右下、左下）的大小。用之前代码实现的效果如图 2-33 所示。

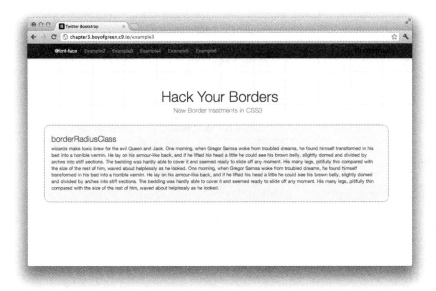

图 2-33　borderRadiusClass 类的 DIV 每个角设置了 15px 的圆角半径

盒阴影

网页设计师通过投影来表现网页元素的深度已经有很长时间了。CSS 最后用原生 box-shadow 功能实现了这个功能。box-shadow 功能为元素增加了真正的投影。实现投影需要定义横向和纵向的偏移（都是数字格式），以及可选的模糊半径、可选的扩散半径和投影的颜色（任何支持的颜色格式都可以）。可以这样定义你的属性：

```
.myShadowClass {
    box-shadow:3px 3px 5px 5px #ddd;
}
```

将这些应用到一个元素可以产生如图 2-34 所示的效果。

图 2-34　类为 myShadowClass 的 DIV 应用了属性，设置了 3×3 px 的投影

图片边框

CSS3 新功能里最强大功能之一是图片边框。本质上，这个功能允许在边框上使用图片，而不是固定的颜色。图片边框有时候很难使用，因为它的属性可能会不符合边框的属性。`border-image` 属性的说明如下：

```
border-image:source slice width outset repeat;
```

让我们看一下每个属性的功能。

source

定义用在 `border-image` 的图片的路径。

slice

定义向内的偏移，或者 4 个角对图片使用的百分比。

width

定义图片边框的宽度。

outset

可选，定义边框图片超过盒的多少。

repeat

定义图片是否重复、平铺或拉伸。

让我们看一个使用这些属性的例子。首先在一个按钮元素上使用这个 CSS 类：

```
.borderImageClass {
    border-image:url(../img/borderImage.png) 29 30 stretch;
    border-width:25px;
    color:white;
    background:transparent;
    font-weight:800;
}
```

现在查看 `borderImageClass` 类应用在按钮上的效果（如图 2-35 所示）。

图 2-35　应用了 borderlmageClass 类的按钮

图 2-36 显示了用来创建按钮的图片。

图 2-36　用来渲染按钮的图片

图片的内偏移本质上是把图片分成 9 部分。图 2-37 画出了向内偏移位置的线。

图 2-37　用 25% 的内偏移图片来渲染的按钮

这里我们把内偏移边角应用到按钮的 4 个角上。因为我们给 `stretch` 设置了 `repeat` 属性，所以图片的中间区域将平铺边框的其余部分。按钮效果如图 2-38 所示。

图 2-38　包含图片边框的最终按钮

新的边框功能给我们的设计带来很多方便。用固定图片来实现视觉效果的时代已经过去了。边框圆角和盒阴影迎合了很多设计需求，其他的需求可以用边框图片解决。

实例 22　在同一元素上设置多个背景图片

CSS3 版本的 `background` 属性允许我们给元素设置背景图片的层次。每个层可以有自己的背景属性，可以实现之前无法实现的复杂效果。

背景图片是 CSS 里非常常用的功能。在 CSS3 之前，如果你想使用多个背景图片（例如，一个图片背景和一个标识图片），就要涉及嵌套的元素和分开的 CSS 声明。这既难写又难维护。当这些都实现后，会多出一些额外的标记，这些标记只是为了满足设计的需要。CSS3 现在实现了这个等待已久的多图片背景的功能。任何元素都可以包含多个"层次"的背景图片。

多个背景图片在设计流式布局的时候尤其重要，例如响应式设计。如果有一个内部内容量待定的文本框，可以用 CSS3 来提供一个"书立"样式的效果。在我们的例子中有一个全景的山景图片，可以在各种尺寸的网页上显示。图 2-39 显示了元素在小屏幕上的效果，图 2-40 显示了元素在大屏幕上的效果。

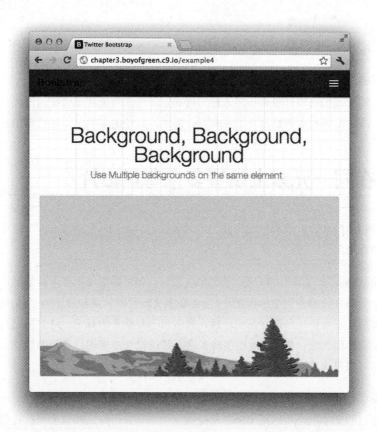

图 2-39　需要多个背景图片的全景图显示在一个小屏幕上的例子

设置多个背景图片的语法简单而直接。和之前版本的 CSS 的书写方式一样，用逗号区分不同"层次"的背景：

```
.mybackgroundClass{
    background-image:url(../img/tree.png),url(../img/
mountains.png),url(../img/sky.png);
    background-color:#f2f7fb;
    background-position:right bottom, left bottom, top left;
    background-repeat:no-repeat, no-repeat, repeat-x;
    height:300px;
}
```

这张图片需要三个背景图片：右下角的树是一层；山是另一层；天空是最底层。

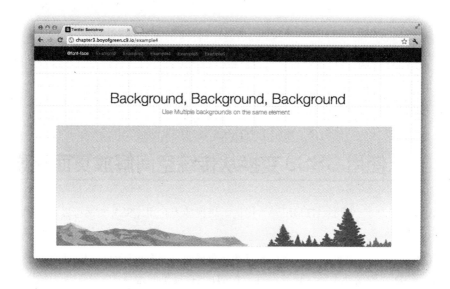

图 2-40　需要多个背景图片的全景图显示在一个大屏幕上的例子

如何运行

这是它的运行方式：每个 `background-image` 的声明在元素上创建一个"层次"。如果有 4 个 `background-image` 的声明，就会有 4 个层次（注意在我们的例子里有 3 个层次）。每个属性可以有用逗号分隔的列表。第 一 个 `background-position` 和第一个 `background-image` 层配合，以此类推。如果一个背景的属性声明多于 `background-image` 声明（例如，有 5 个 `background-repeat` 声明，但只有 4 个 `background-image` 声明），多余的属性声明会被忽略。如果属性声明个数少（例如，有 3 个 `background-repeat` 声明和 4 个 `background-image` 声明），属性列表会循环使用，即第一个属性会被重复使用，并且向后循环，直到 `background-image` 终止。如果声明了 `background-color`，它的值会应用在最后一层上。

速记语法也可以以类似的方式使用。速记语法的风格是用一组逗号分隔的列表表示：

```
.mybackgroundClass{
background:url(../img/tree.png) right bottom no-repeat,
```

```
     url(../img/mountains.png) left bottom no-repeat,
     #f2f7fb url(../img/sky.png) top left repeat-x;
   height:300px;
 }
```

注意背景颜色只会在最底层上起作用。

这个容易实施的功能向我们展示了 HTML5 系列技术的强大和简易。

实例 23 使用 CSS3 变换从传统空间解放页面元素

CSS3 变换功能给你的 HTML 元素提供了透视能力。用 CSS3 变换可以将页面元素放到二维或三维空间上。

HTML 通常是线性展示的，所有元素都是矩形的。变换允许你获得透视效果。有 2D 和 3D 两种变换类型，让我们看一看 2D 变换提供的选项：

Skew

　　用 x 和 y 坐标定义一个 2D 斜度。

Scale

　　用 x 和 y 坐标定义一个 2D 延展。

Rotate

　　用角度定义一个 2D 旋转。

Translate

　　转换一个元素的 2D 位置。

让我们将这些变换分别应用到一个单独的类上，然后通过速记模式类包含所有效果：

```
.elementSkew {
    transform:skew(30deg);
}
.elementScale {
    transform:scale(1,0.5);
}
.elementRotate {
    transform:rotate(30deg);
}
```

```
.elementTranslate {
  transform:translate(25px, 25px);
}
.elementRotate-skew-scale-translate {
  transform:skew(30deg) scale(1,.5) rotate(30deg) translate(25px,25px);
}
```

图 2-41 中的每个元素都有对应的类应用于其上。注意使用 x 和 y 坐标变换每个元素。传统的矩形可以通过变换产生多种透视效果。

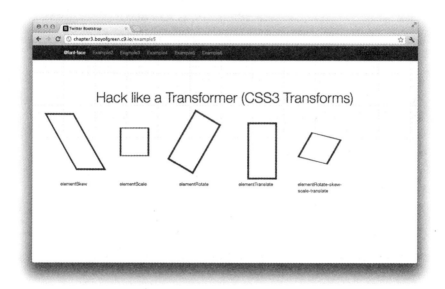

图 2-41 能使用了对应变换效果类名的矩形

CSS3 中的 3D 变换

三维空间的变化和二维空间变化类似，只是你可以使用三维空间了。下面是 3D 变换提供的一些选项：

translate3d

转换一个元素 3D 位置（用 x、y 和 z 坐标表示）。

scale3d

在 x、y 和 z 坐标上应用 3D 延展操作。

rotateX

在 x 坐标应用一个角度的顺时针旋转。

rotateY

在 y 坐标应用一个角度的顺时针旋转。

rotateZ

在 z 坐标应用一个角度的顺时针旋转。

perspective

设置 3D 对象的透视距离（小的数字表示对象看起来更近）。

再次为每个属性创建一个类。这些类看起来像下面这样：

```
.elementTranslate3d{
    transform:translate3d(75%, -25%, 0);
}
.elementScale3d{
    transform:scale3d(.5, 1.25,1);
}
.elementRotateX {
    transform:rotateX(100deg);
}
.elementRotateY {
-webkit-transform:rotateY(10deg);
}
.elementRotateZ {
    transform:rotateZ(10deg);
}
.elementPerspective{
    perspective:800px;
}
```

我们仍然拿第一个例子中的盒子做例子，在它们上边应用这些 3D 类（如图 2-42
所示）。

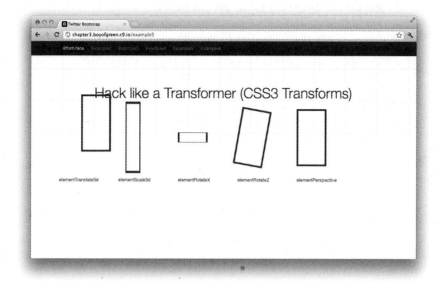

图 2-42 使用了对应变换效果类名的矩形

你可能看不出 3D 变化的价值。当移动一个元素的 z 坐标（或者 3D 平面）时，它会呈现完全不同的效果（例如 2D 倾斜或者变成一条线）。接下来请耐心看下一个实例中 3D 变换产生的奇幻效果。

更多高级效果

变换功能提供给开发者对页面元素很大的控制能力。引入的三维空间给现在流行的移动设备带来很多好处。由于 3D 变换使用 GPU，可以使用硬件加速。关于 3D 变换更多的优点和缺点，请看 HTML5Rocks.com（*http：//www.html5.rocks.com/en/ tutorials/speed/html5*）上的描述：

> 很少时候需要精确控制变换。对于高级用户来说，CSS3 变化可以使用 2D 矩阵或者 3D 矩阵，分别为用户提供了通过 6 个不同的值和 16 个不同的值来控制变换的选择。我只能说：祝好运！高中几何快忘记了！

使用 CSS3 转换实现变换动画

你可以简单地使用 transition 属性实现 2D 变换和 3D 变换动画。

对于网页开发者来说动画总是很吸引人的。过去唯一实现动画的方式是用 JavaScript，但是在页面上重绘同样的图像非常费力，例如，实现翻书效果的动画。一些 JavaScript 类库，包括 jQuery 和 YUI 提供了简化的动画制作流程，但是最终还是通过 JavaScript 移动元素来实现。这样做的结果往往令人失望。

然后我们看到了曙光：*transitions*。转换本身不能实现动画，但是它允许我们在一段时间内通过 CSS 声明来平滑地改变特定的属性。

转换也非常好用。让我们暂停一下，看一些属性语法。转换看起来这样简单：

```
.elementTransition{
    transition:width 2s;
    width:100%;
}
```

不能更简单了，对吧？这个类里只有两个属性：

transition-property

定义哪个属性被转换。

transition-duration

定义多久完成这个转换。

让我们看其他两个可定义的属性：

transition-timing-function

描述一些预定义的转换模式，默认是 ease。

transition-delay

定义转换何时开始。

在之前实例的类里，我们从解释转换成什么开始。很明显接下来的问题是从哪开始转换。答案很简单，就是我们添加转换之前的状态。让我们看看这个完整的例子，我们从简单的标记开始：

```
<div class="elementStart">
    <button id="myAction">Hello world!</button>
</div>
```

下面的 CSS 类定义了标记开始的样子：

```
.elementStart {
    width:50%;
    border:1px solid green:
    height:300px;
}
```

注意初始定义元素的宽度为 50%。这是转换的初始值。为了实现转换，需要通过某些定时或用户动作将一个新类（elementTransition）添加到元素上。在这个例子里，在 div 里的按钮上添加一个简单的 onclick 函数，它会触发转换的开始。这只需要一行简单的 JavaScript 代码：

```
document.getElementById('myAction').onclick = function(e){var a =
e.target.parentNode;a.className = a.className += ' elementTransition';};
```

把这些都添加到网页上，看一下效果（如图 2-43 和图 2-44 所示）。

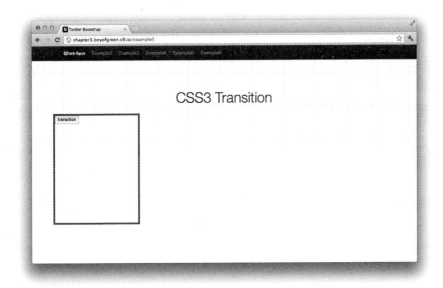

图 2-43　显示在添加按钮类名转换之前的 div 的样子

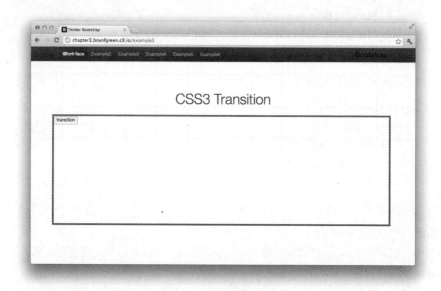

图 2-44　显示在添加按钮类名转换之后的 div 的样子

转换成什么

`transition` 属性不是可以实现转换的唯一属性。根据 W3C 的规范，另外一些可以转换的属性如下：

background	bottom	color	font-size	height	left
margin	opacity	outline	padding	right	transforms
text-shadow	visibility	width	z-index		

通过变换实现 3D 转换

CSS3 转换中 3D 变换非常有用。3D 变换本身看起来缺乏明确的目的。设置 3D 旋转，例如，设置成（90,90,90），页面上的物体会显示成一条线，但是如果和 `transition` 属性组合起来，就可以看到一个盒子转动的 3D 动画。所用到的 CSS 应该和 2D 变换非常类似。记住，你需要两个定义实现转换。第一个定义是转换开始的 `div` 样式，第二个定义是转换的结束样式。

转换事件

在很多情况下，需要在变换结束时触发一个事件。浏览器会在每个事件完成的时候公布一个事件。这个事件的语法和用户事件的语法一样。在 JavaScript 里，只需要简单地添加一个事件监听器到这个元素上，以接收转换结束事件：

```
document.getElementById('myAction').addEventListener("transitionend",
  myFunction, true);
```

一旦转换完成，这个事件就会被触发，myFunction 函数就会被调用。确保你实验过每个浏览器上的效果，因为我们并不知道每个浏览器是如何处理"结束"这个事件的。

实例 25　使用变换和转换来实现 iOS 样式的翻卡效果

在网页中使用那些原生应用里的动画效果会让用户感到神奇。本实例向你展示了如何使用 CSS 重新实现那些常见的 iOS 动画。

移动应用提高了我们对用户体验的要求，苹果公司通过那些标志性的、实用化的应用引领了这个潮流。苹果公司开发了一系列用户交互模式。这些模式如此好用和易用，以至于我们希望在所有应用里都使用它们。这些标志性模式之一就是翻卡效果。让人印象最深的翻卡效果的例子是 iOS 里的天气应用，当在屏幕上显示天气的时候，在右下角会出现一个"i"图标。当用户触摸"i"图标时，会翻转到设置页面，再次触摸又会翻转回来（如图 2-45 所示）。

图 2-45　iOS 天气应用，从信息页面转换到设置页面

可以用一些简单的标记和 CSS 来重新实现这个动画效果。让我们从创建标记开始：

```
<div class="viewPort">
    <div id="card" class="card">
          <div class="frontView">HTML5 Hacks</div>
          <div class="backView">Rocks!</div>
    </div>
</div>
```

我们已经为组件创建了一些基础的结构元素。让我们分析一下。

viewPort

在这个例子里，这是包含整个组件的父元素。但是在移动设备上，这些"卡"
会占满整个屏幕。理解可视区域很重要。在移动设备上，任何会导致元素的
某些部分超过 div 的转换都会被窗口截断。

card

这个父元素是变换的关键，因为它是两个卡片的公有父元素。

frontView 和 backView

在这两个 div 中的标记会变成两个卡片的内容。

修饰这些元素

viewPort 作为这个组件的父元素，在变换卡效果里起了关键作用。让我们看一
下这些 CSS：

```
.viewPort {
    width:200px;
    height:260px;
    position:relative;
    margin:0 auto 40px;
    border:1px solid #CCC;
    perspective:800px;
}
```

在之前的代码里，viewPort 实际为两个卡片设置了大小。在之前的例子中，我们
设置了像素宽度，但是作为针对 iPhone 等移动设备做的网页，宽度和高度应该简
单地设置为 100%。另外一个关键属性是 persepective，persepective 是设
置明显 3D 渲染距离的属性。理论上说，它表示 3D 图片到屏幕的距离是多少像素。
我们通过 persepective 设置翻页的深度以保持和苹果公司原生效果一致。

在 div 里的 card 元素用来实现转换效果,在 CSS 里最早设置的 transaction 属性是分配给 card 元素的:

```
.card {
    width:100%;
    height:100%;
    position:absolute;
     transition:transform 1s;
      transform-style:preserve-3d;
      transform-origin:right center;
}
```

尤其需要注意定义里的变换属性。当设置 3D 转换效果的时候,需要访问 x、y 和 z 坐标。转换定义了元素转换的开始距离。在这里,我们希望旋转保持在右边中间。最后一个属性 transition 属性定义了转换动画的属性和时间,这里是 1s。

因为 card 是完成转换的元素,需要定义一下转换相关的值。在这里,从中间偏右开始,在 card 元素上设置了额外的类名用来定义 transform 属性,这是实现转换动画的代码:

```
.card.flipped {
    transform:translateX( -100% ) rotateY( -180deg );
}
```

转换从中间偏右开始,在 x 轴上旋转-100%,在 y 轴上旋转-180°,当我们将这个类设置到 card 元素上时这些转换生效,现在标记变为这样:

```
<div class="viewPort">
    <div id="card" class="card flipped">
        <div class="frontView">HTML5 Hacks</div>
        <div class="backView">Rocks!</div>
    </div>
</div>
```

这个简单的转换实现了简单的翻卡效果。

组件里的最后两个元素是卡片的正反面。令人惊奇的是,每个卡片并不需要很多 CSS 代码:

```
.card .frontView, .card .backView {
    height:100%;
    width:100%;
```

```
    background:black;
    line-height:260px;
    color:white;
    text-align:center;
    font-weight:bold;
    font-size:5em;
    position:absolute;
    backface-visibility:hidden;
}

.card .backView {
    -webkit-transform:rotateY( 180deg );
    transform:rotateY( 180deg );
}
```

这里其实只有两个"功能性"CSS 属性需要注意。第一个是应用到两个元素上的属性 `backface-visibility`。`backface-visibility` 属性定义了在翻转时是否可以看到该元素。默认值是 `visible`,所以为了防止 div 在卡片翻转的时候互相替换,需要将这个值设为 `false`。

第二个属性只设置卡的背面。设置 `rotateY` 转换 `180deg`。这让卡的背面完全翻转过来,并且占据同样的位置,所以看起来像卡片的正反面。你也许会想是否需要在翻卡的时候打开转换,实际上并不需要。这是开发复杂转换的一个好例子。有一个嵌套的转换,其中的卡片有一个转换,然后其内部的卡的反面也有一个转换。在这个例子里,卡的反面相对于正面始终会有一个 180° 的旋转,只需要让父卡片前后翻转,来控制卡的哪一面需要显示。

将这些组合起来

我们完全实现了原生 iOS 的翻卡效果。现在还需要写几行 JavaScript 代码,用以控制翻卡何时开始。在这个例子里,我们在页面的底部添加一个包含了 `controls` 类的按钮,还有这些 JavaScript 代码:

```
document.querySelector('.controls').addEventListener('click',
  function(){
    var elem = document.querySelector('.card');
    elem.className = (elem.className == 'card')?'card flipped':'card';
});
```

这个简单的监听器会给不包含 flipped 类的 card 元素添加 flipped 类；如果已经包含了则去除。图 2-46 显示了纯 CSS 实现的翻卡效果。

图 2-46　用 CSS3 转换实现的 iOS 样式的翻卡效果

现在我们已经实现了一个效果不错的常见翻卡效果。

实例26　使用 Respond.js 在 IE 中模拟 media query

media query 是开发响应式设计的关键，但是在不支持这个特性的浏览器里会出现问题。Respond.js 开发用来填补这个空缺。现在我们可以开发一个所有人都可以使用的响应式网站了。

响应式设计是一种开发网站的有效方式。你只需要开发一个适应所有设备的网站，而不是分别开发一个桌面网站、一个手机网站和一个平板电脑网站。响应式设计的基础工具是 CSS media query，但是很不幸 media query 在 IE 8 以前的浏览器中都不被支持。这是实施网页标准化的开发者遇到的一个问题。现代网页标准的一个基本原则是，只开发一次，就能在所有符合标准的浏览器里都正确工作。网页标准的缺失会阻碍 HTML5 功能的实施，因为像 media query 这样的功能无法向后兼容旧的浏览器。

幸运的是，上帝创造了模拟（polyfill）。在 HTML5 社区里我们讨论过很多类似美妙的事。模拟（polyfill）是一种传统网页元素，如 JavaScript 或者 Flash。当浏览器不支持 HTML5 的某些功能时，模拟可以用来替换这些功能。这允许我们在新的 HTML5 功能出现时就实施，并且不影响旧的网页标准的原则。

media query 也有了一流的模拟（polyfill），即 Respond.js。Respond.js 是由 Scott Jehl 开发的，用来在不支持 media query 的浏览器上模拟（polyfill） media query 的脚本。通过在 CSS 内容上执行一段代码保证 media query 正确执行。这个脚本实际是通过 Ajax 加载一个版本的 CSS 文件，解析其中的内容，根据 media query 规则解释不同的内容。然后脚本监听窗口的宽度和高度变化，根据 media query 里定义的规则应用不同的 CSS。这很简单。

只需要添加 JavaScript

这种实现方式再简单不过了。在你的响应式网站上使用基于 media query 的 CSS，添加 CSS `<link>`标签之后，再向`<head>`标签内部添加这个小 JavaScript 文件。

```
<head>
    <meta charset="utf-8">
    <title>Respond JS Test Page</title>
    <link href="test.css" rel="stylesheet">
    <link href="test2.css" media="screen and (min-width:37.5em)"
    rel="stylesheet"> <!-- 37.5em = 600px @ 16px -->
    <script src="../respond.src.js"></script>
</head>
```

让我们看结果。在实例 16 中通过 media query 实现了一个响应式网站，在支持 HTML5 的浏览器中，网站看起来很棒（如图 2-47 所示）。

现在我们在 IE 8 中查看这个网站（如图 2-48 所示）。

这个网站的问题是它不能服务于所有的访客，因为很多流量网站的人在使用不支持 media query 的浏览器。那么让我们在网页的头部添加 script 标签，重新加载网页（如图 2-49 所示）。

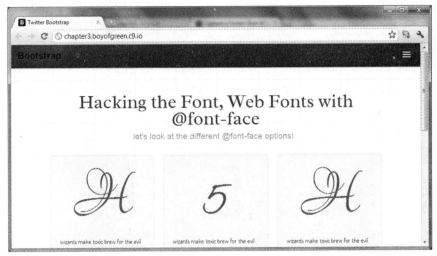

图 2-47 我们的响应式网站在 Google Chrome 15 里的效果

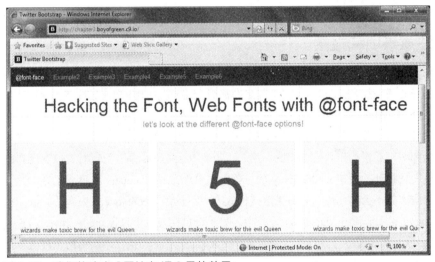

图 2-48 我们的响应式网站在 IE 8 里的效果

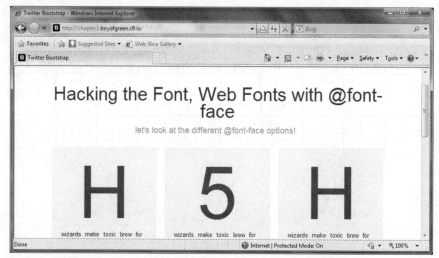

图 2-49　我们的响应式网站添加了 Respond.js 后在 IE 8 里的效果

我告诉过你这很简单！

注意事项和报偿

用 Respond.js 来实现需要注意一些关键点。首先，需要在最后一个 CSS<link>
标签之后添加 respond.js 文件。如果在加载 respond.js 脚本之前加载网页内容，那
些非 HTML5 用户就会看到屏幕闪动或者没有正确显示的内容。这并不是一个功
能性问题，因为一旦加载完 respond.js 文件，网站样式就会变好，但是这可能会
给那些下载慢的用户带来困惑。第二，记着 Respond.js 是专门针对窗口宽度和高
度变化设计的模拟 media query 的方式。如果你在 media query 里设置了方向，这
个脚本就不会起作用。只有当链接样式表中不包含 media query 内容的时候，在
link 元素上应用 media query 才有效。如果链接样式表里包含 media query，它的
media query 属性会被忽略，内部的 media query 会正确执行。换句话说，内容里
的@media 条件优先级更高。另外，Respond.js 通过 Ajax 加载 CSS 文件，所以如
果你从 CDN 上或者子域名上加载 CSS 文件，你需要上传一个代理页面实现跨域
通信。

要查阅实现这些细节的完整列表和为 CDN 设置代理的说明可以访问 Respond.js
的 GitHub 页面（*https://github.com/scottjehl/Respond*）。

　　　　　　　　　　　　　　　　　　　　HTML5 敏捷实践

通过 viewport<meta>标签来控制移动网页布局

浏览器厂商允许使用一个<meta>标签来帮助移动设备或者其他小屏幕的设备按作者期望的方式展示页面。这个标签在桌面网站和"为移动开发"的网站上的显示方式不同。

当带有 HTML5 浏览器的手机出现的时候，互联网开始进入一个新的高度。在网页局限于 WAP（Wireless Application Protocol）的那些年里，手机网站仅可以使用很少的标签，而现在整个网站都可以从你的掌上电脑访问了。智能手机通常会实施一种缩放整个页面的功能，这样整个网页都可以在小屏幕（有限像素）上查看了。基本上，920px 的网站平均会缩小到 320px（或者设备的宽度）。

浏览器厂商想鼓励开发者开发适合屏幕大小的界面，所以他们引入了一些新的未被标准工作组批准的标签，但是被其他浏览器厂商默许了。其中一个最普遍、最有用的标签是 viewport<meta>标签。

viewport<meta>标签解决了在移动设备上禁用自动缩放功能的问题。让我们看这个标签：

```
<meta name="viewport" content="width=device-width,initial-scale=1.0">
</meta>
```

这个<meta>标签和其他的<meta>标签一样，应该是<head>标签的一部分。它和其他 HTML<meta>标签样式一致，包含 name 和 content 属性。content 属性包含了下面一些属性：

width

　　viewport 的宽度（像素）。

height

　　viewport 的高度（像素）。

initial-scale

　　viewport 的初始缩放倍数。

minimum-scale

　　viewport 能够缩小到的最小值。

maximum-scale

　　viewport 能够放大到的最大值。

user-scalable

定义是否允许用户缩放网页（通过捏合和放大镜）。

这个标签页允许你定义和控制向用户的展示效果。一图胜千言，让我们看一个例子。图 2-50 显示了一个包含<meta>标签的响应式网页，图 2-51 显示了不包含<meta>标签的同一个网页。

图 2-50　用 iPhone 4s Safari 浏览器查看为移动手机设计的简单网页，该网页使用了
　　　　 viewport <meta>标签

我们的目标是控制设计的一些关键方面。首先并且最应该注意的是 inital-scale 属性。这个属性设置为 1.0，表示页面没有被缩放，一像素就表示真实的一像素。第二个属性是 width，也设置为 device-width（注意在一些设备例如 Windows Phone 7 上，device-width 的值为设备的宽度）。这告诉页面应该将 viewport 设置为设备屏幕的宽度。这在一些设置为 100%宽度的设计里尤其重要。宽度可以被设置为切合整个页面。

一个在标签里没有包含的属性是 user-scalable，值为 no，很多网站用它禁用缩放功能。虽然文字比较大，但是对于一些用户来说还是不够大。我想把这个选项留给用户使用，所以我一般会保留缩放选项，除非页面的某些地方用了这个

　　　　　　　　　　　　　　　　　　　　　　　　　　HTML5 敏捷实践

功能（例如地图的缩放）。你会发现这个属性经常被设置为 no，但是为了用户方便，我尽量不这样设置。

图 2-51　iPhone 4s Safari 浏览器里查看为移动手机设计的简单的网页不包含了 viewport <meta>标签

相应的 HTML5 规范会兴起吗？

我之前提过这个功能（依据设备调整页面）并不包含在规范里，但是是一个被浏览器厂商认可的功能。由于标准的缺失，这个功能在不同设备上的支持情况有所不同。幸运的是浏览器厂商和我们一样，他们也希望这成为标准。view-port 属性的 W3C 标准马上就会出来了。

最令人惊奇的是，W3C 不准备使用一个<meta>标签，而是把它作为 CSS3 规范的一部分，称为 *CSS device adaptation*。好消息是这也是很容易实施的。W3C 甚至将<meta>标签的内容放到 CSS 声明中（*http://dev.w3.org/csswg/css-device-adapt/*）。

从高层次看，设备适配也是很简单的。让我们看一下如何在 CSS 里声明同样的
<meta>标签内容：

```
@viewport {
    width:device-width;
    initial-scale=1.0"
}
```

viewport 属性可以放到页面的样式区块中或者任意的样式表里。它甚至可以包
含在 media query 里。希望你在实施这些功能之前重新查看规范，因为一些属性
的名字可能会变化。在本书写作的时候这些规范还很新，以至于我写出这些属性
名还是很犹豫的，因为它们应该还会变化的。

第 3 章

实践多媒体

HTML5 引进了原生支持多媒体的新功能，该功能将音频和视频元素当做第一等级的元素。因为它们是原生元素（而不是插件），所以可以用 CSS 修饰，可以用 JavaScript 访问，也可以用 GPU 加速。

这些元素不仅灵活，而且易用。在大部分情况下就像在页面上插入一张图片一样简单。HTML5 音频和 HTML5 视频有类似的实施方式和类似的 JavaScript API。虽然这章的很多例子都是关于如何使用 HTML5 视频的，但是这些使用方式也适用于音频元素。视频元素的"播放"API 和音频元素的"播放"API 是一样的。

如果要评出 HTML5 中最令人兴奋的特点的话，那就是网页开发者从使用"浏览器插件"发布多媒体中解放出来了。用户为了观看一段视频而下载并且安装不同浏览器插件的时代已经过去了。

实例 28 使用 HTML5 视频直接在应用里嵌入视频

现在视频是 HTML5 的主流。请忘记浏览器插件，忘记支持视频播放器，进入 HTML5 原生支持视频的世界吧。首先看一下为什么视频作为页面元素很重要。

HTML5 视频为什么这么重要？我们已经在网页上播放视频很多年了。答案是网络在不断变化。几年前，当用户访问网站的时候预测用户支持什么技术很简单：网站可以用 Flash，或者 Silverlight，或者其他网页开发者能找到的技术。

但是如今，桌面电脑、手机、平板电脑、电子阅读器共用同一个网络，视频和音频格式的标准化是让所有播放器能正确播放它们所必需的。这种需求之所以变为现实，是因为苹果公司为了更好地控制 iOS 上的电池消耗而直接屏蔽掉了所有类似于 Flash 和 Silverlight 插件。这一做法将 HTML5 视频推向了主流地位。在现代的网络上，HTML5 视频是支持所有用户的关键。

写一些代码

HTML5 视频不仅灵活，而且对于开发者也更容易实施。你可以通过一个简单的标签把 HTML5 视频放到网页上。让我们看一个例子：

```
<video width="320" height="240" autoplay="autoplay"
  poster="examples/sanfran.jpg" source="examples/sanfran.m4v">
</video>
```

上面的代码会实现在屏幕上显示视频的功能，效果如图 3-1 所示：

图 3-1　Google Chrome 用 HTML5 <video>标签渲染一个网页

在标签内部可以做很多控制。下面看一些常见的属性。

width 和 height

通过这两个属性可以直接在标签里设置视频的大小。这些属性定义了嵌入式视频在网页上显示的大小，而不是视频文件本身的大小。高度和宽度不需要完全和原文件一致。这些属性值的单位是像素，用"340"而不是"340px"。你可以通过 CSS 来设置宽度和高度以得到同样的效果。

controls

这个属性允许隐藏或者显示视频的原生控制器。默认值是显示。如果你想自己通过 JavaScript 开发控制器的话，就会希望隐藏默认的控制器。

autoplay

这个属性用来设置当片源准备好时是否自动播放。默认值是关闭。我诚恳地建议你不要在网站首页上启用这个选项。

autobuffer

这个属性和 autoplay 类似，只是不实际播放视频。这个属性的默认值也是关闭。当视频源被找到的时候，打开 autobuffer 会让视频开始下载，所以当用户点击开始时就会马上播放。这是另外一个需要注意的属性，因为它会消耗移动用户的流量。只有当你确定用户一定会看这个视频时才能设置为打开。

poster

这个属性允许将一张图片的路径设置为视频的海报板。这张图片在你的用户还没有开始播放视频的时候显示，一般是从视频本身截取的一张图片。如果你没有设置用哪张图片，视频的第一帧加载完后就会作为海报板。

loop

这个属性允许你设置视频是否循环播放。默认值是关闭。

你已经看到了，<video>标签本身非常灵活。视频是一种传递信息的有效方式，但是需要注意的是不恰当地利用这些属性会给用户带来不好的体验。

视频作为第一等元素

HTML5 <video>标签可以让开发者完全控制视频。与 Flash 嵌入式对象不同，HTML5 <video>标签可以像页面上的其他标签一样工作。最大的一个好处是可以使用 CSS 控制样式。像页面的其他元素一样，<video>标签可以设置边框、文字颜色（字幕）、透明度和其他任何 CSS 特性。

另外，<video>标签为开发者提供了功能 API，可以用 JavaScript 对视频进行开始、终止、缓冲、快进等控制。这允许开发者为视频开发一个定制的播放控制器，甚至为视频开发一个更高级的缓冲系统。

作为第一等元素，HTML5 的<video>标签允许开发者访问加载到网页上的数据。另外，<video>标签可以和页面上的其他元素交互，例如 canvas 元素，利用它可以将视频从<video>标签逐帧导出到<canvas>标签，还可以用其他函数来操纵。使用<video>标签的时候要小心，因为 canvas 元素包含了安全性测试，这会限制你将数据从不同的源导入 canvas 文件。

实例 29 为视频文件选择合适的编码/解码器

对于 Web 来说，处理视频很复杂，还没有一种视频文件格式可以"一统天下"。在不同浏览器拥有不同编码/解码器的情况下，需要确保你的视频文件可以在所有目标浏览器上正确观看。

视频编码/解码器主要是是一种视频解压缩算法。一般视频对于网络传输来说过大，所以需要在分发之前做好压缩。并且浏览器必须支持编码视频的编码/解码器，这样视频文件才能正确播放。现在来看悲惨的一面：如今的每一种 HTML5 浏览器都只支持一部分编码/解码器，所以没有一种视频编码/解码器可以被用来在所有浏览器中播放视频。

你需要针对不同的浏览器专门压缩多次，但是好消息是你不再需要为每个浏览器写不同的<video>标签。让我们看一个传统的将 src 属性设置为视频源的<video>标签：

```
<video width="320" height="240" autoplay="autoplay"
poster="examples/sanfran.jpg" src="examples/sanfran.m4v">
</video>
```

之前的代码很好很简洁，但是只允许你对<video>标签设置一个源地址。让我们重新写这个标签，将源地址的标签分离出来：

```
<video width="320" height="240" autoplay="autoplay"
 poster="examples/sanfran.jpg">
    <source src=examples/sanfran.ogv type=video/ogg>
    <source src=examples/sanfran.mp4 type=video/mp4>
    你的浏览器不支持 video 标签
</video>
```

嵌入的是<source>标签，用来为多媒体设置多个源。浏览器会从<source>列表的第一个支持的视频文件开始播放。如果没有找到能够支持的源，会剩下一个空的<video>标签。在<video>标签内包含的文字是为非 HTML5 浏览器准备的。如果浏览器不能够识别<video>标签，则会回退到只显示文字。

支持哪些编码/解码器

现在到了最难的部分：弄清楚你需要支持哪些编码/解码器。让我们看一下市场上流行的编码/解码器的类型和它们的优缺点。

H.264（*MP4*）

苹果 Safari 和微软 IE 支持这个编码/解码器。它不是免费的。在写作本书的时候，它免了版税，但是由于一个管理组（包括苹果公司）在管理它，所以政策可能随时变化。这也是其他浏览器厂商不愿把它作为基础编码器的原因。在 Google Chrome 9 里也开始支持这个编码/解码器了，这让它变得更可行了。

OGG/Theora

这是真正免费、开源的编码/解码器。缺点是缺乏支持工具，因为那些大的浏览器厂商都不支持它，市场上也没有很多工具能为这种格式编码。在写作本书时，Firfox、Opera 和 Google Chrome 支持这种编码/解码器。

WebM

这种格式是基于 Google 的 VP8 编码/解码器的。这是一种免费、开源并且压缩效果很好的编码/解码器，很适合在网页上使用。然而，由于 Google 拥有它，在未来也是有可能改变它的开源状态的。几乎所有浏览器厂商都支持这种编码，但是苹果 Safari 浏览器对这种编码器完全不支持。

你不高兴 Web 标准一次支持多个源文件吗？由于没有一种编码可以让所有主要浏览器支持，所以提供至少两个源文件地址是必需的。为了兼容苹果和 IE 浏览器，必须支持 H.264 格式，然后是 OGC 或者 WebM 来覆盖其他浏览器。

实例 30 用视频 API 定制视频播放控制器

HTML5 视频自带的控制器是不错，但是很多时候并不一定符合应用的需求。我们来看一下如何用 HTML5 视频 API 写 JavaScript，从而创建自己的控制器。

为每个视频元素包含内置播放器是很不错的。但是有时候默认的控制器不能满足需要。对于这种情况，HTML5 <video>标签提供了一组丰富的 API，使你可以用 JavaScript 来控制。这些 API 足够灵活，允许开发者重新为视频定制控制器。让我们看一些相关的控制器。

在写任何 JavaScript 代码时，请从一些简单的标记开始。我们将拥有一个 video 元素，后面是一个按钮列表。

```
<video id="myVideo" width="400" height="200" autoplay="autoplay"
poster="../sanfran. jpg" src=" examples/sanfran.m4p "></video>
<button class="button skipBack">skip back</button>

<button class="button stop">stop</button>

<button class="button play">play/pause</button>

<button class="button skipAhead">skip ahead</button>


<button class="button volumeUp">volume up</button>

<button class="button VolumeDown">volume down </button>
```

我们有了视频的基础标记。现在开始定制控制器。当控制器准备好以后，我们会去除 video 元素的原生控制器。我们从为 video 标签写一些 JavaScript 代码开始构建控制器：

```
var myVideoEl = document.querySelector('#myVideo');
```

保存这些元素的索引非常重要，这样就不需要每次都回到 DOM 查找。现在我们定义了 video 元素，以它为基础定制控制器。代码如下：

```
myViedoEl.play();
myVideoEl.pause();
myVideoEl.currentTime
```

如果使用 HTML5 视频元素自带的控制器，就不必重新定制了，这里我们就是使用 HTML5 自带的控制器。现在为控制器添加一些特殊功能。先从简单的播放和暂停控制开始：

```
//对 my video 标签索引
var myVideoEl = document.querySelector('#myVideo');

//为播放/暂停按钮添加监听器

document.querySelector('.play').addEventListener('click',function(e){
        if(myVideoEl.paused === true){
                        myVideoEl.play();
        }else{
        myVideoEl.pause();
}
)};
```

在上面的代码里，在按钮上添加了一个监听器，检测视频是不是暂停状态。如果是暂停的，就开始播放，否则就暂停。这些代码提供了一个控制播放和暂停的按钮。

然后添加停止按钮。HTML5 视频并没有真正的停止功能，我们需要开发它。在这种情况下，定义停止为"不仅停止播放，而且停止下载"。最简单的方法是把 <video> 标签的源地址用编程的方式去掉。让我们添加另外一个监听器来实现停止功能：

```
document.querySelector('.stop').addEventListener('click',function(e){
        myVideoEl.src = '';
})
```

这会让视频停止播放，也停止下载。但是当用户重新点击播放按钮的时候，视频需要重新开始播放。因为我们已经将 video 元素的源地址去掉了，所以让我们回到播放/暂停函数上，添加一些代码来实现重新播放的功能：

```
document.querySelector('.play').addEventListener('click',function(e){
        if(myVideoEl.currentTime == 0){ //它被停止了
```

```
myVodelEl.src = 'examples/sanfran.m4p'
}
        if(myVideoEl.paused === true){
                        myVideoEl.play();
        }else{
        myVideoEl.pause();
}
)};
```

现在当播放/暂停按钮被点击时，如果源地址为空，就会将源地址重新加在 video
元素上。

控制条的另外两个按钮做法类似，这两个分别是快进和快退按钮。在这个例子中，
会快进 5 秒或者快退 5 秒。控制器按钮通过几行 JavaScript 代码实现：

```
document.querySelector('.skipAhead').addEventListener('click',
    function(e){
        myCurrentTime = myVideoEl.currentTime;

        myVideoEl.currentTime = myCurrentTime+5;
})

document.querySelector('.skipBack').addEventListener('click',
    function(e){
        myCurrentTime = myVideoEl.currentTime;

        myVideoEl.currentTime = myCurrentTime-5;
})
```

为了快进或者快退，可以简单地使用 currentTime API 来获取视频的当前播放
时间，然后更新这个 currentTime，增加或者减少 5 秒。

最后两个按钮是音量控制。音量使用一个 0 和 1 之间的数字，音量控制只是简单
地增减这个数字。让我们看一些代码：

```
document.querySelector('.volumeUp').addEventListener('click',
    function(e){
        var myCurrentVolume = myVideoEl.volume;
        if(myCurrentVolume >0){
        myVideoEl.volume = myCurrentVolume -.1;
}
})
document.querySelector('.volumeUp').addEventListener('click',
```

```
    function(e){
        var myCurrentVolume = myVideoEl.volume;
        if(myCurrentVolume <1){
        myVideoEl.volume = myCurrentVolume +.1;
    }
    })
```

这样就完整了。我们将所有 JavaScript 代码放在一起看一下：

```
var myVideoEl = document.getElementById('myVideo');
document.querySelector('.play').addEventListener('click',
    function(e){
        if(myVideoEl.currentTime == 0){//它被停止了
myVodelEl.src = 'examples/sanfran.m4p';
}
        if(myVideoEl.paused === true){
                    myVideoEl.play();
        }else{
        myVideoEl.pause();
}
)};


document.querySelector('.stop').addEventListener('click',
    function(e){
        myVideoEl.src = '';
})


document.querySelector('.skipAhead').addEventListener('click',
    function(e){
        myCurrentTime = myVideoEl.currentTime;

        myVideoEl.currentTime = myCurrentTime+5;
})

document.querySelector('.skipBack').addEventListener('click',
    function(e){
        myCurrentTime = myVideoEl.currentTime;

        myVideoEl.currentTime = myCurrentTime-5;

})


document.querySelector('.volumeUp').addEventListener('click',
```

```
    function(e){
        var myCurrentVolume = myVideoEl.volume;
        if(myCurrentVolume >0){
        myVideoEl.volume = myCurrentVolume -1;
    }
    })

document.querySelector('.volumeUp').addEventListener('click',
    function(e){
        var myCurrentVolume = myVideoEl.volume;
        if(myCurrentVolume <10){
        myVideoEl.volume = myCurrentVolume -1;
    }
    })
```

现在可以在页面上运行 JavaScript 代码了。但是，还剩一个问题。当前有两组控制器：自己定制的和 HTML5 自带的。因为我们已经有了自己定制的控制器，因此还需要再添加一行 JavaScript 代码将<video>标签的默认控制器关闭：

```
document.getElementById('myVideo').controls = false;
```

添加了这些标记、JavaScript 代码，并用几行 CSS 修饰之后，我们就完成了针对自己应用的视频控制器了，效果如图 3-2 所示。

图 3-2　基于 HTML5 视频 API，包含定制控制器的 video 元素

　　　　　　　　　　　　　　　　　　　　　　HTML5 敏捷实践

关于音频的几句话

这个实例是完全针对<video>标签的，但是我们并没有忽视 HTML5 音频。因为视频存在的 API 也可以在音频中使用，只需要把<video>标签换为<audio>标签，就可以用同样的控制器了。

实例 31　使用<canvas>标签为 HTML5 视频添加背景

通过 HTML5 视频、一个<canvas>标签、一些 JavaScript 代码，你可以制作类似于好莱坞风格（一个不太恰当的比喻）的实时视频。

能够在网页应用里直接播放视频已经很不错了，但是如果能够实时操控视频则更好。我们都看到过绿色背景特效：那些演员在一个绿色背景前表演，然后和真正的背景融合起来，看起来像功夫明星在金门大桥上打斗。现在，我们打算使用<video>标签、两个<canvas>标签和一些 JavaScript 代码实现同样的效果。

首先我们看一下标记，然后逐个看如何使用各个部件：

```
<div class="row">
  <div class="row">
    <video id="sourceVideo" src="/examples/video.ogv" controls="true">
    </video>
    <canvas id="hiddenCanvas" width="320" height="192"></canvas>
  </div>
  <div class="span5">
    <canvas id="displayCanvas" width="320" height="192"></canvas>
  </div>
</div>
```

其中有三个网页元素，每个元素都在"产品"里起着关键的作用。

源视频

源视频是我们要使用的视频。这里是一个淘气的小孩在绿色背景活动的视频。源视频会被播放，并且视频每一帧的每个像素都被取出并在第一个<canvas>标签上进行处理。图 3-3 显示了源视频的一帧，你可以看出它是如何工作的：

图 3-3　视频文件的截图，显示一个小男孩站在一个绿色背景前

隐藏的 Canvas

隐藏的 canvas 是逐帧处理源视频的地方。JavaScript 会从源视频里取出每一帧，写入<canvas>标签里。这为我们提供了一个 2D 的数据，可以用来进行像素水平的分析。

显示的 Canvas

显示的 canvas 是用户真正看到的。随着视频的播放，视频的每一帧都会被复制到第一个<canvas>标签，然后对第一个 canvas 里的数据逐像素分析找到绿色背景。绿色的像素会被移除替换成透明的像素，这样 canvas 的背景就会显示出来。先将<canvas>标签的背景设置成图 3-4 那样。

图 3-4　在视频数据加载之前，在<canvas>标签里设置的图片背景

螺母和螺栓

我们已经实现了标记，并且确定了用在应用里的 HTML5 元素。现在需要用 JavaScript 将这些整合起来。JavaScript 会放在页面底部的 script 标签里。

首先需要为每个元素建立指针。还需要为包含 2D 内容的<canvas>标签建立指针。<canvas>标签的 2D 内容用来把处理数据传进去或传出来。

```
var sourceVideo = document.getElementById("sourceVideo");
var hiddenCanvas = document.getElementById("hiddenCanvas");
var displayCanvas = document.getElementById("displayCanvas");
var hiddenContext = hiddenCanvas.getContext ("2d");
var displayContext = displayCanvas.getContext ("2d");
```

现在需要设置 video 元素的监听器，以确定视频从哪开始播放。这将会启动执行 JavaScript，我们先来看监听器：

```
sourceVideo.addEventListener('play', function(){runAnalysis()});
```

设置好环境后，需要构建一个函数以确认视频在播放。我们通过检测视频不是暂停或者结束的状态来确认它在播放。然后调用一个新的方法 frameConversion 开始执行视频转换。最后，循环调用这个自调用的方法直到视频暂停或者结束。

```
runAnalysis:function() {
    if (sourceVideo.paused || sourceVideo.ended) {
    return;
    }
    frameConversion();
    setTimeout(function () {
        runAnalysis();
    }, 0);
},
```

接下来便是神奇之处，即抓取视频数据，执行分析，替换像素然后写入显示 canvas。然后不断重复。

```
var frameConversion = function(){

  hiddenContext.drawImage(sourceVideo,0,0,sourceVideo.videoWidth,
  sourceVideo.videoHeight);

  var frame = hiddenContext.getImageData(0,0,sourceVideo.videoWidth,
```

```
sourceVideo.videoHeight);

  var length = frame.data.length;
  for (var i =0; i <length; i++){
          var r = frame.data [i * 4 + 0];
          var g = frame.data [i * 4 + 1];
          var b = frame.data [i * 4 + 2];

  if(g>110 && g<200 && r<190 && r>100 && b<200 && b>110){
    frame.data[i * 4 + 3] = 0;
    }
  }
  displayContext.putImageData(frame, 0, 0);
  return
};
```

在之前的设置方法里反复调用帧转换方法。可以用一些流式处理的方法来提升这个应用的性能，但是在此不再赘述。

结果

现在视频先填充到隐藏<canvas>标签，然后在 canvas 里分析视频的数据，再在 display canvas 里显示出来。我们从一个淘气的小男孩视频和一张背景图片得到一个不错的好莱坞效果的产品，如图 3-5 所示。

图 3-5　被处理过的视频覆盖背景图片的 display canvas

　　　　　　　　　　　　　　　　　HTML5 敏捷实践

如你所见，将不同的 HTML5 元素放在一起可以得到强大的效果。一个绿色背景工具只是我们创作的开始。

实例 32　在 HTML5 视频元素上添加字幕

视频是一种强有效的网络沟通工具，但是为了让访客能够看到字幕，`<video>` 和 `<audio>` 标签必须可访问。HTML5 为你提供了易于实施的字幕添加方法，通过一个新的 `<track>` 标签和 WebVTT 文件来实现。

字幕会给网页视频文件带来很大好处。字幕对于有听力障碍的用户很重要，如果少了字幕他们就不知道视频里说了什么。字幕还可以用来提供多语言支持。例如，如果视频是英文的，可以为非英语用户提供西班牙语、法语和德语字幕，让他们也有机会看懂视频。

另外，你还帮助了"扬声器受损"用户。扬声器受损用户就像我这样，桌面扬声器坏了但是却不想立刻买一个新的，因为他们需要时间来考虑买哪个。如果我的电脑的声道坏了，字幕也会帮助我！

简单的实施

字幕是最容易实施的功能之一。你只要简单地把 `<track>` 标签添加到 `<video>` 标签里，然后再添加一些属性即可。让我们看一下 `<track>` 标签在标记里的样子：

```
<video id="myVideo" width="320" height="240" controls="controls"
poster="examples/sanfran.jpg" src="examples/sanfran.m4v">
<track src="/examples/subtitles.srt" default="true" kind="subtitles"
 srclang="en" label="English"></track>
</video>
```

以下是对每个属性的解释。

src

　　这是 HTML 里常用来指向源文件的属性。在这里，它指向一个 VTT 文件（下一节会详细说明）。

default

　　一个 `track` 元素可以为每一个 `video` 元素设置该属性。它表示的是哪个 `track` 作为默认选项。如果视频文件里包含多个设置了这个属性的 `track` 元素，第一个会被作为默认选项。

label

这个属性表示 track 的标题（就像 "English"，而不是 "en"）。

kind

表示 track 文件的类型，它可以是以下任何一种：

- Captions
- Chapters
- Descriptions
- Metadata
- Subtitles

srclang

设置音频的语言。它的值必须是一个合法的语言代码，如果 track 是一种字幕，则 srclang 的值是必需的。

VTT 文件

字幕存储在<track>标签指向的 WebVTT 文件里。WebVTT 表示 Web Video Text Tracks，是一种非常简单的文件格式。让我们看一个示例文件：

```
1
00:00:01.000 --> 00:00:05.000
This is the first line of text,displaying from 1-5 seconds

2
00:00:05.000 --> 00:00:11.000
And the second line of text
on twolines
```

文件包含了"线索"。每个线索都被编了号，并且设置了一个格式为 hh:mm:ss.mmm 的时间。字幕会符合时间范围，例如，上面的例子在前 5 秒内都显示第一句话，从第 5 秒到第 11 秒显示第二句话。

将这些组合起来，视频字幕效果显示如图 3-6 所示。

图 3-6　包含 VTT 文件字幕的视频

一起卡拉 OK

字幕也可以按时间显示。这可以将你的字幕按"卡拉 OK"风格显示或者修饰。为了完成这个功能，我们在每段线索文字里加上时间标签：

```
1
00:00:01.000 --> 00:00:05.000
<00:00:01.000>This is the first line of text, <00:00:03.000>displaying
from 1-5 seconds
```

这个线索会在第一秒显示前半句话，从第三秒开始显示后半句话（如图 3-7 所示）。

图 3-7　包含了时间戳的 WebVTT 文件显示某段时间的文字

总结

推荐在所有包含音频信息的`<video>`标签里包含 `track` 元素。为了扩大用户的范围，最好包含多语言字幕。网络无界限，如今 HTML5 视频也无界限了。

实例 33　美化 HTML5 视频字幕

视频字幕很强大，但是样式可丑可美。幸运的是，针对它也有相应的规范。可以通过格式或者 CSS 美化 HTML5 视频字幕。

视频字幕很容易直接使用。它们是视频上的白色文本，在进入 WebVTT 文件标定的时间段时显示出来。WebVTT 规范允许对字幕的样式做一些简单定制。另外，它允许使用 CSS 做高级修饰效果。

在我们进一步讨论之前先简单看一下视频字幕的效果（如图 3-8 所示）。

图 3-8　包含基本 WebVTT 文件字幕的视频

WebVTT 基本格式

一些应用在视频字幕上的格式是 WebVTT 规范的一部分。下面这些是比较重要的
属性。

`D:vertical/D:vertical-lr`

将文字的方向改变为纵向，或者纵向并且从左向右。

`L:X`

确定字幕离屏幕顶部的距离，这可以是一个值或者百分比。如果是百分比，
会从视频的顶部算起；如果是一个值，那就直接定位到所在位置。

`T:X%`

确定文字的横向位置。这是一个百分比的形式。

`A:start/A:middle/A:end`

确定文字的偏向。

`S:X%`

确定文字块的宽度。

每个格式都应该放置在时间范围的旁边，如下：

```
1
00:00:01.000 --> 00:00:10.000 A:middle T:50%
```

这提供了基本的格式。更高级的格式需要用 CSS 来修饰。

用 CSS 修改样式

为了实现高级格式，我们可以直接在 WebVTT 文件中的字幕内放置格式标签。让我们看一个例子：

```
00:00:01.000 --> 00:00:10.000 A:middle T:50%
Hello <b class="name">reader</b>, enjoy your <e>video</e>
```

HTML5 格式可以直接添加到视频字幕的文字上。如果不用 CSS，字幕显示为简单的文字，如图 3-9 所示。

图 3-9　不包含任何 CSS 样式的 HTML 格式的字幕

如你所见，文字显示为 HTML，只是格式标签没有显示。让我们添加一些 CSS 样式让字幕看起来更明显：

```
.name {
    font-weight:600;

    }
```

使用了 CSS 样式的字幕看起来如图 3-10 所示。

图 3-10　用 CSS 修饰的 WebVTT HTML 格式的字幕，文字看起来比较粗重

视频字幕样式伪类

可以用 CSS 伪类简单地区分字幕。有三个伪类可以用：

```
::cue
::future
::past
```

cue 用来表示整个字幕；future 和 past 分别用来表示字幕中播放时间点之后和之前的文字。

有一组属性可以用在纯文字环境，这些属性有：

- `'color'`
- `'text-decoration'`
- `'text-outline'`
- `'text-shadow'`
- `'background'`
- `'outline'`
- `'font'`
- `'line-height'`
- `'white-space'`

设置在字幕上的其他属性都会被忽略。

实例 34 使用 Cuepoint.js 在不支持HTML5的浏览器上实现视频字幕功能

在本书写作的时候，IE 10 是唯一支持字幕的 HTML5 浏览器。本实例展示了如何在不支持视频字幕的浏览器上使用视频字幕。

如果你阅读了之前的实例，你应该知道 `track` 元素多么美妙。为你的视频或者音频文件附加一份字幕能够让视频符合 ADA 法案，可以将文件翻译成多语言，或者至少可以增强视频的信息。

在我看来，网页应用里的视频或者音频文件的字幕是必需的。但是，在本书写作时还是有一些问题的，因为所有流行的浏览器都支持 HTML5 `<video>`和`<audio>`标签，但却都不支持字幕。当一个 HTML5 功能没被浏览器原生支持的时候，开发者只能依靠 HTML5 技巧（用 JavaScript 模拟）让这些功能为人所用。

使用 Cuepoint.js

来看 Cuepoint.js。这是一小段 JavaScript 代码，允许你将字幕或者其他线索显示在 HTML5 文件之上。然后用 HTML5 视频 API 让字幕按视频或者音频的时间显示。Cuepoint.js 不像原生字幕那样依赖指向 WebVTT 文件的 track 元素，而是通过一个简单的 JavaScript 声明控制。

Cuepoint.js 依赖系统标记结构和一些必需的 HTML 元素来标记视频文件。让我们看标记的例子：

```
<div id="cuePlayer" class="row">
   <video id="video" width="680" controls="controls"
    poster="examples/sanfran.jpg" src="examples/sanfran.m4v">
   </video>
   <div id="subtitles">An Easy polyfill</div>
</div>
```

播放器的代码是一个包含 id 属性的 div 标签。其中有两个必需的元素：包含 id 的 video 元素和一个包含字幕的空 div。现在还需要添加几行 JavaScript 代码。先将 cuepoint.js 的 JavaScript 文件添加到页面上。

```
<script src="/assets/js/cuepoint.js" type="text/javascript"></script>
```

只需要把这个放到页面的底部，以确保所有元素已经被加载。然后在此文件之后写一些配置代码：

```
//包含时间（整形）和html字符串信息的Slides对象
var slides = {
0:"This is the first subtitle.You can put html in here if you like",
4:"Easy Cues for HTML5 Video.",
7:"An Easy polyfill",

}
//启动cuepoint并且传入字幕参数
cuepoint.init(slides);
```

配置文件由两个部分组成。第一部分是一组包含时间标志和字符串对的数组，其中字符串可以是纯文本或者 HTML 标记。第二部分是将引用传入数组的方法调用。在这个例子中，我添加了几行 CSS，以便让字幕显示在视频上，并且显示样式更好看。下面是例子使用的 CSS：

```
#subtitles{
    position:absolute;
    bottom:40px;
    width:100%;
    height:40px;
    color:#FFF;
    line-height:40px;
    padding:0 20px;
}

#cuePlayer {
    overflow:hidden;
    position:relative;
}

#video {
        margin:0 auto 10px auto;
        background:#555;

}
```

页面上加上这些组件的效果如图 3-11 所示。

图 3-11　用 Cuepoint.js 支持 HTML5 视频字幕的视频

请记住，当视频有配音的时候，字幕非常重要。无论浏览器是否支持字幕，Cuepoint.js 都可以让开发者为所有用户提供这个必需的功能。

实例 35 使用 Buzz 轻松构建复杂的音频应用

"音效"这个词通常是网页应用所放任不管的，它被认为是俗气、没特色的。但是随着复杂应用和 HTML5 游戏的兴起，在网站上恰当地使用音效就显得非常必要了。Buzz 是一个 HTML5 声音库，旨在使音效实现起来简单、轻量级。

如果在网页应用里嵌入音频的话，音频标签非常有用。当开发一些类似于播客的库时，可能会包含一整页这样的标签：

```
<div class="clipName">My new Pod Cast</div>
<div class="audio player">
  <audio controls src="mysoundFile.ogg" />
</div>
```

这很好，因为 HTML5 提供了必需的功能，例如缓冲和控制。自己用 Flash 或者 Java 开发音频播放器的时代一去不复返了。HTML5 提供了直接能用的功能。

但是，如果不按传统方式使用音频文件，<audio>标签可能就不能满足你的需求了。假如你需要在页面切换的时候播放声音，或者当用户选择错误答案时播放声音，就需要开发一个 JavaScript 框架用来加载、管理、控制这些声音文件。幸运的是，Jay Salvat 提供了一个解决方案。

Buzz 类库

Buzz 是一个类库，它提供了一组帮助我们管理应用里所有音频文件的 API。非常好的一点是，它还能够兼容不支持 HTML5 的浏览器。要了解这能如何增强你的应用，请访问 Jay 的网站（*http://buzz.jaysalvat.com/demo/*），看一些 Buzz 例子。图 3-12 显示了例子的一个截图。

图 3-12　Buzz 例子的截图，可以使用声音文件开发一个简单的游戏，它在几乎所有
　　　　浏览器中都看起来像原生游戏一样

使用音频 API

Jay 允许开发者通过调用一个使用 HTML5 音频 API 的简单 JavaScript 方法来管理
声音。以下是一些简单的代码，展示了播放声音文件多么简单：

```
var mySound = new buzz.sound( "/sounds/myfile", {
    formats:[ "ogg", "mp3", "acc" ]
});

mySound.play()
    .fadeIn()
    .loop()
    .bind( "timeupdate", function() {
        var timer = buzz.toTimer( this.getTime() );
        document.getElementById( "timer" ).innerHTML = timer;
});
```

在这个例子里，我们简单地开始一段新的声音，让 Buzz 决定加载哪个版本的文
件。然后播放声音文件，如果文件还未完成加载，声音会减弱、循环并显示一个
计时器。你可以在自己的 JavaScript 应用里直接用这段代码。

　　　　　　　　　　　　　　　　　　　　　　　　HTML5 敏捷实践

使用 Buzz API

Buzz 提供了很多功能，在此实例里无法完全覆盖，所以我们只是看一些比较有特色的功能。你可以访问在线文档以获得更多 API 细节（*http://buzz. jaysalvat.com/documentation/buzz/*）。

文档分为 4 部分，让我们看一下每部分的亮点。

Buzz

这是这个库的基础部分。Buzz 负责加载库，并决定每个浏览器使用哪个类型的文件，还负责准备音频文件。这段代码例子显示了如何创建一个新的音频文件，或者一次创建一组音频文件：

```
//一个单独的文件
var mySound = new buzz.sound("/sounds/mysound.ogg");
//一组文件
var myGroup = new buzz.group([
    new sound("/sounds/mysound1.ogg"),
    new sound("/sounds/mysound2.ogg"),
    new sound("/sounds/mysound3.ogg")
)}
```

Sound

Sound 提供处理声音的 API。它提供了一些不错的从 HTML 借鉴的选项，例如 fade 和 stop（不止是暂停）。这组中每个方法都用 sound.前缀开头。下面是一些常用的 API 调用：

```
mySound.load();
mySound.pause();
sound.loop/sound.unloop();
sound.increaseVolume( [volume] )
```

这个库里的易于实施的方法可以直接嵌入到 HTML5 应用里。

Group

Group 提供管理数据文件组的 API。本组的所有方法都以 group.前缀开头。下面是一些常用的 API 调用：

```
//播放所有下载的声音文件
var mySound1 = new sound("/sounds/mysound1.ogg"),
    mySound2 = new sound("/sounds/mysound2.ogg"),
    mySound3 = new sound("/sounds/mysound3.ogg");
buzz.all().play();

yGroup.play();
yGroup.pause();
```

Events

包含事件处理特性增强了这个库的易用性。事件被整合到 JavaScript 的核心特性，所以用在音频文件上使用事件非常自然。这些事件在你附加视觉效果或者其他音频效果的时候很有用。让我们看一些 Buzz 中的事件：

- abort
- canplay
- canplaythrough
- dataunavailable
- emptied
- empty
- ended
- error
- loadstart
- end

可以为每个事件设置一个监听器，只需要一行 JavaScript 代码即可：

```
mySound.bind("loadeddata", function(e) {
    document.getElementById('loading').style.display = "none";
});
```

实施 Buzz

在网页应用里实施 Buzz 只需要加载 JavaScript 文件，并调用一些 API。你的 script 标签会像下面这样加到页面中：

```
<script src="/js/buzz.js"></script>
```

音频在过去的几年没有什么起色，但是现在旧貌换新颜了。用户也随之提升了他们使用 HTML5 应用的期望。把 Buzz 加到自己应用里，在需要的时候播放声音，变得更有创意吧！

实例 36 使用 MediaElement.js 简化 HTML5 媒体

HTML5 媒体虽然容易实施，但是为了实现灵活，往往很烦琐。MediaElement.js 是为了简化大部分复杂的多媒体环境而设计的。

本实例由 MediaElement.js 的作者 John Dyer 提供。John 是一个资深的 Web 开发者，现在是 Dallas Theological Seminary 的技术总监。

以自己为例，我有几千个用 H.264 编码的旧的 MP4 文件不能简单地转换为 WebM 格式。我想使用 HTML5 API，但是为了使用它，需要一个跨浏览器的方式，以实现用一组一致的 API 支持 H.264 格式。为达到目的，我创建了 MediaElement.js，它是一个帮助支持所有浏览器的库，从 IE 6 到支持 HTML5 和 H.264 格式的浏览器。

首先，去 MediaElementJS.com（*http://mediaelementjs.com/*）下载这个库，然后将下面显示的文件和 jQuery 添加到你的页面中：

```
<script src="jquery.js"></script>
<script src="mediaelement-and-player.min.js"></script>
<link rel="stylesheet" href="mediaelementplayer.css" />
```

为了让播放器工作，最简单的方式是在<audio>标签和<video>标签中添加 mejs-player 类，然后它们会自动变为一个全功能的播放器。它支持所有浏览器，并且包含一些控制功能。

对于视频：

```
<video class="mejs-player" src="video.mp4" width="320" height="180">
</video>
```

对于音频：

```
<audio class="mejs-player" src="music.mp3"></audio>
```

如果想控制播放器的更多特性，可以自己手动启动播放器，并设置一些选项：

```
<video src="video.mp4" width="320" height="180"></video>

<script>
$('video').mediaelementplayer({
    // 对播放器的一组控制
features:['playpause', 'progress', 'current', 'duration', 'tracks',
'volume', 'fullscreen'],
    // 播放器启动时的大小
    startVolume:0.8,
    // 播放器被创建后引发的事件
    success:function(mediaElement, domNode, player) {
        // 做更多事情
    }
});
</script>
```

这使得 H.264 编码的 MP4 文件可以在所有浏览器和移动设备上播放。旧的 FLV
文件（用 Flash 技巧），甚至是 Windows Media 文件（通过内置的 Silverlight 插件）
也可以在所有浏览器和移动设备上播放。

响应式视频

如果使用了响应式布局，而且也需要视频随着变换大小，MediaElement.js 会自动
改变播放器和控制器的大小以适应页面的大小。为了支持响应式变化，你需要确
保设置了与视频比例相符的宽度和高度，而且要在 style 属性里包含 100%（根
据 HTML5 规范，百分比值不允许用在 width 和 height 属性上，所以你必须
使用 style）。

```
<div id="container">
<video src="video.mp4" width="320" height="180"
style="width:100%; height:100%;"></video>
</div>
```

事件监听器

MediaElement.js 支持 HTML5 Media API（*http://www.w3.org/TR/html5/the-video-
element.html#mediaevents*）里包含的几乎所有事件。例如，如果想在这个视频结束后
立刻播放另一个视频，可以在 mediaElement 对象上监听 ended 事件。最好将代码
放到 success 事件里，这样就有时间回退加载 Flash 了。

```
<script>
$('video').mediaelementplayer({
    success:function(mediaElement, domNode, player) {
```

```
        mediaElement.addEventListener('ended', function() {
            mediaElement.setSrc('nextvideo.mp4');
            mediaElement.load();
            mediaElement.play();
        }, true);
    }
});
</script>
```

标题和字幕

HTML5 规范包含一个<track>标签，可以用来加载包含标题、字幕和章节隔断的外部文本文件。建议使用 WebVTT 格式，即 Web Video Text Tracks 格式（*http://dev.w3.org/html5/webvtt/*），它是一个简单的文本格式，用行文字声明格式（WEBVTT FILE），用-->表示开始和结束事件，随后是一行在特定时间段内显示的文字。下面是一个简单的 WebVTT 文件，会在两个不同的时间段显示两行内容：

```
WEBVTT FILE

0:00:02.5 --> 00:00:05.1
这是显示的第一行文字。

0:00:09.1 --> 0:00:12.7
这行文字会随后显示在视频里。
```

在本书写作的时候，只有很少的浏览器自动支持 WebVTT 格式，但是 MediaElement.js 依靠内置的 WebVTT 解析器可以在所有浏览器上显示这些文字。要添加字幕，可以将 WebVTT 文件保存为 *subtitles.vtt*（确保你已经在服务器上添加了 text/vtt 的 MIME 类型），并添加到<track>标签里：

```
<video width="320" height="180">
    <source src="video.mp4" type="video/mp4" />
<track src="subtitles.webm" srclang="en" kind="subtitles"
 label="English" />
</video>
```

总结

MediaElement.js 还提供了一组其他功能，包括用 Youtube API 播放 Youtube 视频、前置和后置广告、自定义皮肤等，可访问网站 *http://mediaelementjs.com/*。

第 4 章

使用 Canvas 和 SVG 来做图形

在过去的十年中，Adobe Flash 变得越来越流行，这是因为可以用它直接在网页上创建和管理图像。这引起了 Canvas 规范的开发。

<canvas>标签是最灵活的 HTML5 标签之一，这使得<canvas>标签成为网页游戏或者其他交互组件的新基础。<canvas>标签是一个空白区块，它是一个"绘画"区域，供开发者自由、灵活地创建能够和其他 DOM 对象混合使用的图形。

本章中展示了 HTML5 插图工具 SVG（Scalable Vector Graphics）。SVG 几乎是本书讨论的最老的技术。它在十二年前就被一些浏览器支持了。最早支持 SVG 的是 IE 6。虽然很少有人说 IE 6 的好话，但是它却是领先支持 SVG 的浏览器。

SVG 是一种 XML 标记语言，类似于 HTML。熟悉 HTML 的人很容易学会使用 SVG。SVG 针对图像，而 HTML 针对文本。SVG 轻量并且灵活，可以在不改变文件大小的情况下任意放大文件。

虽然你会发现这两种语言有很多重叠之处，但很快你就会发现每个语言的特点。HTML5 同时包含这两种展示工具的意图很明确。

实例 37 使用<canvas>标签在HTML5页面上绘图

Flash 的疯狂流行是因为它为浏览器带来了灵活性。有了 Flash，网页可以从修饰 DOM 元素中解放出来，成为真正的绘图和动画的平台。HTML5 为开发者提供了同样的灵活性和能力，可以直接在 DOM 中使用<canvas>标签。本实例从逐步在 Canvas 上创建简单的图形开始。

<canvas>标签为我们提供了一个空白的画图区域。需要先在 DOM 里创建一个 <canvas>标签，然后识别上下文。<canvas>标签创建为一个 DOM 元素：

```
<canvas id="myCanvas" width="200" height="200"></canvas>
```

这个基本的<canvas>标签会在网页上创建一个 200×200 像素的空白区域。要添加它，需要识别上下文：

```
var myCanvas = document.getElementById('myCanvas')
var myCtx = myCanvas.getContext('2d');
```

注意，我们识别为 '2d' 上下文，这好像隐含了它还可以被识别为 '3d' 上下文的意思，但是<canvas>并不包含 "3d"，它只有 x-和 y-轴。现在已经识别了上下文，有一组立刻可用的 API。

在<canvas>标签里绘图完全是关于如何在 '2d' 上下文的网格里找到正确坐标的。通常，屏幕上的一个像素等同于 canvas 里的一个点（当你放大或者缩小的时候，这个值可能会变化）。网格里的关键点是（0,0）也就是原点，它在 canvas 的左上角的位置。我们的 canvas 是 200×200 大小的，意味着它在 x 轴包含 200 个点，在 y 轴包也含 200 个点。图 4-1 展示了 canvas 的每 10 个点显示一条线的样子。

图 4-1　200×200 的\<canvas\>标签包含了每 10 个点一条线的网格

绘制矩形

我们从画一个最简单的矩形开始。在\<canvas\>标签里画矩形很简单。在 '2d' 上下文中很容易使用 API 绘制三种基本矩形：

fillRect

　　用纯色填充矩形。

strokeRect

　　画一个包含边框，内部无填充的矩形。

clearRect

　　将一个矩形变透明，清除区域里的所有图像。

以之前的 canvas 作为例子，在\<canvas\>标签上加入上述三个形状。

```
var myCanvas = document.getElementById('myCanvas')
var myCtx = myCanvas.getContext('2d');
myCtx.strokeRect(10,10, 180, 180);
myCtx.clearRect(50,50, 100, 100);
```

之前的代码覆盖在\<canvas\>标签之上，如图 4-2 所示。

图 4-2　200×200 的 canvas 展示了<canvas>标签中不同的矩形 API

这三个 API 都使用同样的模式。它们包含 4 个参数：x 坐标和 y 坐标，以及宽度和高度。

绘制路径

矩形只是在 canvas 上绘图的冰山一角。大部分图像都是由一系列的线条组成的。像<canvas>标签里的其他方法一样，绘图 API 都只在 '2d' 上下文中有效。绘制路径需要一些步骤来开始和完成。开始绘制（一个线条或者一组线条）图形使用下面的方法：

```
myContext.beginPath();
```

这个方法没有参数，它只是开始绘制。当绘制开始后，需要确定绘制的起点和终点。我们使用 moveTo 方法确定绘制的起点。这类似于在一张画纸上确定铅笔从哪开始画。想象一下，你拿着一支铅笔从起点开始画。然后使用 lineTo 方法确定线条到哪终止。下面是网格中的第一条线：

```
myContext.beginPath();
myContext.moveTo(0,0);
myContext.lineTo(200,0);
```

　　　　　　　　　　　　　　　　　　　　　　　　　　　HTML5 敏捷实践

现在 canvas 仍然是空白的，因为还没有设置路径的终点。我们使用下面的方法确定绘制的终点：

```
myContext.closePath();
```

现在 canvas 里出现了一条直线，而绘制网格需要画多条直线。为此，我们从路径开始反复使用 moveTo 和 lineTo 方法。当完成这些线条之后，使用 stroke 方法将它们画到 canvas 上。代码如下：

```
var myCanvas = document.getElementById('myCanvas')
var myContext = myCanvas.getContext('2d');
var ctx = myContext;

myContext.beginPath();
for(i=0; i<201; i++){

myContext.moveTo(0,i);
myContext.lineTo(200,i);
i+=10;
}

for(i=0; i<201; i++){

myContext.moveTo(i,0);
myContext.lineTo(i, 200);
i+=10;
}
myContext.stroke();
```

路径也有一系列 JavaScript API 用来创建不同的线条效果。大部分情况下，可以用一些线条绘制一个区域，然后填充。只需要简单调用以下方法就能完成它：

```
myContext.fill();
```

笑脸，Canvas 喜欢你!

我们已经很深入地研究了如何绘制直线，也可以使用 canvas 绘制曲线。虽然 <canvas>标签区域是一个矩形，但是我们可以在矩形内绘制任意形状。要在 canvas 里绘制一个曲线，需要在 canvas 的上下文中调用以下方法：

```
arc(x, y, radius, startAngle, endAngle, anticlockwise);
```

正如上面代码里展示的那样，arc 方法需要一些参数。前两个参数是曲线的中心，第三个是曲线的 radius（半径）。startAngle 和 endAngle 参数表示曲线的开始和结束角度，角度从 x 轴开始进行计算。最后的 anticlockwise 参数为 true 表示以逆时针绘制曲线，它的默认值是 false，表示按顺时针绘制曲线。

回顾 radius 参数，需要对其详细解释一下。在 CSS 中我们已经习惯了使用角度声明变量，但是角度使用的单位是弧度。将角度转换为弧度的 JavaScript 方法很常见：

```
myRadians = (Math.PI/180)*degrees
```

让我们使用这个方法在<canvas>标签里画一些图形。当我想到曲线时，会想到两种东西：笑脸和炸弹。为了不那么暴力，我们看一下如何绘制一个笑脸。使用一个 200×200 的<canvas>标签，在内部中间位置绘制曲线，然后绘制头部：

```
smileCtx.beginPath();
smileCtx.arc(100,100,99,0,Math.PI*2);
```

现在已经画出了一段曲线，如图 4-3 所示：

图 4-3　包含居中曲线的<canvas>标签

这并不是很令人兴奋。我们来添加嘴部。先使用 moveTo 方法，然后画一个半圆
形（注意 radius 为 PI 而不是 PI*2，否则会画一个完整的圆）：

```
smileCtx.moveTo(170,100);
smileCtx.arc(100,100,70,0,Math.PI);     // 嘴
```

最后是眼睛。因为我们希望画两个实心的眼睛，所以需要用不同的曲线来绘制，
然后进行填充。第一步是完成一条封闭曲线。我们移动到起点，画一段新弧线，
然后在每个眼睛上调用 fill 参数：

```
smileCtx.stroke();
smileCtx.beginPath();
smileCtx.moveTo(60, 65);
smileCtx.arc(60,65,12,0,Math.PI*2);     // 左眼
smileCtx.fill();
```

将这些代码组合起来，来看我们的杰作：

```
var mySmile = document.getElementById('mySmile')
var smileCtx = mySmile.getContext('2d');

smileCtx.beginPath();
smileCtx.arc(100,100,99,0,Math.PI*2); // 头
smileCtx.moveTo(170,100);
smileCtx.arc(100,100,70,0,Math.PI);     // 嘴
smileCtx.stroke();

smileCtx.beginPath();
smileCtx.moveTo(60, 65);
smileCtx.arc(60,65,12,0,Math.PI*2);     // 左眼
smileCtx.fill();

smileCtx.beginPath();
smileCtx.moveTo(140,65);
smileCtx.arc(140,65,12,0,Math.PI*2);    // 右眼
smileCtx.fill();
```

canvas 现在包含了三条曲线，组成一个笑脸，如图 4-4 所示：

图 4-4　200×200 包含笑脸的\<canvas\>标签

高级绘图

我们已经尝试了绘制直线和曲线，但是很多图形是无法仅用这两种线条完成的。Canvas 规范包含创建其他形状要用的另外两种工具：

```
quadraticCurveTo(cp1x, cp1y, x, y);
bezierCurveTo(cp1x, cp1y, cp2x, cp2y, x, y);
```

这两种方法都包含控制点和一个结束的 x,y 点。控制点用来确定线条的曲率。`bezierCurveTo` 方法包含曲线的两个控制点。更多相关信息请看 W3C 规范（*http://www.w3.org/TR/2dcontext/#building-paths*）。

实例 38　在 Canvas 元素上使用样式

我们不是生活在一个黑白的世界里，所以能在\<canvas\>标签里使用颜色和样式非常必要。我们来看看如何使用熟悉的 CSS 语法修饰 canvas 元素。

如果你需要了解如何创建图像、线条和填充<canvas>标签，请看实例 37。

不添加颜色和样式的图形和线条对于应用来说太单调了。canvas 样式的很多规范是从 CSS 借鉴的，所以这些语法你应该很熟悉。

颜色

<canvas>元素可以添加任何 CSS 颜色，支持 RGBA 的透明度和 HSPA 颜色。canvas 线条和形状的默认颜色是黑色。

让我们看一段代码例子，在 200×200 的<canvas>标签上绘制网格：

```
var myCanvas = document.getElementById('myCanvas')
var myContext = myCanvas.getContext('2d');
myContext.beginPath();
for(i=0; i<201; i++){
    myContext.moveTo(0,i);
    myContext.lineTo(200,i);
    i+=10;
}

for(i=0; i<201 i++){;
    myContext.moveTo(i,0);
    myContext.lineTo(i, 200);
    i+=10;
}
myContext.stroke();
```

这个例子每隔 10 点绘制一条纵向的直线，然后每隔 10 个点绘制一条横向的直线。如前所述，线条的默认颜色为黑色。为了让它看起来像方格纸，将线条的颜色改为浅蓝色。添加一行代码来实现这个效果：

```
myContext.strokeStyle = '#99C4E5';
```

由于整个网格用一个线条完成，所以只需要定义一次颜色。为了给网格添加一些深度效果，我们将横向线条的颜色设置得比纵向线条稍微深一点。由于有两种线条样式，因此需要添加一些 JavaScript 代码来区分两种不同的线条。为此，在绘制完第一种线条时我们将第一个 for 循环终止，然后为第二个 for 循环重新开始新的线条：

```
var myCanvas = document.getElementById('myCanvas2')
var myContext = myCanvas.getContext('2d');
myContext.strokeStyle = '#1487E0';

myContext.beginPath();
for(i=0; i<201; i++){
    myContext.moveTo(0,i);
    myContext.lineTo(200,i);
    i+=10;
}
myContext.stroke();
myContext.beginPath();
myContext.strokeStyle = '#B1CADD';

for(i=0; i<201; i++){
    myContext.moveTo(i,0);
    myContext.lineTo(i, 200);
    i+=10;
}
```

使用 beginPath 方法绘制第二个线条时，我们为横向线条设置了新的、更深的颜色。

有两种为形状添加颜色的方式。strokeStyle 应用到线条或形状的边缘线，fillStyle 填充形状或线条。需要注意的是一旦设置了线条或者填充样式，它就会保存在当前的上下文中，直到被修改成其他值。

渐变效果

像其他 HTML5 元素一样，添加渐变可以提供视觉深度变化，这很有用。让我们看一下没有应用渐变的时候，黑白颜色笑脸的例子：

```
var mySmile = document.getElementById('mySmile')
var smileCtx = mySmile.getContext('2d');

smileCtx.beginPath();
smileCtx.arc(100,100,99,0,Math.PI*2); // 头
smileCtx.moveTo(170,100);
smileCtx.arc(100,100,70,0,Math.PI);  // 嘴
smileCtx.stroke();
```

```
smileCtx.beginPath();
smileCtx.moveTo(60, 65);
smileCtx.arc(60,65,12,0,Math.PI*2);  // 左眼
smileCtx.fill();

smileCtx.beginPath();
smileCtx.moveTo(140,65);
smileCtx.arc(140,65,12,0,Math.PI*2); //右眼
smileCtx.fill();
```

上述代码会生成如图 4-5 所示的笑脸效果。

图 4-5　包含笑脸的<canvas>标签

我们都知道笑脸应该是黄色的，让我们为笑脸添加黄色背景：

```
var mySmile = document.getElementById('mySmile')
var smileCtx = mySmile.getContext('2d');

smileCtx.beginPath();

smileCtx.fillStyle = '#F1F42E';
smileCtx.arc(100,100,99,0,Math.PI*2); // 头

smileCtx.stroke();
```

```
smileCtx.fill();

smileCtx.beginPath();
smileCtx.moveTo(170,100);
smileCtx.arc(100,100,70,0,Math.PI);   // 嘴
smileCtx.stroke();

smileCtx.beginPath();
smileCtx.fillStyle = 'black';
smileCtx.moveTo(60, 65);
smileCtx.arc(60,65,12,0,Math.PI*2); // 左眼
smileCtx.fill();

smileCtx.beginPath();
smileCtx.moveTo(140,65);
smileCtx.arc(140,65,12,0,Math.PI*2); // 右眼
smileCtx.fill();
```

现在我们实现了一个更标准的笑脸, 如图 4-6 所示:

图 4-6　在头部圆圈内填充了黄色的笑脸

为了实现不同的颜色, 我们需要修改一下代码。首先, 将嘴的线条分离出来, 否
则填充颜色就会覆盖嘴的颜色。

然后，在画完头部圆圈之后使用一个填充方法，填充为黄色。最后重新将眼睛的颜色设置为黑色。每次填充完颜色时，都需要重新将颜色设置为默认的黑色。

现在，为了增添艺术色彩，我们在黄色上应用渐变效果。我们将使用两种渐变：

```
createLinearGradient(x1,y1,x2,y2)
createRadialGradient(x1,y1,r1,x2,y2,r2)
```

createLinearGradient 方法有 2 个参数：渐变的开始点(x1,y1)和结束点(x2,y2)。

createRadialGradient 方法有 6 个参数。前三个参数定义一个内圈，坐标为 (x1,y1)，内圈的半径为 (r1)。类似的，后三个参数定义一个不同半径的外圈。

我们的例子使用径向渐变实现笑脸的三维深度效果。首先设置一个渐变开始变量，然后添加一系列停止色。在下面的代码例子里，我们使用渐变替换 fillStyle 的值：

```
var mySmile = document.getElementById('mySmile')
var smileCtx = mySmile.getContext('2d');

var radgrad = smileCtx.createRadialGradient(100,100,10,100,100,100);
radgrad.addColorStop(.5, 'rgba(247,241,192,1)');
radgrad.addColorStop(1, 'rgba(244,225,56,1)');
smileCtx.beginPath();

smileCtx.fillStyle = radgrad;
smileCtx.arc(100,100,99,0,Math.PI*2); // 头

smileCtx.stroke();
smileCtx.fill();

smileCtx.beginPath();
smileCtx.moveTo(170,100);
smileCtx.arc(100,100,70,0,Math.PI);  // 嘴
smileCtx.stroke();

smileCtx.beginPath();
smileCtx.fillStyle = 'black';
smileCtx.moveTo(60, 65);
smileCtx.arc(60,65,12,0,Math.PI*2); // 左眼
smileCtx.fill();
```

```
smileCtx.beginPath();
smileCtx.moveTo(140,65);
smileCtx.arc(140,65,12,0,Math.PI*2); //右眼
smileCtx.fill();
```

现在我们简单地用渐变替换了填充色。这让笑脸增加了与众不同的深度效果（如图 4-7 所示）。

图 4-7　笑脸 canvas 用渐变替换了纯色填充

其他样式

可以通过选择一个不同的颜色实现透明效果，或者在整个线条上应用透明效果。使用 globalAlpha 方法设置透明度如下：

```
globalAlpha = .2;
```

与颜色样式不同，globalAlpha 方法只应用到当前线条上。当新线条开始的时候，globalAlpha 方法的值会重新变为 1。

因为线条在画图中很重要，所以<canvas>标签增加了很多额外的控制变量。可以设置<canvas>标签的如下变量：

HTML5 敏捷实践

lineWidth

表示宽度的数字值（单位为点）。

lineCap

线条结束的样式，可以是半圆、圆点或者方形。

lineJoin

线条连接点的样式，可以是圆点、斜角或者尖角。

miterLimit

当选择尖角连接点样式的时候，需要设置内部连接点和外部连接点的距离。

图案背景和阴影也可以应用到 canvas 元素上，也使用类似于 CSS 的语法。关于这些功能的细节请看 W3C 规范中关于<canvas>标签的部分（*http://www.w3.org/TR/2dcontext/*）。

实例 39 使用图片文件修饰 canvas 元素

<canvas>标签元素中的形状有同页面其他元素一样的控制项。在本实例中，你将会进一步学到如何用图片填充 canvas。

canvas 规范为开发者创建 HTML5 图形提供了很多灵活性。之前的实例已经介绍了基本形状、颜色、渐变和其他样式，本实例重点是研究如何在 canvas 元素中引用其他对象。

基本填充

关于填充和其他样式，请看实例 38。

我们还是从之前黄色的笑脸例子开始演示如何使用图片填充（如图 4-8 所示）。

图 4-8　包含笑脸的 200×200 的<canvas>标签

通过设置背景颜色来填充圆形形成头部。圆形线条画好后，只需要一行简单的代码即可实现：

```
smileCtx.fillStyle = '#F1F42E';
```

我们的目标是绘制一个用重复背景图片填充的图形（如图 4-9 所示）。

图 4-9　包含用重复背景图片填充笑脸的 200×200 的<canvas>标签

将纯色背景变为背景图片，只需要使用一个非常类似的 API：

```
smileCtx.fillStyle = myPattern;
```

对比之前的代码可以看出，这里与设置纯色背景使用的 API 相同（类似于在 CSS 里设置背景属性）。然而，使用图片背景的时候还需要注意其他一些问题。

使用图片填充

在 JavaScript 里使用图片的话，首先需要引用它。在本例中，先动态创建一个图片对象，然后设置它的 src 属性：

```
var img = new Image();
img.src = '/assets/img/heart.png';
```

我们使用的小图片如图 4-10 所示。

图 4-10　用来创建重复背景的小图片

这足够简单。现在用 img 变量作为图片的引用。第二步是使用这张图片作为 <canvas>标签的重复背景：

```
var myPattern = smileCtx.createPattern(img,'repeat');
smileCtx.fillStyle = myPattern;
```

可以使用 createPattern 方法来实现。这个方法需要两个参数：第一个是图片的引用，第二个是 DOMstring 重复选项。类似于 CSS 的方式，你可以设置 DOMstring 为 repeat、repeat-x、repeat-y 或者 no-repeat。如果不设置这个值，它便为默认的 repeat。

现在我们将这些组合起来，看一下最终效果。下面是生成以重复图片作为笑脸背景的图形的代码：

```
var mySmile = document.getElementById('mySmile4')
 var smileCtx = mySmile.getContext('2d');

 // 创建新的图片对象作为样式
 var img = new Image();
 img.src = '/assets/img/heart.png';
 // 创建样式
var myPattern = smileCtx.createPattern(img,'repeat');
```

```
smileCtx.fillStyle = myPattern;
smileCtx.arc(100,100,99,0,Math.PI*2); // 头
smileCtx.stroke();
smileCtx.fill();

smileCtx.beginPath();
smileCtx.moveTo(170,100);
smileCtx.arc(100,100,70,0,Math.PI);   // 嘴
smileCtx.stroke();
smileCtx.beginPath();
smileCtx.fillStyle = 'black';
smileCtx.moveTo(60, 65);
smileCtx.arc(60,65,12,0,Math.PI*2);   // 左眼
smileCtx.fill();

smileCtx.beginPath();
smileCtx.moveTo(140,65);
smileCtx.arc(140,65,12,0,Math.PI*2); // 右眼
smileCtx.fill();
```

如果执行这段代码,会发现结果很令人失望。在大部分情况下,笑脸会如图 4-11
那样显示。

图 4-11　之前代码里的笑脸 canvas 包含背景图片的样子

你能想明白原因吗？考虑一下加载时间和加载顺序。canvas 是优先加载的。在这个例子中，先创建图片，然后立刻将它设为背景。由于背景设置失败了，canvas 回退为默认的黑色背景。问题在于图片数据可用与否，在这个例子里图片其实还没有加载完成。

为了解决这个问题需要添加一些 JavaScript 代码，等图片加载完后再执行 canvas 代码。几年前浏览器就可以支持图片的 onload 事件了。在这个例子里通过图片的 onload 事件得知图片数据加载完成：

```
var mySmile = document.getElementById('mySmile4')
    var smileCtx = mySmile.getContext('2d');

    // 创建新的图片对象并用作样式
    var img = new Image();
    img.src = '/assets/img/heart.png';
    img.onload = function(){

    // 创建样式
    var myPattern =
    smileCtx.createPattern(img,'repeat');
    smileCtx.fillStyle = myPattern;
    smileCtx.arc(100,100,99,0,Math.PI*2); // 头
    smileCtx.stroke();
    smileCtx.fill();

    smileCtx.beginPath();
    smileCtx.moveTo(170,100);
    smileCtx.arc(100,100,70,0,Math.PI);   // 嘴
    smileCtx.stroke();

    smileCtx.beginPath();
    smileCtx.fillStyle = 'black';
    smileCtx.moveTo(60, 65);
    smileCtx.arc(60,65,12,0,Math.PI*2);   // 左眼
    smileCtx.fill();

    smileCtx.beginPath();
    smileCtx.moveTo(140,65);
    smileCtx.arc(140,65,12,0,Math.PI*2); // 右眼
    smileCtx.fill();
    }
```

现在可以确保图片数据加载完成，并且<canvas>标签可以使用图片作为背景的模式了。

简单的图片数据

添加了 onload 方法的代码看起来比较烦琐。HTML5 浏览器的一个很好的功能是可以使用内联图片数据。简化的方法是将之前代码中的 onload 事件去除，直接引用图片数据。因为页面加载的时候图片数据已经加载完成了，不必等到 onload 事件触发就能使用图片。新的代码看起来像下面这样：

```
var mySmile = document.getElementById('mySmile5')
var smileCtx = mySmile.getContext('2d');

// 创建新的图片对象并用做样式
var img2 = new Image();
img2.src = 'data:image/png;base64,iVBORw0K... image data here
...f5v038BfQ3g/3mcvqgAAAAASUVORK5CYII=';

// 创建样式
var myPattern = smileCtx.createPattern(img2,'repeat');
smileCtx.fillStyle = myPattern;
smileCtx.arc(100,100,99,0,Math.PI*2);    // 头
smileCtx.stroke();
smileCtx.fill();

smileCtx.beginPath();
smileCtx.moveTo(170,100);
smileCtx.arc(100,100,70,0,Math.PI);      // 嘴
smileCtx.stroke();

smileCtx.beginPath();
smileCtx.fillStyle = 'black';
smileCtx.moveTo(60, 65);
smileCtx.arc(60,65,12,0,Math.PI*2);      // 左眼
smileCtx.fill();

smileCtx.beginPath();
smileCtx.moveTo(140,65);
smileCtx.arc(140,65,12,0,Math.PI*2);     //右眼
smileCtx.fill();
```

在有些情况下，可能不能使用 Base64 版本的图片数据，因为这会增加页面的大小。但是有些时候这样做可以简化代码。因此需要根据情况在多种方法中选择一种最佳方法。

实例 40 使用 HTML5<canvas>标签创建高清晰度、支持视网膜屏幕的图形

苹果公司在 iPhone 4 上使用了视网膜屏幕,这使得很多网页看起来相形见绌。高分辨率显示器让那些"针对网页优化"的加载很快的图片可以看出像素块。通常,高分辨率图片意味着需要更长的加载时间。本实例使用 HTML5 的<canvas>标签在不增加图片大小的情况下实现支持视网膜屏幕的图形。

视网膜屏幕有一个问题,虽然显示效果很好(很多人这样认为),但是实现这种效果的方式为网页开发者带来很多烦恼。苹果公司首先在 iPhone 4 上使用了视网膜屏幕,这是为了解决两个问题:提供一个裸眼无法看出像素的屏幕,并且让 iOS和苹果 App 看起来更好看。为了实现这个目标,苹果公司让屏幕像素的密度提高到很高,并且新的密度可以被之前屏幕的密度整除。这样苹果公司可以将所有 iOSSDK 和 iOS 操作系统的视觉组件更换成高像素图片,在老的、像素密度小的屏幕上将这些图片缩小即可使用。在其他所有的苹果应用里,他们使用了一种叫像素倍增(*pixel doubling*)的方法让图形部件保持合适的大小。

网页上的图片和媒体都使用像素倍增来实现。这让网页看起来像素化、锯齿化。简单的解决方式是使用两倍分辨率的图片,这会导致图片大小变大,需要更长的加载时间。

开始使用<canvas>标签

<canvas>标签提供了画矢量图形的空间。由于<canvas>标签通过一组矢量定义来实现,它的大小和显示的图形大小无关(不像图片需要为更多的像素传输更多的数据)。在这种情况下,可以通过<canvas>标签来实现在不增加网页大小的情况下支持视网膜屏幕。

让我们从通过在一个 200×200 的<canvas>标签中加载一个简单笑脸的例子开始。使用下面的代码用来创建例子:

```
var mySmile = document.getElementById('mySmile2')
  var smileCtx = mySmile.getContext('2d');

  smileCtx.beginPath();

  smileCtx.fillStyle = '#F1F42E';
  smileCtx.arc(100,100,99,0,Math.PI*2); // 头
```

```
smileCtx.stroke();
smileCtx.fill();

smileCtx.beginPath();
smileCtx.moveTo(170,100);
smileCtx.arc(100,100,70,0,Math.PI);    // 嘴
smileCtx.stroke();

smileCtx.beginPath();
smileCtx.fillStyle = 'black';
smileCtx.moveTo(60, 65);
smileCtx.arc(60,65,12,0,Math.PI*2);    // 左眼
smileCtx.fill();

smileCtx.beginPath();
smileCtx.moveTo(140,65);
smileCtx.arc(140,65,12,0,Math.PI*2);  // 右眼
smileCtx.fill();
```

现在笑脸在普通屏幕上看起来很好，但是在视网膜屏幕会看出有很多锯齿。
图 4-12 显示了 canvas 图形在 iPhone 3GS 和 iPhone 4 上的显示效果。

图 4-12　canvas 图形在 iPhone 3GS 上（左图）和有视网膜屏的 iPhone 4（右图）
　　　　上的样子

为了在视网膜屏幕上显示得更平滑，需要消除像素倍增的影响。现在添加几
行 JavaScript 代码：

```
if(window.devicePixelRatio == 2) {
    mySmile.setAttribute('width', 400);
    mySmile.setAttribute('height', 400);
    smileCtx6.scale(2, 2);
    }
```

我们将在定义了上下文之后、使用这个元素之前添加这段代码。本质上是在检测到设备使用像素倍增的时候（通过检测设备的分辨率）扩大<canvas>标签的大小。这些代码会生成一个大的笑脸，如图 4-13 所示。

图 4-13　由于那几行 JavaScript 代码，笑脸的大小比之前大了两倍

现在需要缩小<canvas>标签的大小以适合原来的页面空间。要让页面将像素显示为原来的一半，可以通过 CSS 设置 canvas 的宽高为 200 像素。在页面顶部添加这段 CSS：

```
#mySmile{
    height:200px;
    width:200px;
}
```

我们只用了几行代码，就实现了<canvas>标签对视网膜屏幕的支持，而且不需要明显增加页面的大小。让我们回到iPhone 3GS和iPhone 4的对比图看一下效果，如图4-14所示。

图4-14　canvas图形在iPhone 3GS上（左图）和有视网膜屏的添加了JavaScript
　　　　代码的iPhone 4（右图）上的样子

现在既改进了视网膜屏幕用户的体验，又不会影响其他用户。我们可以在任何<canvas>标签上应用此技术，无论是网页还是用CSS背景图片填充的canvas元素都可以用。当使用图片作为<canvas>标签时不支持视网膜屏幕高分辨率。

实例41 使用Canvas图形加速动画

使用<canvas>标签是在网页应用里创建动画的最高效的方式。本实例将深入探讨如何使用<canvas>标签创建动画。

动画决定了网页应用的成败。原生桌面应用或者移动应用提高了用户的期望：如果一个网页应用没有包含简洁易懂的动画效果，用户往往会认为这是个比较差的应用。

Canvas是制作网页动画的强大工具。随着越来越多的浏览器开始使用GPU加速canvas动画，用canvas元素实现动画效果也更好了。

绘制和清除

<canvas>标签上的动画常让人联想起早期卡通动画的制作过程，即分别画好每一帧动画，然后以合适的速度和顺序播放。Canvas 动画由以下三个基本步骤组成：

1. 在 canvas 上绘图。

2. 清除刚刚绘制的图形。

3. 重复步骤 1 和 2 直到动画完成。

在 JavaScript 里，需要不断重复用 `setTimeout` 和 `setInterval` 来调用绘图方法。这些方法的问题是需要设置一个固定的时间间隔。例如，设置间隔时间为 100 毫秒，就不可能达到高于 10 帧每秒的帧速。

强大的新标准使用<canvas>标签提供的 `requestAnimationFrame` 方法解决了这个问题。这个方法允许在下一帧准备好的时候立刻开始渲染，而不必以固定的时间间隔渲染。`requestAnimationFrame` 方法的目标是达到 60 帧每秒的帧速，即使不能渲染这么快，它也不会失败，它会尽快渲染。注意这个方法不只局限于 canvas 动画，可以在任何网页绘图技术中使用，包括 WebGL。

笑脸，你动起来了！

让我们仔细研究一个 canvas 动画。如果你看过本章的前几个实例，就会知道笑脸的例子。前面几个例子在一个 200×200 的 canvas 元素上绘制笑脸，现在我们在一个更大的 canvas 上绘图，这样就有空间移动笑脸了。先在页面上添加<canvas>标签：

```
<canvas id="moveSmile" width="800" height="200"></canvas>
```

现在实现了一个大的空白 canvas，我们将在这上面绘图。首先用几行 JavaScript 代码创建页面元素：

```
var canvas  = document.getElementById("moveSmile");
var smileCtx = canvas.getContext("2d");

smileCtx.beginPath();

smileCtx.fillStyle = '#F1F42E';
smileCtx.arc(100,100,99,0,Math.PI*2); // 头

smileCtx.stroke();
smileCtx.fill();

smileCtx.beginPath();
smileCtx.moveTo(170,100);
smileCtx.arc(100,100,70,0,Math.PI);   // 嘴
smileCtx.stroke();

smileCtx.beginPath();
smileCtx6.fillStyle = 'black';
smileCtx6.moveTo(60, 65);
smileCtx6.arc(60,65,12,0,Math.PI*2); // 左眼
smileCtx6.fill();

smileCtx6.beginPath();
smileCtx6.moveTo(140,65);
smileCtx6.arc(140,65,12,0,Math.PI*2);// 右眼
smileCtx6.fill();
```

这些代码简单地在<canvas>标签左侧绘制出笑脸。为了演示方便，在<canvas>
标签上添加了 1 像素的边，现在可以看到笑脸的边界（如图 4-15 所示）。

回顾动画的三个基本步骤，已完成第一步绘制完一张图，第二步要立即清除它：

```
smileCtx.clearRect(0, 0, 800, 200); //smileCtx 是 2d 背景
```

为了简化，我清空了整个 canvas。为了优化，也可以只清除下一帧变化的部分。
在之前的方法里，我们通过 clearRect 方法清空了从左上角到右下角的整个
canvas，即清除了一个和 canvas 大小一样的矩形。

现在 canvas 仍然显示空白，如图 4-16 所示。

图 4-15　笑脸在一个 800×200 的 canvas 左侧的效果

图 4-16　用 clearRect 方法清除全部内容的 800×200<canvas>标签的效果

现在，第三步应该重绘笑脸，* 向右稍微移动一下笑脸。这通过移动（moveTo）方法和元素开始位置的 x 坐标（这里是 arc）来实现。

在每次元素重绘的时候，替换适合的 x 坐标值来实现动画。

> x+startingposition

代码如下：

```
var x = 0;
smileCtx6.beginPath();

smileCtx6.fillStyle = '#F1F42E';
smileCtx6.arc(x+100,100,99,0,Math.PI*2); // 头

smileCtx6.stroke();
smileCtx6.fill();

smileCtx6.beginPath();
smileCtx6.moveTo(x+170,100);
smileCtx6.arc(x+100,100,70,0,Math.PI);     // 嘴
smileCtx6.stroke();

smileCtx6.beginPath();
smileCtx6.fillStyle = 'black';
smileCtx6.moveTo(x+60, 65);
smileCtx6.arc(x+60,65,12,0,Math.PI*2);     // 左眼
smileCtx6.fill();

smileCtx6.beginPath();
smileCtx6.moveTo(x+140,65);
smileCtx6.arc(x+140,65,12,0,Math.PI*2);    // 右眼
smileCtx6.fill();
```

在之前的代码里 x 被设置为 0，但是为了在屏幕上移动笑脸，需要不断改变 x 坐标。使用一个简单的规则来适当增加或者减小 x 的值（在屏幕上来回移动）。

还有一个数值需要考虑：动画的速度。如果我们简单地在每次移动的时候增加 1，则每次迭代笑脸只会移动 1 像素。为了让这个动画动得快些，我们创建一个变量 speed，将它的值设为 6。将当前 x 坐标的值增加或者减少时，笑脸会前进或者后退 6 像素，这样就提升了动画速度。让我们看一下代码：

```
var speed = 6; //每一步移动几个像素决定了移动的快慢

x += speed;

if(x <= 0 || x >= 600){ //尽可能快地移动
    speed = -speed;        //决定是否向前或向后移动
}
```

使用 requestAnimationFrame

之前已经提到了，`requestAnimationFrame` 是 HTML5 技术家族中的一个新
规范，目前大部分浏览器还只支持一个它的旧版本。为了在流行的浏览器里使
用它，我们需要快速检测应该用哪个版本的方法，然后保持这个版本。

我们将在例子里使用 `requestAnimationFrame` 方法实现动画迭代。为此我们
用它来反复调用同一个 `draw` 方法。切记，帧速是由 `requestAnimationFrame`
来确定的，它会在浏览器准备好绘制另一帧的时候立刻调用 `draw` 方法。

将这些组合起来

`requestAnimationFrame` 方法实际上是整个例子的粘结剂。为了实现这个动
画，先在页面的顶部设置变量，然后将所有代码分为两个方法。首先是设置 `x`
的值，然后调用绘图（`draw`）方法。

绘图（`draw`）方法首先清除前一帧的 canvas 然后绘制下一帧，需要反复调用这
个方法。最终代码如下：

```
var x = 0;
var speed = 6; //每一步移动几个像素决定了移动的快慢
var canvas = document.getElementById("moveSmile");
var smileCtx = canvas.getContext("2d");

function animate(){

    reqAnimFrame = window.mozRequestAnimationFrame||window.webkit
RequestAnimationFrame
||window.msRequestAnimationFrame||window.oRequestAnimationFrame
        reqAnimFrame(animate);

        x += speed;
```

```
      if(x <= 0 || x >= 600){
        speed = -speed; //看它是否向前或向后移动
      }

      draw();
   }



   function draw() {

      smileCtx6.clearRect(0, 0, 800, 200);

      smileCtx6.beginPath();

      smileCtx6.fillStyle = '#F1F42E';
      smileCtx6.arc(x+100,100,99,0,Math.PI*2); // 头

      smileCtx6.stroke();
      smileCtx6.fill();

      smileCtx6.beginPath();
      smileCtx6.moveTo(x+170,100);
      smileCtx6.arc(x+100,100,70,0,Math.PI); // 嘴
      smileCtx6.stroke();

      smileCtx6.beginPath();
      smileCtx6.fillStyle = 'black';
      smileCtx6.moveTo(x+60, 65);
      smileCtx6.arc(x+60,65,12,0,Math.PI*2); // 左眼
      smileCtx6.fill();

      smileCtx6.beginPath();
      smileCtx6.moveTo(x+140,65);
      smileCtx6.arc(x+140,65,12,0,Math.PI*2); // 右眼
      smileCtx6.fill();
   }

   animate();
```

图 4-17 显示了动画的截图。笑脸从 canvas 元素的左边移动到右边，然后不断重复。

图 4-17　笑脸动画中的笑脸从左向右移动，然后不断重复，这是其中的一帧

实例 42　使用 SVG 实现"原生"图形

SVG（Scalable Vector Graphics）是 HTML5 技术家族中最为人"熟悉"的图形格式。这个实例将帮助你快速开始使用 SVG 格式，就如同它是 DOM 的一部分那样（提示：它确实是 DOM 的一部分）。

SVG 是 W3C 推荐的网页图形格式。类似于 Flash，SVG 是一种描述二维矢量图形的标记语言，但它是一种开放的以 XML 为基础的语言，不是一种私有语言。可以将 SVG 想象成类似于 HTML 的图形，它可以和其他浏览器技术如 JavaScript、CSS 和 DOM 无缝集成。

为什么使用 SVG

和 HTML5 提供的其他几种基于图形或者媒体的技术相比，SVG 有明显的优点。最大的优点存在于 SVG 技术本身。因为 SVG 是基于 XML 的语言，所以不需要 Flash、Photoshop 甚至 Paint 之类的编辑器。开发者可以用任何简单的文本编辑器或者喜欢的网页编辑器来创建和修改 SVG 图片。SVG 中的 S 表示可扩展（Scalable），它确实可以缩放，因为 SVG 是和像素无关的。SVG 图片可以放大和缩小甚至打印成任意大小，图片质量不会改变，这是这项技术的主要优点。

因为是纯 XML，SVG 可以原生支持搜索、索引和压缩。在其中包含文字，并用 CSS 修饰是一种很自然的做法。让 SVG 符合 ADA（Americas with Disabilities Act）标准也很容易，只需要在 SVG 文件里包含图片的描述信息即可。

创建 SVG 图片

大部分情况下，SVG 是一个以 *.svg* 结尾的文本格式的文件，可以将这个文件以普通图片的方式嵌入到 DOM 中。在我们的例子里，以一个名为 *smiley.svg* 的 SVG 文件作为开始，然后将它用下面的代码中，嵌入到示例网页中：

```
<object data="smiley.svg" type="image/svg+xml" />
```

从技术角度讲，SVG 文件是网页上的一个对象，而不是图片，所以它会以对象的方式嵌入。到现在为止，我们可以看到 DOM 中的对象了，但是因为 SVG 文件为空，所以显示空白。不过我们可以修复它。

现在，我们构建一个表示爱、和平、希望的笑脸符号的 SVG 对象，给朋友或者对手留下深刻印象。

使用 XML 绘图

SVG 图形不同于以 Unicode 编码的 JPEG 或者 PNG 图片，它使用一系列 XML 规则来表示图形。这可以让图片很小并且可以自由缩放。在之前代码的例子里，我们创建了一个具有 `data` 属性、指向 SVG 文件的 `object` 元素。SVG 文件包含了几行用来画出笑脸的代码。在开始之前，让我们先看一下最终效果，如图 4-18 所示。

这个厚脸皮的笑脸确实很简单。SVG 文件只需要包含 5 个元素，每个元素在引用到网页的时候变为 DOM 元素。作为 DOM 元素，它们和页面其他元素遵循同样的规则并且使用同样的 API。让我们快速看一下组成笑脸的每个元素：

```
<circle cx="300" cy="164" r="160" fill="yellow" stroke="black"
stroke-width="2" />
```

第一个元素是表示笑脸头部的黄色圆形。从之前的代码里可以看出，这个元素实际上是一个包含了以下属性的 `circle` 元素：

图 4-18　在网页模板中表示笑脸的 SVG 图片

`cx,cy`

表示圆形在页面中相对于 SVG 对象的 x 和 y 位置。

`r`

表示圆形的半径（一个数值）。

`fill`

表示对象内部如何绘制。一个元素可以用一种颜色，或渐变色，或者用背景图片（例如导入的图片）填充。

`stroke`

表示对象或者线条的真实形状（包含文本）。stroke 可以使用与 fill 相同的选项来填充。

`stroke-width`

只有当声明了 stroke 的时候才有用。它的含义很明显，表示 stroke 的宽度，单位为点。默认值为 1。

接下来两个元素是笑脸的眼睛。它们包含了之前圆形同样的属性。两个圆形除 x 坐标外完全相同，x 坐标将它们分别画在头部的两侧。

```
<circle cx="210" cy="100" r="20" fill="black" />

<circle cx="380" cy="100" r="20" fill="black" />
```

clip path 是这个图形中不必要的元素。最后一个元素是笑脸的嘴巴。

```
<clipPath id="MyClip">
  <rect x="30" y="200" width="600" height="100" />
</clipPath>
```

clip path 是包围其他 SVG 元素的父元素，显示为清除效果而不是绘画效果。clip path 只有下面一个属性。

id

这个 id 看起来像一个 DOM id，它是引用其他 SVG 元素的 clip path 的必要元素。

clip path 包含另外的元素：

```
<rect x="30" y="200" width="600" height="100" />
```

这正是我们希望看到的。你已经知道了 circle 元素，这是一个矩形元素。如果矩形元素不是以 clip path 的方式引用的，它会在 SVG 对象上绘制一个 600×100 的矩形。

```
<circle cx="300" cy="160" r="120" fill-opacity="0" stroke="black"
stroke-width="5" clip-path="url(#MyClip)" />
```

最后的元素是嘴部。这个半环形有下面两个属性。

fill-opacity

表示填充的透明度，取值范围从 0 到 1。因为我们希望圆形内部为空，所以将它的值设置为 0。

clip-path

用来表示 SVG 文件中 clip path 的 DOM id。当我们指定 clip path 的时候，图形应用到这个元素上，以清除其他内容的方式。

我们也可以以一个线条的方式画嘴部，但是那需要更多的工作。现在只需要画一个整圆环，然后清除一半即可。

将所有 SVG 元素使用**<svg>**标签包围起来，代码如下：

```
<svg version="1.1"
    baseProfile="full"
    xmlns="http://www.w3.org/2000/svg">
  <circle cx="300" cy="164" r="160" fill="yellow" stroke="black"
    stroke-width="2" />
  <circle cx="210" cy="100" r="20" fill="black" />
  <circle cx="380" cy="100" r="20" fill="black" />
  <clipPath id="MyClip">
    <rect x="30" y="200" width="600" height="100" />
  </clipPath>
  <circle cx="300" cy="160" r="120" fill-opacity="0" stroke="black"
    stroke-width="5" clip-path="url(#MyClip)" />
</svg>
```

这 11 行代码是绘制出笑脸的全部代码。这些代码的文件比绘制出同样内容的 JPEG
甚至 GIF 文件明显要小很多。另外，如我们之前讨论的那样，它具备了 DOM 对
象的所有优点。

实例 43 使用 CSS 修饰 SVG 元素

SVG 和其他所有的 DOM 元素拥有相同的能力，包括使用 CSS 修饰的能力。本实
例演示了使用 SVG 创建元素然后用 CSS 修饰是多么容易。

SVG 最强大的部分是它融合在 DOM 中。SVG 元素是 HTML5 中的第一等元素，
它们拥有其他 DOM 元素拥有的所有能力。换言之，用 CSS 控制这些元素的样式
非常容易。

关于如何创建 SVG，请看实例 42。

SVG 可以通过设置元素的属性来控制样式。以下是 SVG 中比较流行的样式属性：

- fill
- stroke
- stroke-width
- fill-opacity
- height

- width
- x, y
- cx, cy
- orientation
- color
- cursor
- clipPath

很多情况下，将这些属性嵌入到 SVG 内部很有用，这样它就可以以一个文件的方式下载下来。还有一些情况下，在 SVG 文件中创建基础 SVG 元素然后使用熟悉的语言 CSS 来修饰更灵活。

开始使用 SVG

我们使用 SVG 元素展示一个简单的笑脸作为例子的开始。这个简单的图形由 5 个元素组成，共需要 9 行代码：

```
<svg version="1.1"
     baseProfile="full"
     xmlns="http://www.w3.org/2000/svg">
  <circle cx="300" cy="164" r="160" fill="yellow" stroke="black"
   stroke-width="2" />
  <circle cx="210" cy="100" r="20" fill="black" />
  <circle cx="380" cy="100" r="20" fill="black" />
  <clipPath id="MyClip">
    <rect x="30" y="200" width="600" height="100" />
  </clipPath>
  <circle cx="300" cy="160" r="120" fill-opacity="0" stroke="black"
   stroke-width="5" clip-path="url(#MyClip)" />
</svg>
```

这段简单的代码保存在名为 *smiley.svg* 的文件中，并使用**<object>**标签嵌入到页面中。

```
<object data="smiley.svg" type="image/svg+xml" />
```

当对象加载到页面的时候，可以立刻看到 SVG 图片显示出来（如图 4-19 所示）。

图 4-19　SVG 展示的笑脸

清除噪音

为了将这个图形的视觉部分移到 CSS 中，我们需要将所有的视觉部分从 SVG 中
分离出来。清除掉 SVG 文件中的大部分属性，只留下能够操控的基础的形状。
唯一不清除的属性是圆形的半径，因为没有 CSS 可以替代它。下面是这个简单的
SVG 的代码：

```
<svg version="1.1"
    baseProfile="full"
    xmlns="http://www.w3.org/2000/svg">
  <circle r="160" class="head" />
  <circle r="20" class="eye leftEye" />
  <circle r="20" class="eye rightEye" />
  <clipPath id="MyClip">
    <rect class="clipBox" width="100%" height="100%" />
  </clipPath>
  <circle r="120" class="mouth" />
```

我想指出之前 SVG 代码中的几点需要注意的地方。首先，注意类为 `clipBox` 的
`rect` 元素。它的 `width` 和 `height` 都为 `100%`。在本书写作的时候，这个 clipBox

需要设置 width 和 height 才能有效。第二点，我已经为每个元素设置了一个
class 属性，并且为每个元素设置了至少一个类名。虽然可以通过 DOM 位置的
伪标签来设置 CSS 样式，但我更喜欢用类名，因为当 DOM 需要修改的时候，使
用类名更灵活。

由于这些元素没有添加任何样式，得到的 SVG 元素显示效果如图 4-20 所示。

图 4-20　没有添加样式的 SVG 组件的样子

这个 SVG 元素没有添加样式或者修改位置，所以我们先在 SVG 对象上画一组圆
圈。可以将 SVG 对象想象成一个 *iframe*（在页面中加载新页面的 HTML 元素），
内部包含独立的 DOM。如果你不想用<object>标签在页面上创建元素，也可以
用 iframe 来创建元素。

在之前的样例代码中，只使用了很少几个类名，例如 head 和 eye。如果在主样
式表里声明这些类名的 CSS，不会影响到 SVG 元素。因为 CSS 不会级联修饰 SVG
元素。要解决这个问题，我们需要以下三种 CSS 加载方式中的一种。第一种方式
是直接在元素上通过 style 属性内联 CSS 样式：

```
<circle class="head" r="160" style= fill:yellow; stroke: black;
stroke-width:2px; "/>
```

第二种方式是为每个元素设置一个类名，然后通过嵌入的样式表修饰。需要记住，样式块需要包含在 SVG 文件中，而不是 DOM 页面上。

```
<circle class="head" r="160" />
<style>
.head {fill:yellow; stroke:black; stroke-width:2px;}
</style>
```

第三种方式，也是本实例采用的方式，是在元素上设置类名，然后通过外部样式表修饰。同样，需要从 SVG 文件中引用 CSS 文件，而不是从 HTML 页面引用。另外使用这个样式表也有些烦琐。SVG 是基于 XML 的，而不是基于 HTML，所以传统的 link 引用方式在 SVG 中不起作用。对于外部 CSS，SVG 规范使用一个在 XML 中引用样式表的古老方式。使用这个规范给我的感觉像是在死海发掘古卷。可以在 w3.org 找到这个古老的规范（*http://www.w3org/1999/06/REC-xml-stylesheet-19990629/*）。

根据这个规范，样式表通过 SVG 文件顶部的标签加载，例如：

```
<?xml-stylesheet type="text/css" href="/assets/css/svg.css"?>
```

这样，将会有 href 指向样式表在服务器上的路径，所以你的例子不一定和以上代码写得完全一致。

构建 CSS

现在结构已经构建好了，开始构建 CSS 部分，让小笑脸绽放光彩。一般需要处理每个元素的两个因素：视觉属性和位置。视觉属性非常简单，只需要简单地在 CSS 中设置内联属性 stoke、fill 和 stroke size 即可。这是相关的 CSS 代码：

```
.head{                    .
    fill:yellow;
    stroke:black;
    stroke-width:2px;
    }

.mouth {
```

```
        stroke:black;
        fill-opacity:0;
        stroke-width:5px;
    }
```

设置视觉属性很简单。第二个因素是设置位置。为了不让所有元素都挤在一起，我们需要设置它们的位置。transform 使用新的 CSS3 属性将元素移动到相应位置。以下是 CSS 文件中 CSS3 transform 的例子：

```
.eye {
    transform:translate(210px, 100px);
    }

.rightEye {
    transform:translate(380px, 100px);
    }
```

transform 设置了每个元素相对于当前位置的偏移，中心是在坐标（0,0）处或者 SVG 元素的左上角。

每个元素包含了定义视觉属性和位置的 CSS 样式。将这些组合起来，CSS 文件内容如下：

```
.head{
    fill:yellow;
    stroke:black;
    stroke-width:2px;
   transform:translate(300px, 164px);
    }
.eye {
    fill:black;
    transform:translate(210px, 100px);
    }

.rightEye {
    transform:translate(380px, 100px);
    }

.mouth {
    stroke:black;
    fill-opacity:0;
    stroke-width:5px;
    clip-path:url(#MyClip);
```

```
    transform:translate(0px, 0px);


}
.clipBox {
    width:600px;
    height:100px;
   transform:translate(30px, 200px);


}
```

更多关于 clip path 如何工作的信息，请看实例 42，这一实例解释了为什么和如何用 clip paths。

通过这些 CSS 我们实现了最终作品，和之前将所有属性都包含在 SVG 元素中的效果完全一样。如图 4-21 显示了最终效果。

图 4-21　用 CSS 修饰的 SVG 元素

实例 44   使用 SVG 制作动画

将 SVG 图片转换成 SVG 动画非常简单，只需要在页面上添加几行 HTML 或者 CSS 代码。是的，简单的动画不需要 JavaScript 代码。

在 HTML5 出现之前，制作动画很烦琐。那些动画不是针对网页设计的，所以开发者制作动画很费力。在 HTML5 出现之前，所有动画都需要用 JavaScript 实现。这让我想起了制作逐帧动画的日子，需要在每个时间点的每一帧移动对象。通过 JavaScript，我们需要缓慢地改变对象属性，每次移动一两个像素。无论是高度变化（例如打开一个滑动窗口）还是位置变化（例如对象穿越屏幕），JavaScript 都会反复修改样式属性直到"动画"结束。可以想象到，这不但需要很多代码，而且执行也很慢。

随着 SVG 的出现，我们可以制作易于实现、硬件加速的动画。本实例讨论 SVG 工具链里的两种动画方式。

SVG 中的<animateMotion>标签

SVG 完全基于 XML 格式，所以只有当它包含动画标签的时候才会实现动画效果。让我们先看一个简单的框体和弹跳球的例子。这需要如下几行 SVG 代码：

```
<svg version="1.1"
    baseProfile="full"
    xmlns="http://www.w3.org/2000/svg">

    <rect x="100" y="0" width="400" height="100"  fill="pink"
     stroke="black" stroke-width="1" />
    <circle cx="120" cy="50" r="20" fill="blue" stroke="black"
     stroke-width="1" />
</svg>
```

这些代码实现了内部包含一个环形元素的矩形（如图 4-22 所示）。

为了实现小球从矩形的一边移动到另一边的动画，需要在 circle 元素内部嵌入一个新的子标签（将它看作添加到 circle 元素的命令）。让我们先看一下新的 SVG 代码，然后再详细解释新标签的细节：

图 4-22　没有动画效果的 SVG 元素

```
<svg version="1.1"
     baseProfile="full"
     xmlns="http://www.w3.org/2000/svg">

    <rect x="100" y="0" width="400" height="100"  fill="pink"
    stroke="black" stroke-width="1" />
    <circle cx="120" cy="50" r="20" fill="blue" stroke="black"
    stroke-width="1">
      <animateMotion path="M 0 0 H 380 Z" dur="3s"
      repeatCount="indefinite" />
    </circle>
  </svg>
```

新的 `animateMotion` 标签允许在移动 `circle` 元素的时候保持其他元素位置不变。这个标签内部有如下三个属性。

path

　　path 是这个标签里最复杂的属性。它由一个包含数字和字母的列表组成，表示从矩形的一点到另一点的路径。path 实际上构成了动画命令。分解来看，M 表示"移动到"一个新位置，0 0 表示开始位置的 x、y 坐标，H 表示横向移动。380 表示移动的距离，以像素为单位，Z 表示封闭 path 重复动画。这些符号包含在 SMIL（Synchronized Multimedia Integration Language）规范里，细节可以查看 W3C 网站（*http://www.w3.org/TR/REC-smil/*）。

dur（*duration*）

这个属性表示完成整个 path 使用的时间。数值的单位为秒，例如 3s。

repeatCount

这个属性表示 path "重复" 的次数。不要被 *repeat* 这个词迷惑，1 表示执行一次 path，5 表示执行 5 次 path。在这个例子中，设置为 indefinite，动画会执行直到页面关闭或者这个值发生变化。

小球会在矩形里来回弹动。动画是 SVG 语言的基础部分。像其他组件一样，<animation>标签也是 DOM 的一部分，可以通过 JavaScript 访问和修改。图 4-23 展示了动画的最终效果。

图 4-23　只用一行代码实现的小球来回移动的 SVG 动画

HTML5 敏捷实践

灵活的结构

在第一个例子里，我们通过在动画元素内部添加一个<animation>标签来实现动画。很多情况下，需要让一组标签执行动画。为了模拟这种情况，我们从之前笑脸实例的 SVG 中取一部分代码。我们想让笑脸在屏幕上来回移动，当然我们不想针对每个元素分别实现动画。这既耗时又占用处理器的资源，因为引擎需要分别针对每个元素进行计算。让我们看实现一组 SVG 标签动画的两个代码例子。

这是第一个例子:

```
<svg version="1.1"
    baseProfile="full"
    xmlns="http://www.w3.org/2000/svg">
  <g>
  <circle cx="300" cy="164" r="160" fill="yellow" stroke="black"
  stroke-width="2" />
  <circle cx="210" cy="100" r="20" fill="black" />
  <circle cx="380" cy="100" r="20" fill="black" />
  <clipPath id="MyClip">
    <rect x="30" y="200" width="600" height="100" />
  </clipPath>
  <circle cx="300" cy="160" r="120" fill-opacity="0" stroke="black"
  stroke-width="5" clip-path="url(#MyClip)" />
  <animateMotion path="M 0 0 H 300 Z" dur="3s"
  repeatCount="indefinite"></animateMotion>
  </g>
</svg>
```

这是第二个例子:

```
<svg version="1.1"
    baseProfile="full"
    xmlns="http://www.w3.org/2000/svg">
  <animateMotion path="M 0 0 H 300 Z" dur="3s" repeatCount="indefinite">
  <circle cx="300" cy="164" r="160" fill="yellow" stroke="black"
  stroke-width="2" />
  <circle cx="210" cy="100" r="20" fill="black" />
  <circle cx="380" cy="100" r="20" fill="black" />
  <clipPath id="MyClip">
    <rect x="30" y="200" width="600" height="100" />
  </clipPath>
  <circle cx="300" cy="160" r="120" fill-opacity="0" stroke="black"
```

```
        stroke-width="5" clip-path="url(#MyClip)" />
    </animateMotion>

</svg>
```

在第一个例子中，代码的父元素是 g，表示"group"。可以将一个组看做一个元素，然后在内部添加一个<animateMotion>标签表示整组元素的动画。

在第二个例子里，只是简单地将<animateMotion>标签用作实现笑脸元素的父标签。<animateMotion>父标签让内部的标签作为整体移动，这种方式明显比每个元素分别执行的动画更高效。

最后一个选择

你只喜欢 SVG 吗？像 HTML 一样，实现一种效果往往有很多种方法。这种灵活性允许我们为特定的情况选择最好的实现方式。有了 SVG，实现动画的选择并不少。

需要记住 SVG 元素像其他 HTML 页面元素一样是 DOM 元素，可以使用 CSS 实现 SVG 的动画，就像实现 HTML 动画一样。在之前的使用 g 元素的例子里，可以完全去掉<animateMotion>标签，设置 g 元素的 id。这样，就可以使用 CSS3 变换来实现同样的动画效果了。更多关于在 SVG 元素上应用 CSS 的信息，请看实例 43。

实例 45　直接在 HTML 中嵌入 SVG

我们可以在 HTML 文件中直接嵌入 SVG 元素，而不需要一个外部.svg 文件。在 HTML5 里，SVG 元素可以包含在 HTML DOM 中，不需要分别维护两组代码。

SVG 很强大，通过简单的基于 XML 的语言就能创建没有局限的图形和动画。在一些情况下，可能只需要实现一个简单的图形，而不希望使用外部文件维护代码。就像 HTML5 提供的在标记中直接内联图片的功能一样，SVG 也可以直接嵌入到 HTML 里。

请看相关代码。在 HTML 页面里，没有使用一个<object>标签指向外部 SVG
文件，而是直接在 HTML 中嵌入了之前的 SVG 文件。在这个例子里，我们将之
前的那个笑脸 SVG 图形直接嵌入到 HTML 中：

```
<doctype !html>
<html>
<head>
<meta charset="utf-8">
    <title>SVG Sample</title>
<link href="assets/css/bootstrap.css" rel="stylesheet" />
<link href="assets/css/bootstrap-responsive.css" rel="stylesheet" />
<head>
<body>
<div class="navbar... ...</div>
<h1> My Inline SVG Sample</h1>
<div id="svgWrapper" class="row">
<svg version="1.1"
    baseProfile="full"
    xmlns="http://www.w3.org/2000/svg">
  <circle cx="300" cy="164" r="160" fill="yellow" stroke="black"
  stroke-width="2" />
  <circle cx="210" cy="100" r="20" fill="black" />
  <circle cx="380" cy="100" r="20" fill="black" />
  <clipPath id="MyClip">
      <rect x="30" y="200" width="600" height="100" />
  </clipPath>
  <circle cx="300" cy="160" r="120" fill-opacity="0" stroke="black"
  stroke-width="5"clip-path="url(#MyClip)" />

</svg>

</div>

</body>
</html>
```

在这个例子中，当渲染器遇到 SVG 标签声明时，就将解释器从 HTML 变为 SVG。
当标签关闭时，又从 SVG 变为 HTML。最终效果和使用外部文件完全一致（如
图 4-24 所示）。

图 4-24 在 HTML 中内联 SVG 的笑脸图形

为什么内联

除了能明显提高"易用性"外，使用内联 SVG 还有其他好处。最重要的是，内联 SVG 可以提高性能。在一些情况下，直接将 SVG 代码嵌入页面，而不加载外部文件（加载部文件需要向服务器发送一个额外的请求），会带来很多好处。需要记住，这样做不是总能提高性能，尤其是当 SVG 的代码很大时，使用外部文件的方式可以让浏览器并行下载这些代码，从而节约时间。我们的例子只需要几行代码实现图形，因此用内联的方式通常更好。

内联 SVG 的另一个好处是可以作为 DOM 引用。通常，当加载外部 SVG 文件（想象成一个 iframe，在一个元素中加载外部页面）时，SVG 文件是页面中独立的 DOM。这种情况下，任何修饰 SVG 的 CSS 都需要放到你的 SVG 文件中，或者在其中引用，所以无法在 HTML 或者页面上使用这些样式。JavaScript 与之类似，需要通过 SVG 对象访问 SVG 元素，存在与访问 iframe 一样的局限。将 SVG 直接移入 DOM 移除了这些障碍，使你可以像对待其他 DOM 元素一样对待 SVG 元素。

让我们快速看一个解释 CSS 声明是如何影响内联 SVG 的例子。在这个例子里，有一段简单的 CSS 声明：

```
<style>
circle {
stroke:red;
 stroke-width:12px;
}
 </style>
```

这个样式块之前嵌入到 HTML 页面中，在页面上有两个 SVG 笑脸。第一个笑脸通过加载外部 SVG 图片实现（如图 4-25 所示），第二个笑脸通过加载内联的 SVG 图片实现（如图 4-26 所示）。

图 4-25　加载外部.svg 文件的 SVG 笑脸

图 4-26　加载内联 SVG 的 SVG 笑脸

如你所见，CSS 并没有应用到嵌入的 SVG 的任何环形元素上。嵌入式 SVG 并不总是最好的选择，但却为开发者提供了一种不同的实现方式。

第 5 章

用户交互

我们已经讨论了新的绘图方式、新的图形展示方式、新的动画实现方式、新的存储数据方式和新的与服务器通信的方式。本章主要讨论 HTML5 的另外一个方面：新的页面交互方式。

拖放功能应该不算是一个新的创意，它已经在应用里使用很多年了。为了实现在页面上将对象从一个地方拖动到另一个地方，开发者开发了易用的 JavaScript 引擎。拖放是一个彻底改变行业的创意，HTML5 让这种能力更进了一步。HTML5 拖放不仅仅是在页面范围内的拖放，而且可以在浏览器和电脑之间拖放对象。HTML5 拖放让开发者可以通过简单的拖放方式为网页应用提供数据。它也允许通过用了很多年的拖放功能导出数据。拖放功能使网页应用和操作系统的集成更紧密了。

"可编辑内容"使数据输入进入了一个新的层次。过去，我们可以在表单的输入框里编辑数据，而 HTML5 允许用户编辑页面上的任何元素，包括段落文字、列表项目以及页面头部。可编辑内容具备将网页应用的定制提升到一个新层次的能力。想象一下，允许用户修改下拉菜单的每个选项，或者允许用户直接在页面上修改看到的信息，而不用跳转到一个独立的表单，这种体验一定很棒。这些功能的实现目的是提供更丰富、更具交互性的网页应用。可编辑内容不仅仅局限于某一个段落。HTML5 允许用户将整个页面变为可编辑状态。基本上可以将任何浏览器变为一个"所见即所得"的编辑器。

每一个流行的浏览器更新版本时，都将可交互的按钮数量变得越来越少。我认为这是一个好的趋势。浏览器上的按钮越少，用户越不容易混淆。HTML5 允许我们完全控制剩下的按钮，例如"历史"按钮。我们总是以这样或者那样的形式让网页"前进"或"后退"，毕竟超链接将互联网变成了真正的网络。通过 HTML5 历史功能，开发者也可以在一个页面上跟踪历史状态，不再需要通过哈希表记录用户的操作历史。HTML5 也为我们提供了完全控制这些按钮的能力。作为一个应用开发者，你可以决定当用户浏览你的网页并点击历史按钮时，会触发什么操作。这很强大。现在，让我们开始吧！

实例 46　将网页应用里的所有对象变得可拖放

只需要几行代码就可以将页面上的任意对象变得可拖放。HTML5 将"拖放功能"视为"一等公民"，并且这个功能很容易实施。这个全新的功能可以让开发者完全控制你的网页应用。

那些为了让用户能够在页面上拖放对象而写几百行代码的日子一去不复返了。HTML5 拓展了拖放的创意，为我们提供了一个全新版本的拖放交互功能。HTML5 中实施拖放功能很简单，提供的相关数据也很充足。让我们看一下，将页面上的一个对象变为可拖放是多么简单：

```
<div id="myDraggableItem" draggable="true">
   this is content I want to drag around the screen
</div>
```

这样就完成了！确实很简单吧？

好吧，假如这就是你需要的全部拖放功能，这个实例也就到此结束了，这本书也会变得很薄。继续阅读，你会发现这个实例提供了大量关于如何在自己的应用开发里简单地实施这个功能的内容。

打开拖放功能

拖放对于用户来说并不陌生。很多浏览器默认打开了页面上一些元素的拖放功能，主要是锚标签和图片标签。这两种对象都有明确指向的东西。锚标签有一个 `href`，可以在用户拖放到书签栏时变为一个书签，或者拖放到操作系统上时变为一个快捷方式。当用户将一个链接拖放到桌面的时候，会生成一个快捷方式，如图 5-1 所示。

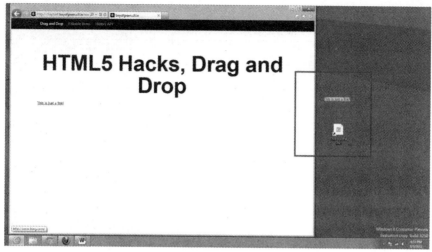

图 5-1　将一个链接拖放到桌面上会生成一个快捷方式

图片的行为类似。因为图片标签指向一个文件，它也可以被拖放。记住，网页应用里的图片并不全是图片标签。很多图片是嵌入到 CSS 里的背景图片，或者通过 SVG或 Canvas 标签生成的图片。这个 draggable 属性指的是特定的图片标签。

将这种行为加到任意对象上都很简单，如图 5-2 所示。只需要在页面上的元素上加上 draggable 属性，它就变为"可拖放"了。

让我们看一下拖放元素时触发的所有事件，然后根据这些事件执行一些操作。先从一些标准标记开始：现在页面上有一些用 CSS 修饰的 div 展示为一些圆形，还有另外一个 div 展示为一个"垃圾桶"。这是相关标记：

```
<div class="row">
<div class="span-6 dragTarg"></div>
</div>
<div class="row">
<div class="span-6 dragItems">
<div draggable="true" class="red"></div>
<div draggable="true" class="green"></div>
<div draggable="true" class="blue"></div>
</div>
</div>
```

这很简单，添加了 CSS 之后的效果如图 5-3 所示。

图 5-2 拖放到桌面的图片副本

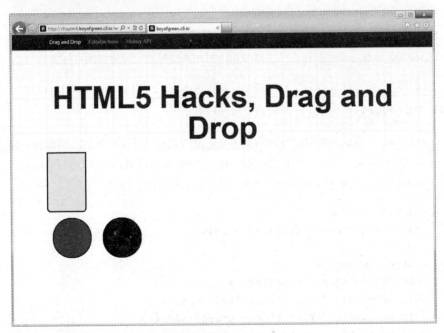

图 5-3 两个可拖放原件和一个目标 div

HTML5 敏捷实践

现在我们可以在页面上拖动这些对象，但是当你放手的时候，这些对象立刻会回到原来的位置。离开了事件监听器，可以实现的东西很少。现在让我们看一下事件的处理。

监听关于拖放的所有事件

通过对所有交互提供深入的事件支持，HTML5 将 DOM 事件提升到了一个新的高度。仅仅拖放功能就有以下相关的事件：

- dragstart
- drag
- dragenter
- dragleave
- dragover
- drop
- dragend

我们来监听其中的一些事件。为了实验这些功能，我们在页面的 script 标签中添加一些 JavaScript。在可拖放的元素上添加一些监听器：

```
var circles = document.querySelectorAll('.dragItems div');

for(var i=0;i<circles.length;i++){
    circles[i].addEventListener('dragstart', startDrag, false);
    circles[i].addEventListener('dragend', endDrag, false);

}
```

通过选择查询创建圆形的集合，然后为每个圆形添加两个不同的监听器：第一个监听开始拖动的事件，第二个监听停止拖动的事件。每个监听器触发对应的操作：

```
function startDrag(event) {
    this.style.border = '5px solid pink';
}

function endDrag(event) {
    this.style.display = 'none';
}
```

现在为正在拖动的对象增加了一些额外的属性，虚化边缘。在这里，将正在拖动的圆形的边缘变成粉色的圆点线，在完成拖放动作的时候为这个对象添加 `display="none"`属性，看起来就像从 DOM 上消失了一样。切记，这些事件要添加到那些正在拖动的对象上。

还有一个页面元素——garbage can（垃圾桶）——需要处理。设置这个 `div` 为拖放的目标，下面是相关的 JavaScript 代码：

```
var dragTarg = document.querySelector('.dragTarg');
dragTarg.addEventListener('dragenter', function(e){
    this.style.border = '3px #aaa dashed'});

dragTarg.addEventListener('dragleave', function(e){
    this.style.border = 3px solid black''});
```

这个交互功能的实现十分简单。通过选择查询识别这些元素，然后为它添加两个监听器。第一个监听将任意元素拖动到这个元素之上时触发的事件，第二个监听当拖动的元素不再在元素之上时触发的事件。在这两个事件之间的时间间隔里，需要做的是改变边缘的颜色和样式。这为用户判断是否将对象拖放到某元素添加了视觉信息。切记，页面可能会包含其他可拖放元素（例如，图片或者链接），当它们被拖到"垃圾桶"上的时候也会触发 `dragenter` 和 `dragleave` 事件。

将这些代码组合起来，我们就可以在页面上创建几个可以拖放交互的元素。例如，可以在页面上任意拖动圆形，当它被拖到"垃圾桶"上的时候改变状态，当放手的时候这些元素会从页面上消失（如图 5-4 所示）。实现这一切只需要几行代码。谁会不喜欢 HTML5 呢！

实例 47 使用拖放数据传输对象更新 DOM

HTML5 中的拖放功能建立起了拖放对象和拖放区域之间的真正关系。本实例将演示如何在两者之间通过拖放数据来传输数据，然后根据传输的数据更新 DOM。

你可能已经想到了，HTML5 的拖放功能提供了比 JavaScript 版本更高级的交互。HTML5 会在拖放过程中提供大量的关于执行进度的 DOM 事件。

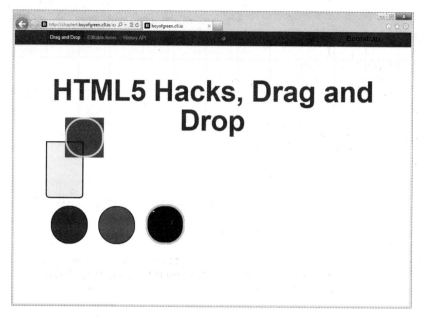

图 5-4　将环形拖放到简单的垃圾桶之上的效果

很多时候，用户拖放一个元素的目的是将它移动到页面的其他位置。这要求被拖动的元素和拖放区域能够交互所需的信息。HTML5 提供了相关的 API。

在本实例中，我们从页面上的 4 个元素开始：拖放区域（想把元素拖到的地方，该区域被修饰成了垃圾桶的样子），以及三个可以拖动的彩色小球。让我们看一些标记：

```
<div class="row">
<div class="span-6 dragTarg"></div>
</div>
<div class="row">
<div class="span-6 dragItems">
<div draggable="true" class="red"></div>
<div draggable="true" class="green"></div>
<div draggable="true" class="blue"></div>
</div>
</div>
```

注意那些彩色小球的 div 都有一个被设置为 true 的 draggable 的属性，这允许它们在页面上被任意拖动。

事件在交互中起了很大作用（更多关于拖放事件的信息，请阅读实例 46）。为了捕获拖放对象时触发的事件，我们在页面上添加一些监听器：

```
function startDrag(event) {
    this.style.border = '5px solid pink';

}

function endDrag(event) {
    this.style.border = '';

}

var circles = document.querySelectorAll('.dragItems div');

for(var i=0;i<circles.length;i++){

    circles[i].addEventListener('dragstart', startDrag, false);
    circles[i].addEventListener('dragend', endDrag, false);

}
```

这段代码很简单，为每个元素添加了拖放开始和拖放结束的监听器。startDrag 函数在元素开始拖动时修改元素的边框样式，endDrag 函数在元素结束拖放时将边框样式修改为原样。

让我们继续给垃圾桶 div 添加一些监听器，将它设置为拖放区域：

```
var dragTarg = document.querySelector('.dragTarg');
dragTarg.addEventListener('dragenter', function(e){
    this.style.border = '3px #aaa dashed'});

dragTarg.addEventListener('dragleave', function(e){
    this.style.border = '3px solid black'});
```

拖放区域添加了两个监听器，它们只修改对象的样式（没有增加任何额外功能）。当有对象在其之上时，拖放区域会改变样式（这里从实边框变为虚边框），然后当对象离开时变回原样。将这些代码组合起来，我们就获得了很漂亮的拖放脚本（如图 5-5 所示）。

图 5-5　一个可以拖放的 div 元素被拖到拖放区域之上

数据传输对象

现在你可能还是对本实例不太满意：虽然已经可以拖动一个对象了，但是不能在其他地方放下，这显得拖放功能没什么用。我们希望彩色小球 DIV 在拖放的时候能够改变在 DOM 上的位置。为了实现这个功能，需要在拖动的对象和拖放区域之间传递信息。

现在看数据传输对象。HTML5 规范的开发者已经想到了相关问题，包括如何在拖动的对象和拖放区域之间传递信息。数据传输对象包含了拖放事件触发的信息。拖放对象的监听器在拖动开始时设置数据；在拖动结束时读取数据。通过简单的代码设置数据：

```
e.dataTransfer.setData(format, data)
```

这将对象的内容设置为 MIME 类型，数据作为参数传递进去。在本例中，我们希望数据为标识拖动对象本身的信息，这样就能够在放下的时候修改它的 DOM 位置。先看一些例子的代码，将这些和拖放事件结合起来：

```
function startDrag(event) {
    this.style.border = '5px solid pink';
    event.dataTransfer.setData("text", this.className);
}
function endDrag(event) {
```

```
        this.style.border = '';

    }

    var circles = document.querySelectorAll('.dragItems div');

    for(var i=0;i<circles.length;i++){

        circles[i].addEventListener('dragstart', startDrag, false);
        circles[i].addEventListener('dragend', endDrag, false);

    }
```

我们只增加了一行代码。设置 MIME 类型为 text（因为传递的数据是字符串），
然后设置所传递的对象的标识，这里是对象的类名。通过类名在 DOM 中查找这
个对象。

假如没有接收方，发送的数据就没有任何作用。所以下一步是在拖放结束的时候
修改对象的位置。我们通过设置一个"放下"事件的监听器来实现。这个监听器
设置在拖放区域上。拖放区域已经有了 **dragenter** 和 **dragleave** 事件的监听
器，还需要添加一个 drop 事件的监听器。下面是其余代码：

```
function dropit(event){
 event.preventDefault()
    var myElement = document.querySelector('.dragItemsB .'
    +event.dataTransfer.getData('text');
    this.appendChild(myElement), false);

};

dragTarg.addEventListener('dragover', function(e){
  e.preventDefault();
  });

    dragTarg.addEventListener('drop', dropit, false);
```

可以发现需要处理两个不同的监听器。首先，添加了一个 **dragover** 监听器，阻
止默认的 **dragover** 操作，这样才能使用 drop 事件，它是在 **dragstart** 事件
触发后唯一能访问数据传输对象的事件。

原理非常简单：通过数据传输对象中的类名来找出被拖动的 DOM 元素，然后通过 appendChild 函数将这个元素放到拖放区域之内。当此对象位于拖放区域之上的时候，CSS 将彩色小球变为彩色的线条。拖放结束后，拖放区域效果如图 5-6 所示。

图 5-6　当一个彩色小球元素被拖到拖放区域时拖放区域的样子

dropzone 属性

下面介绍一些关于拖放的其他信息。虽然拖放对于用户来说是很直接也很有趣的操作方式，但是很多用户会通过不同的途径访问网站，例如通过屏幕阅读器。HTML5 添加了一个属性来为这些用户提供额外的信息，dropzone 属性可以识别哪些区域可以放置被拖动的对象。这可以帮助非传统界面理解页面上哪里可以放置被拖放的对象，通过修改拖放区域的代码来实现：

```
<div class="row">
<div class="span-6 dragTarg" dropzone="true"></div>
</div>
```

别太高兴，添加了这个属性之后该 div 并没有任何变化，仍然需要监听器处理相关逻辑。实际上，这个属性只是为了提供标识，让页面更容易访问。

实例 48 在网页应用中拖入/拖出文件

开发者不再被局限在浏览器窗口里了。HTML5 的拖放功能可以将文件从云端移动到用户的电脑里，或者从用户的电脑里移动到云端，并且只需要几行 JavaScript 代码即可实现。

HTML5 拥有在浏览器里处理数据的能力，不需要传输到服务器上。对于文本、图片、视频而言，HTML5 都很强大。除此之外，HTML5 拖放还提供一个简单的接口用来向浏览器提供数据或者从中提取数据。可以简单地从自己的操作系统中抓取数据，并将其丢到浏览器中。本实例中，先从操作系统向浏览器传输文件，然后从浏览器向操作系统传输文件。首先看如何从浏览器向操作系统拖放数据。

从浏览器下载文件

在网页应用中可以将一个内容元素从浏览器里拖放到操作系统中。从云端下载的每个文件都需要以一定的形式与一个页面元素绑定。本实例从页面上的三个彩色小球的 div 开始。每个元素都和云端的一个文本文件绑定。让我们看一些标记：

```
<div class="span-6 dragItemsC">
 <div class="red" draggable="true"
 data-downloadurl="application/octet-stream:colorRed.txt:
this is the color red">
 </div>
 <div class="green" draggable="true"
data-downloadurl="application/octet-stream:colorGreen.txt:
http://chapter6.boyofgreen.c9.io/assets/test.txt">
 </div>
 <div class="blue" draggable="true" data-downloadurl="application/oc
tet-stream:test.txt:http://thecssninja.com/gmail_dragout/Eadui.ttf">
 </div>
</div>
```

标记很简单，在浏览器里的渲染效果如图 5-7 所示。

图 5-7 三个彩色小球的 div 绑定了云端的文件

让我们详细分析一下相关的属性。每个 `div` 的第一个属性是 `draggable` 属性，值为 `true`。这是实现拖放的基础，因为它允许用户拖动这些元素，在页面上任意移动。一些元素，例如图片和 `href` 是默认可拖动的。实际上，当用户将一个图片或者 `href` 拖到操作系统的时候，会生成一个文件。如果是图片，会从云端复制到本地，如果是 `href` 会生成网页的快捷方式。这里使用的是 `div`，所以这个属性是必需的。

第二个属性是 `data-downloadurl`，每个属性都指向云端某个文件的 URL。如果你读过本书前面的内容，应该会了解 "data-" 是自定义数据属性。这是 HTML5 的另一个允许开发者为 DOM 上的元素添加额外数据的功能。在这里它用来存储 URL。如果下载了这个页面，就可以在页面上拖放这些 `div`。但是如果将 `div` 拖到桌面，则不会发生任何事情。要实现文件的传输，还需要添加一些拖放事件监听器。

我们为每个 `div` 添加几行 JavaScript 代码，并使用监听器获取一些关于拖放的数据。

```
function startDrag(event){
    event.dataTransfer.setData("DownloadURL",
    this.getAttribute("data-downloadurl"))
};

var circles = document.querySelectorAll('.dragItems div');

for(var i=0;i<circles.length;i++){

    circles[i].addEventListener('dragstart', startDrag, false);

};
```

现在逐项分析。监听器绑定了 **dragstart** 事件。**dragstart** 事件很重要，它是唯一能够将数据添加到 **data Transfer** 对象的事件（更多关于数据传输对象的内容，请看实例 47）。我们在这里绑定一个触发 **startDrag** 函数的监听器。这个函数只有一行代码，它将每个元素的 **data-downloadurl** 属性值添加到 **data Transfer** 对象的 **DownloadURL** 属性上。为了实现这一点，需要使用 **setData** 方法。

将这些值赋给数据 **data Transfer**，HTML5 浏览器就会接管其他任务。让我们看一下将这些元素拖出浏览器窗口时会发生什么（如图 5-8 所示）。

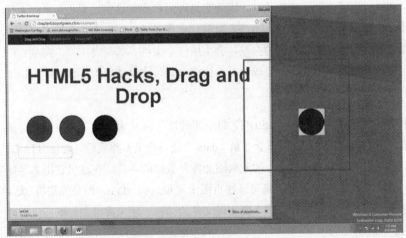

图 5-8　在数据传输对象更新后拖放 div

我们看到有一个指针符号告诉用户可以放置拖动的对象，而不是显示一个"禁止"符号。更重要的是，当用户将元素从浏览器窗口拖出的时候，云端的文本文件出现在了操作系统的文件系统上（这里是桌面）。这是拖放魔术！

向浏览器上传文件

我们已经可以从云端向操作系统传输文件了，现在通过 HTML5 的力量将本地文件传输到浏览器里。需要强调的是这里实际上不是将文件传输到云端（那需要另一个实例来讲解），这里是将文件从本地传输到浏览器，因此我们可以操作这些数据。

从桌面上的一个名为 *coolKid.txt* 文件开始。在这个文本文件里只有一行文字"杰夫很酷"，我们希望将这些文本填充到网页应用的文本框中以便在浏览器里编辑。标记很简单，是一个文本框：

```
<div class="row">
<textarea id="showDrop"></textarea>
</div>
```

文本框唯一的属性是 `id`，也许你已经猜到了，我们会给它添加监听器。下面是添加监听器的 JavaScript 代码：

```
var showDrop = document.getElementById('showDrop');

showDrop.addEventListener('dragover', function(e){
    e.preventDefault()
  });

showDrop.addEventListener('drop', readData, false);
```

如果不添加这段 JavaScript 代码，当向文本框拖放文本文件的时候，浏览器会将文件视为一个超链接并且尝试用浏览器下载。在本实例中，我们将它交给应用处理，并上传文本的内容"杰夫很酷"。

可以从之前的代码看出，我们已经给这个元素添加了两个监听器。第一个是 `dragover` 监听器，防止浏览器处理默认事件。离开这个监听器，拖放事件就不会被触发。另一个监听器调用一个函数，该函数会将数据传输给 HTML5 应用：

```
var readData = function(e){

e.stopPropagation(); // 防止某些浏览器重定向
e.preventDefault();
var filelist = e.dataTransfer.files;
if(!filelist){ return}

var filelist = event.dataTransfer.files;

if(filelist.length > 0){

    var file = filelist[0];

        var filereader = new FileReader();

        filereader.myTarg = document.getElementById('showDrop');

        var myData = function(event){
          this.myTarg.value = this.result
        };

        filereader.onloadend = myData;


        filereader.readAsText(file);

    };
};
```

与从浏览器下载文件的那一行代码相比，这个函数显得相当复杂，我们来分析一下。首先需要阻止浏览器下载文件。我们调用两个方法，因为有些浏览器需要这两种方法：

```
e.stopPropagation(); //防止某些浏览器重定向
e.preventDefault();
```

其次，构建一个指向 **data Transfer** 对象的指针，我们将文件从操作系统取出时用过这一指针。这个对象里是一个 `files` 数组，包含了所有被拖到这个元素的文件（是的，可以有多个文件）。

```
var filelist = e.dataTransfer.files;
```

用户窗口拖动的并不一定都是文件，所以下一步是检验拖动的对象是不是文件。如果是，数组的长度至少应该为 1；如果不是，这里不需要做其他处理。我们将其余的代码用 if 条件括起来。

```
if(filelist.length > 0)
.....
}
```

下一步，调用 FileReader 方法读取文件的内容，将它复制给 filereader 变量：

```
var filereader = new FileReader();
```

以下几行代码是处理 filereader 的逻辑。首先构建一个指针表示文本出现的地方，在本例中是指文本框。这样做可以方便以后引用。

```
filereader.myTarg = document.getElementById('showDrop');
```

现在到了比较难懂的部分：构建一个 *closure*，其实就是当文件加载到浏览器时调用的函数。这个对象还有另外一个属性：results，用来存储文件的内容。

```
var myData = function(event){this.myTarg.value = this.result};
```

最后两行代码触发 closure，在 loadEnd 事件上调用 myData 函数。然后调用 readAsText 方法，它已经包含了文件的指针。

```
filereader.onloadend = myData;

filereader.readAsText(filelist[0]);
```

调用方法的顺序很重要。如果在文件完全上传之前调用 readAsText 方法，会得到一个空值。

将这些组合起来，效果如图 5-9 所示。

图 5-9　文本文件拖到文本框后的样子

将本地文件拖到浏览器后，处理文件的方式有无限的可能。在这里，可以将数据传输到服务器，或者修改之后拖回本地。HTML5 为浏览器提供了以前只能在服务器端才能实现的功能。

实例 49 通过 Editable Content 将页面的每个元素都变得可编辑

以前用户输入被局限在表单元素，例如输入框和文本编辑框，但是 HTML5 的 Editable Content 功能可以让页面的任意元素变得可编辑。这个功能允许用户定制自己的页面。

HTML5 开启了用户对网页的无限定制之门。其中最重要的功能就是 Editable Content。它也是最容易实施的功能之一。

本实例我们允许用户定制自己的页面：个性化定制。我们通过让整个页面可编辑来实现。让我们看一些标记：

```
<div contenteditable="true" class="row" id="editable">
    <p>
    This is a really great book.
    I am so glad I am reading it because:
    </p>
    <ul>
        <li>it is witty</li>
        <li>i am now well informed about HTML5</li>
        <li>the authors are all around great guys</li>
    </ul>
</div>
```

之前的标记是页面的主内容区域,效果如图 5-10 所示。

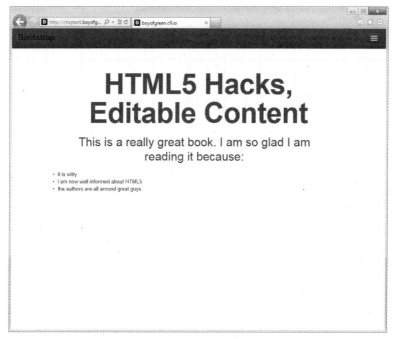

图 5-10　包含在 HTML5 页面上的内容

或许你注意到了 container div 上的新属性 contenteditable="true",这一属性就是我们使内容可编辑所必需的。用户现在可以直接在浏览器里编辑这个区域,就像在文本输入框里编辑一样,而且不需要额外的工具。HTML 足够智能,它知道编辑的内容位于标记的哪个部分,自动用相应的样式修饰新内容。例如,如果在编辑一个无序列表（ul）的时候按回车键，则一个新的 li 就会添加到列表里，在一个文本段落里按回车键会创建一个新的段落，以此类推。

到目前为止，当用户刷新页面的时候，所有的更新都会消失，浏览器会从服务器重新加载内容。需要注意的是，可编辑内容并不是更新服务器内容的"后门"。我们不希望更新在云端的数据，而只是为用户保存。要实现这点需要使用 HTML5 工具箱里的另一个工具 *local storage*。Local storage 允许用户在浏览器里存储数据。它不像 cookie 那样过期会被清除，这些数据会保存直到用户（或者应用开发者）主动清除。我们将用户在可编辑区域更新的内容保存在 local storage 以便之后使用。可以通过几行 JavaScript 代码来实现这个功能：

```
var myEdit = document.getElementById('editable');

    var setEditMemory = function(content){
        localStorage.setItem("myContent", myEdit.innerHTML);

    };

    myEdit.addEventListener('blur',setEditMemory);
```

先在可编辑 div 上添加一个 blur 事件的监听器。一般 div 并没有 blur 事件（因为 div 一般不能获取焦点），但是因为已经将它变为可编辑状态，就自动获取焦点了。当用户离开编辑区域时就会触发 blur 事件。这个监听器简单地从 div 中获取内容，并将内容以字符串格式存储在 local storage 里的 myContent 变量中。

我们已经成功存储了内容，现在需要在用户重新访问页面时将用户的修改显示到页面上。添加几行 JavaScript 代码在页面加载的时候执行：

```
    if(localStorage.getItem("myContent")){
        myEdit.innerHTML = localStorage.getItem("myContent");
    }
```

这段简单的代码用来检验 myContent 的值是否已经被创建。如果已经创建了，就可以知道用户已经访问过页面，而且已经修改过了内容。将 myContent 的值从 local storage 里取出来，然后用它来更新可编辑区域 div。现在，用户在每次重新访问这个页面的时候都会看到修改过的内容。神奇吧！

HTML5 敏捷实践

拼写检查

可编辑区域的另一个不错的功能是拼写检查，是的，内置的拼写检查。就像使用桌面文字处理器一样，如果用户在 HTML5 里拼错一个词，这个词的下方会出现波浪线，当用右键单击这个词的时候，可以从浏览器内置的词典中选取一个用以替换的词。如果你不需要这个功能，可以将它关闭，只需要将 `spellcheck` 的属性值设置为 `false` 即可：

```
<div class="row" id="editable" contentEditable="true"
spellcheck="false">...</div>
```

HTML5 在浏览器里为我们提供了很多可以想象到的文字处理功能。

实例 50 将网页变为一个 WYSIWYG 编辑器

不离开浏览器就能更新网页内容已经不再困难了。将网页变为一个 WYSIWYG 编辑器只需要几行代码。

之前，WYSIWYG 编辑器是唯一的方式。但是，将编辑器里看到的格式转换为浏览器里显示的格式很困难。HTML5 提供了实现这个功能的关键。

将页面变得可编辑

将网页变为网页编辑器的第一步是将网页变得可编辑。在之前的实例里，我们已经讨论过了如何将页面的某个部分变得可编辑，而将整个页面变得可编辑同样简单。只需要一行代码：

```
document.designMode = "on"
```

为了给这个功能添加一些控制按钮，先在页面上添加一些内容（如图 5-11 所示）。

图 5-11　在对内容编辑之前的页面上，设计模式是关闭的

通过这些控制按钮，可以将页面的设计模式打开或关闭，或者导出代码。我们看一下页面控制按钮的标记：

```
<div class="row">
  <p>
   use this button to make your entire document
   editable or turn it off:
  </p>
  <p><button class="btn" id="makeEdit">toggle design mode</button></p>
  <p>use this button to show the markup</p>
  <p><button class="btn" id="showMarkup">show my markup</button></p>
  <p><textarea id="exportContent"></textarea></p>
</div>
```

其中包含了文字、两个按钮和一个文本编辑框。按钮需要添加监听器才能工作。让我们看一下这个应用的 JavaScript 代码：

```
var button = document.getElementById('makeEdit');
button.addEventListener('click', function(e){
        if(document.designMode === "off"){
            document.designMode = "on"
        }else{
```

```
            document.designMode = "off"
            }
        });

    var showMarkup = document.getElementById('showMarkup');
    showMarkup.addEventListener('click', function(e){
        var str = '<HTML>'+document.documentElement.innerHTML
+'</HTML>'
        document.getElementById('exportContent').value = str;
        });
```

第一个按钮用来打开和关闭设计视图。在按钮点击事件上添加了一个监听器，执行一些简单的 JavaScript 代码，检测设计模式是否打开。如果是关闭状态，将它打开；如果是打开状态，将它关闭。

第二个按钮也绑定了一个监听器，触发导出页面内容的功能。原理十分简单：当按钮被点击的时候，执行一些 JavaScript 代码，从 documentElement 里将内容（HTML 和内联的脚本等）复制出来。它会将 HTML 标签里的所有内容以字符串的形式提供给我们。取出内容字符串，将 HTML 标签和<doctype>标签（因为它位于 body 之外）重新添加到字符串中，然后将字符串设置为文本编辑器的值。现在使用一个文本编辑框，这样字符串保持为文本状态，浏览器不会执行它。

现在，我们获取了整个页面的标记，可以复制或者重用这些标记（如图 5-12 所示）。

图 5-12　整个页面的标记都在文本编辑框里

用户可以在页面上直接编辑这些标记。需要记住，用户在页面上编辑的是文字，并不能改变元素的大小和位置。但是不用担心页面生成后的效果与编辑状态的显示效果不一致，因为整个页面都已经变成了编辑器！

实例 51 通过 HTML5 会话历史控制浏览器的历史按钮

HTML5 提供了一种优雅的记录网页历史的编程控制方式。

当你使用优秀的网页应用时，有多少次点击浏览器的后退按钮希望回退你的最后一步操作，而不是回到前一个网站？HTML5 会话历史为你提供了一个简单的界面用来管理应用的历史。

以前，开发者需要通过一些花样才能实现它，例如通过 URL 中的哈希标签"愚弄"浏览器的历史行为。通常，开发者会在页面 URL 之后添加类似于"#mynewurl"的标签，然后浏览器会添加一个新的位置到历史记录中。在 URL 后添加"#"就会被认为是页面的一个新的位置，所以在点击后退按钮的时候不会离开页面。

会话历史允许开发者直接在应用里定制历史行为。甚至可以在不刷新页面的情况下更新页面的 URL（要小心，不能将 URL 修改为服务器端不存在的内容，因为用户可能会把它存为书签，以便直接访问）。在本实例里，我们在<canvas>标签里创建一个笑脸。通过点击浏览器的后退按钮来执行创建的每个步骤。

微笑吧，历史！

我们从一个没有头部只有一些内容的页面开始（如图 5-13 所示）。

通常，当用户点击后退按钮时，会被带到这个页面之前的页面。先在历史记录里添加一些新记录：

```
window.history.pushState('leftEye', 'makeLeftEye');
window.history.pushState('rightEye', 'makeRightEye');
window.history.pushState('mouth', 'makeMouth');
window.history.pushState('face', 'makeface');
window.history.pushState('ready', 'letsgo');
```

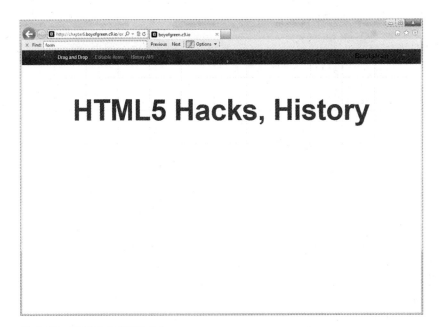

图 5-13 不包含内容的页面

现在已经在历史记录里添加了 5 条新记录。如果用户刷新了页面，需要点击 5 次
后退按钮才能回到之前的页面。然而，当用户点击后退按钮的时候，什么都没有
发生。现在需要设置一个监听器：

```
window.addEventListener("popstate", drawStack, false);
```

这个监听器会在后退按钮被点击的时候触发 drawStack 函数。因为它是个事件，
所以会自动传递一个事件对象，就像点击事件那样：

```
var drawStack = function(){
  switch(window.history.state)
    {
    case 'leftEye':
     makeLeftEye();
      break;
    case 'rightEye':
      makeRightEye();
      break;
```

```
            case 'mouth':
              makeMouth();
              break;
            case 'face':
              makeFace();
              break;
            default:break

        }

    };
```

在这个方法中，可以看到一个 **switch** 格式。这个 **switch** 格式用来确定点击后退按钮的时候执行哪个步骤，调用哪个功能。在将记录添加到历史记录之前，它们都包含一个变量的名称和变量的值。这个 **switch** 格式查询变量的名称，以确定当前状态处在历史记录的哪个位置。每个状态调用下面的某个功能：

```
var mySmile = document.getElementById('mySmile2')
var smileCtx = mySmile.getContext('2d');


var makeFace = function(){
      smileCtx.beginPath();

      smileCtx.fillStyle = '#F1F42E';
      smileCtx.arc(100,100,99,0,Math.PI*2); // 头

      smileCtx.stroke();
      smileCtx.fill();
};

var makeMouth = function(){
    smileCtx.beginPath();
    smileCtx.moveTo(170,100);
    smileCtx.arc(100,100,70,0,Math.PI);   // 嘴
    smileCtx.stroke();
};

var makeLeftEye = function(){

    smileCtx.beginPath();
    smileCtx.fillStyle = 'black';
    smileCtx.moveTo(60, 65);
```

```
    smileCtx.arc(60,65,12,0,Math.PI*2); //左眼
    smileCtx.fill();
};

var makeRightEye = function (){
    smileCtx.beginPath();
    smileCtx.fillStyle = 'black';
    smileCtx.moveTo(140,65);
    smileCtx.arc(140,65,12,0,Math.PI*2); // 右眼
    smileCtx.fill();
};
```

每一步都会绘制一些新内容。如果用户重新刷新页面并点击后退按钮，会在页面
上看到一个黄色的圆形（如图 5-14 所示）。

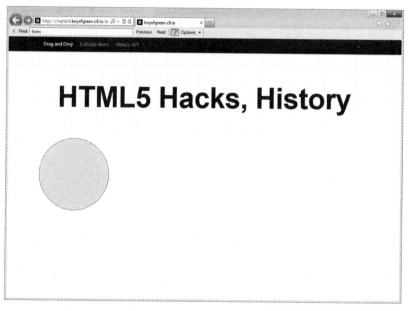

图 5-14　点击一次后退按钮的页面

如果继续点击后退按钮，微笑会被画出来，然后是右眼，然后是左眼。当用户点
击 4 次后退按钮的时候，就会看到整个笑脸（如图 5-15 所示）。

图 5-15　点击 4 次后退按钮的页面

如果细心的话，你会发现用户点击了 4 次后退按钮，但是却向历史记录里添加了 5 个记录。你可能想还需要点击一次后退按钮才能回到前一个页面。其实不然，多余的记录是为了处理页面加载的初始状态。触发 **popstate** 的事件是在历史改变时发生的，而不是在点击后退按钮的时候。因此，实际上这个事件是在加载页面时被触发的，因为页面的加载会被添加到历史记录中。

其他历史功能

会话历史提供的不只是一个冒泡事件。还包含了其他一些基本方法，如下。

`window.history.length`
　　会话历史里的记录数目。

`window.history.state`
　　当前对象状态。

`window.history.go(n)`
　　回退或者前进特定步数。如果这个值为 `0` ，当前页面会被再次加载。

`window.history.back()`
　　回退一步。

`window.history.forward()`

　　前进一步。

`window.history.pushState(data, title [, url])`

　　将数据添加到会话历史中。

`window.history.replaceState(data, title [, url])`

　　更新当前会话历史的记录。

第 6 章

实践客户端数据存储

随着流行的浏览器进化为一个应用程序平台，客户端存储成为了一个令人兴奋的领域。比较知名的是 AppCache、WebStorage、IndexedDB 和 FileSystem API 标准。网页应用的离线可用和读写大量数据的需求推进了浏览器厂商对于客户端存储功能的开发，使客户端应用可以定义存储容量、读取自定义临时数据，并对本地数据库进行异步读写。

当我们讨论数据存储 API 的时候，会像以前一样讨论每个解决方案的优点和缺点，介绍可以支持低版本浏览器的第三方类库，并且提供针对富客户端应用和移动互联网设计的例子。

实例 52　在内联 URL 中嵌入二进制数据

数据 URL 为引用外部资源提供了一种不同于图片引用和 link 标签的方式。嵌入图片的最常见的方案是在 HTML 文档内部或者特定的样式表中引用嵌入的图片。

在实例 19 中我们已经讨论了关于 CSS 聚合，以及在外部样式表中使用数据 URI 对性能的影响。在本实例中，我们将关注 HTML 标记中的内联图片数据，并且可以看到使用不同服务器端模板技术实现的几种不同方式。

数据 URL 是统一资源标识（URI）体系的一个子类型，以 Base64 字符串的方式在 URL 中嵌入资源数据。不同于指向外部资源（例如图片、样式表和 JavaScript 代码）的 URL，浏览器不需要对资源做远程 HTTP 请求。

有时候，我们可以通过改变一项技术来提高网页应用的性能。例如，在带宽非常有限的环境中（例如美国海军军舰上的网络连接，或一个移动互联网应用），减少网页中嵌入的小图片的 HTTP 请求数也可以明显地提高性能。此外还有很多例子：在服务器端根据特定的用户数据、日期或者访客位置生成图片的时候，也很适合使用嵌入式图片。

数据 URL 使用如下语法：

```
data:[mimetype][;base64],[data]
```

在图片标签中嵌入数据

在本实例中，首先使用一个在线服务。上传一张图片到 dataurl.net（*http://dataurl.net/#dataurlmaker*），如图 6-1 所示。

图 6-1　上传图片到 http://dataurl.net

从左边的文本框中复制出 Base64 字符串编码的数据，粘贴到网页源码中（以下是缩减的代码，但是需要注意的是图片越大，数据字符串越长）。

```
<img src="data:image/jpeg;base64,/9j/4AAQSkZJRgABAgAAAQABAAD//gA .../>
```

　　　　　　　　　　　　　　　　　　　　　　　　HTML5 敏捷实践

在外部样式表中嵌入数据

现在在 CSS 选择器内使用 url() 语法，就像调用一张外部背景图片一样简单：

```
#backg {
        height:326px;
        background-image:
url("data:image/jpeg;base64,/9j/4SJnRXhpZgAATU0AKgAAAgADAEAEAAAMA ...
}
```

别忘了设置标记标签的 ID：

```
<div id="backg"></div>
```

图 6-2 显示了结果。

图 6-2 网页中内联图片和样式表中的重复背景图片

关于在外部样式表中使用数据 URI 的更多内容，请看实例 19。

网页应用开发框架中的实现

每次都手动上传图片到 dataurl.net（*http://dataurl.net/#dataurlmaker*）是烦琐的，所以在生产环境中是通过网页应用开发框架以程序方式来实现的。以下是几个流行的实现这个功能的工具。

Grails

使用 Grails 渲染插件（*http://gpc.github.com/grails-rendering/docs/manual/guide/single.html#7*）：

```
class SomeController {
    def generate = {
        def file = new File("path/to/image.png")
        renderPng(template:"thing",model:[imageBytes:file.bytes])
    }

}
```

在视图中：

```
<html>
  <head></head>
  <body>
    <p>Below is an inline image</p>
    <rendering:inlinePng bytes="${imageBytes}"class="some-class" />
  </body>
</html>
```

Node.js

通过设置一个路径并且创建一个缓冲区。第二个参数是 `binary`，接下来是用 Base64 编码的字符串：

```
express = require("express")
request = require("request")
BufferList = require("bufferlist").BufferList
app = express.createServer(express.logger(), express.bodyParser())
app.get "/", (req, res) ->
  if req.param("url")
    url = unescape(req.param("url"))
    request
      uri:url
      encoding:'binary'
    , (error, response, body) ->
      if not error and response.statusCode is 200
        data_uri_prefix="data:"+response.headers["content-type"]
+ ";base64,"
```

```
    image = new Buffer(body.toString(),
    "binary").toString("base64")
    image = data_uri_prefix + image
    res.send "<img src=\"" + image + "\"/>"
```

```
app.listen 3000
```

Ruby On Rails（使用 *Asset Pipeline*）

使用 `asset_data_uri` 辅助函数：

```
#logo { background: url(<%= asset_data_uri 'logo.png' %>) }
```

Django

使用一个简单的 Django 过滤器，例如 djangosnippets.org（*http://djangosnippets. org snippets/2516*）中的例子：

```
from django import template
from base64 import b64encode


register = template.Library()


@register.filter
def dataURI(filename, mime = None):
    """
    This filter will return data URI for given file, for more
    info go to:
    http://en.wikipedia.org/wiki/Data_URI_scheme
    Sample Usage:
    <img src="{{ "/home/visgean/index.png"|dataURI }}">
    will be filtered into:
    <img src="data:image/png;base64,iVBORw0...">
    """

    with open(filename, "rb") as file:
        data = file.read()


    encoded = b64encode(data)
    mime = mime + ";" if mime else ";"
    return "data:%sbase64,%s" % (mime, encoded)
```

使用数据 URL 的缺点

使用数据 URL 有一些缺点，主要有以下两点。

缓存

浏览器不会对通过数据 URL 嵌入 Base64 字符串数据的内联的图片进行缓存。如果一个图片在应用中使用多次，可能使用数据 URL 就不是一个理想的方式了。你需要根据用户的行为和包含重复图片页面的流量来权衡使用哪种方式。

文件大小

Base64 编码的图片比二进制图片大三分之一左右。这也需要根据用户的行为和流量模式来权衡。

实例 53 将数据 URI 转换为 Blob 并通过 XHR2 嵌入到表单数据中

HTML5 将网页浏览器变成了一个成熟的应用运行环境。通过客户端的新功能，能将数据以安全且方便的方式传输到服务器端。本实例展示如何来实现相关的功能。

在本书写作的时候，FormData 对象只接受 File API 中的 File 或者 Blob 对象在表单中上传图片。Firefox 提供了专有的 canvas.mozGetAsFile() 方法，也实现了W3C 的推荐方法 canvas.toBlob()。

想象一下，为一个社交媒体网站设计一个界面，允许用户通过一个动态生成样式的表单装修自己的个人页面。如果想通过在后台执行 XMLHttpRequest 请求，然后再执行一个页面请求的方式将这些生成的样式存储到服务器端的数据库中，可以使用 XHR2 和在 FormData 对象中附加 Blob 和 File 的新功能。

在深入讨论 FormData 和 XHR2 之前，让我们创建一个简单的 Blob。首先创建一个 Blob 类，将数据传递到这个构建类中。我们简单地定义一个文本为红色的样式如何：

```
var stylesblob = new Blob(['body{color:red;}'], {type:'text/css'});
```

现在创建一个新的 link 设置属性，嵌入到文档中的某个位置。

```
var link = document.createElement('link');


link.rel = 'stylesheet';
link.href = window.URL.createObjectURL(stylesblob);
document.body.appendChild(link);
```

这是 Blob 功能的一个简单的演示，但是如何才能将数据附加到表单上并且上传到服务器呢？首先，需要处理表单部分：

```html
<form enctype="multipart/form-data" method="post" name="profileStyle">


    <label>username:</label>
    <input type="email" autocomplete="on" autofocus name="userid"
      placeholder="email" required/>

    <label>Styles to save!</label>
    <input type="file" name="file" required />


</form>
```

这里有一些需要注意的地方。首先，enctype 属性表示数据需要分割成多个部分，另外需要注意这里使用了第 1 章中提到的新属性：autofocus、required。

```javascript
function sendForm() {


  var data = new FormData(document.forms.namedItem("profileStyle "));


  data.append("myfile", stylesblob);


  var req = new XMLHttpRequest();
  req.open("POST", "/styleStore", true);
  req.onload = function(oEvent) {
    if (req.status == 200) {
      console.log("Styles Saved!");
    } else {
      console.log("Error "+req.status+" occurred uploading your file")
  };

  req.send(data);
}
```

这个应用另外一个需求是将图片上传到一个独立的 Web 服务器上。图片以数据 URL 的形式提供，并将它附加到 FormData 中在后台上传。

```javascript
var durl = $("#carter_small").attr("src")
var blob = dataURItoBlob(durl);
```

深入研究一下这个例子，首先将 data URI 转换为能在 FormData 中附加的 Blob。看一下 dataURItoBlob() 函数：

```
function dataURItoBlob(dataURI) {

    var byteString;
    if (dataURI.split(',')[0].indexOf('base64') >= 0){
        byteString = atob(dataURI.split(',')[1]);
    }else{
        byteString = unescape(dataURI.split(',')[1]);
    }

    var mimeString = dataURI.split(',')[0].split(':')[1].split(';')[0]

    var ab = new ArrayBuffer(byteString.length);
    var ia = new Uint8Array(ab);

    for (var i = 0; i < byteString.length; i++) {
        ia[i] = byteString.charCodeAt(i);
    }

    var bb = new Blob([ab], {type:mimeString});
    return bb;

}
```

将引用传递到 dataURItoBlob() 函数中时，首先检查它是否是 URL 编码的，如果需要先对其解码。

然后设置一个 MIME 类型，将字符串的字节写入 ArrayBuffer，将 ArrayBuffer 值传递到一个 Blob 中，同时将 MIME 值设为 type 属性。

现在创建了一个新的 FormData，附加了名为 canvasImage 的 blob：

```
var fd = new FormData(document.forms[0]);
fd.append("canvasImage", blob);
```

实例54 使用 WebStorage API 实现用户数据的持久化

网页应用都需要一种存储数据的方式。我们可以通过 HTML5 中的 LocalStorage API 和 SessionStorage API 来方便地存储数据。

本实例由来自 Adobe System Inc.的高级开发传教士 Raymond Camden 提供。

早期网页应用的数据持久化建立在一种基础技术 Cookies 之上。虽然 Cookies 可以实现这个目的，但是有隐私和其他方面的限制（存储容量和对网络性能的影响）。幸运的是 HTML5 提供了一个大为改进的方式做数据持久化：LocalStorage，更专业的称呼是 WebStorage API 技术。还有一个对应的 API 叫做 SessionStorage，我们之后会讨论。

基础

LocalStorage 的基本单位是一个键值对的集合。例如，可以有一个名为"FavoriteBeer"的变量，值为"Abit Amber"。这种存储方式和 Cookies 的存储方式很类似。和 Cookies 不同的是，这些数据不会在每次请求时都发给服务器端，而是通过 JavaScript 在需要的时候读取、写入或者删除这些数据。

LocalStorage 的值归属于每个域名。这表示如果 foo.com 在 LocalStorage 里设置了名为"FavoriteBeer"的值，在 goo.com 下是不能被读取的。goo.com（*http://goo.com*）可以设置它"自己"的"FavoriteBeer"值，但这只会修改自己集合中的值，而不能覆盖其他网站下 LocalStroage 中同名变量的值。

最后，应该知道 LocalStorage 的数据是存储在本地机器上的一个物理文件中的。这有两层含义。首先，存储在 LocalStorage 中的数据的总大小有限制。不同的浏览器的大小限制不同，但是大部分都大于 5 MB（IE 8 允许存储 10MB 的用户数据）。其次，读和写 LocalStorage 文件的 I/O 操作是单线程的。总的来说，使用 LocalStorage 是个不错的选择。Cookies 在存储设置或一小组数据的时候很有用，LocalStorage 也可以做类似的用途。注意，不要用它来存储大块数据，需要的话可以考虑使用 Native File System API 来存储。

关于 LocalStorage 最好的特点可能是跨浏览器支持，无论是桌面还是移动浏览器都支持。根据 caniuse.com 的资料，现在的支持率为 88.73%。

API

有两种主要方式操作 LocalStorage。可以直接访问 `window.localStorage` 对象来写和设置变量。下面是一些例子：

```
window.localStorage.favoriteBeer = "Abita";
```

```
window.localStorage["favoriteBeer"] = "Abita";
```

或者可以用以下的方法：

- setItem(key, value);
- getItem(key);
- removeItem(key);
- clear();

你应该能明白前两个方法的作用，这里就不再阐述。第三个方法 removeItem 允许从 LocalStorage 中删除一个变量。最后一个方法 clear 会清除所有数据。还应该注意对 LocalStorage 的操作是针对特定域名的。在访问 foo.com 的时候调用 window.localStorage.clear()不会清除 goo.com 中的数据。

让我们看一个简单的例子：

```
<!doctype html>
<html>
<head>
<script>


function init() {
 //我们已经有一个值了吗?
 if(!localStorage.getItem("visits"))localStorage.setItem
("visits",0);


 //获取并增加值
 var visits = Number(localStorage.getItem("visits")) + 1;


 //显示次数
 document.querySelector("#resultDiv").innerHTML = "You have been here"
+visits + " time(s).";


 // 将它储存回去
 localStorage.setItem("visits", visits);
}


</script>
</head>


<body onload="init()">


<div id="resultDiv"></div>


</body>
</html>
```

这个模板在网页加载的时候调用 init 方法。首先，检查变量 visits 是否存在于 LocalStorage 中。如果不在，将其值设置为 0。

然后，获取它的当前值并且将这个值加一。由于所有值都是以字符串的形式存储的，所以我们通过 Number() 构建方法确保数字运算正确执行。

之后，更新 DOM 显示访问的次数。

最后，将这个值重新存储到 LocalStorage 中。最终结果是一个简单的能够跟踪访问次数的网页。如果在浏览器中打开这个网页并且重新加载多次，会看到计数器的变化。如果关闭浏览器，再次打开这个 HTML 文件，它还会延续之前的值。

无论你信不信，这些就是这个 API 的全部。

LocalStorage 和复杂数据格式

令你迷惑的可能是如何存储复杂数据格式，例如数组和对象。传递到 setItem 的值必须是一个字符串。那么如何存储更加复杂的值？这很简单：需要先序列化这个对象。"序列化"指的是将一个复杂对象转换为一个简单的格式，这里是一个字符串。当然，这意味着在使用的时候需要将字符串反序列化为原来的格式。如何序列化数据取决于你自己。可以构建自己的方法将复杂数据转换为字符串。例如，数组的原生方法 toString 可以将数据转换为字符串，而我更喜欢用 JSON 来处理这些操作。它可以处理大部分格式的数据，而且像 LocalStorage 一样，它被大部分浏览器支持（如果担心某些浏览器不支持 JSON，有很多 JSON 库可以使用）。

在下一个例子中，我们将包含多个变量的表单转换为一个简单的对象存储到 LocalStorage 中。让我们先看一下代码，然后讨论它的组成部分。

```
<!doctype html>
<html>
<head>
<script>


function init() {


    //如果有旧数据，加载它
    var oldData = localStorage.getItem("formdata");
    if(oldData) {
        var realData = JSON.parse(oldData);
        document.querySelector("#yourname").value = realData.name;
        document.querySelector("#yourage").value = realData.age;
```

```
        document.querySelector("#youremail").value = realData.email;
        document.querySelector("#yourphone").value = realData. telephone;
    }

    //监听表单字段的变化
    document.querySelector("#myForm").addEventListener("input",
     function() {
        // 获取所有字段

        var data = {name:document.querySelector("#yourname").value,
                   age:document.querySelector("#yourage").value,
                   email:document.querySelector("#youremail").value,
                   telephone:document.querySelector("#yourphone")
.value
                   };
        console.dir(data);
        localStorage.setItem("formdata", JSON.stringify(data));
    },false);
}

</script>
</head>


<body onload="init()">


<form id="myForm">


    <p>
    <label for="yourname">Your Name</label>
    <input type="text" id="yourname">
    </p>


    <p>
    <label for="yourage">Your Age</label>
    <input type="number" id="yourage" min="0">
    </p>


    <p>
    <label for="youremail">Your Email</label>
    <input type="email" id="youremail">
    </p>


    <p>
    <label for="yourphone">Your Phone Number</label>
    <input type="tel" id="yourphone">
```

```
        </p>

    </form>

    </body>
    </html>
```

从底部开始,可以看到这个简单表单的 4 个不同的字段:name、age、email 和 telephone。有趣的部分在 JavaScript 的顶部。`init` 函数现在由两个*部分组成。

第一部分,检查 LocalStorage 中是否存在名为 `formdata` 的变量。如果存在,假设它的值为 JSON 格式的数据。通过 JSON API 将它转化为"真实"的数据格式,这样就能将这些值赋值到表单字段。

第二部分是处理存储表单数据。每当表单的任何数据改变的时候,就触发表单的 `input` 事件。将所有字段逐个存储到一个新的 `data` 对象中。然后通过 `JSON.stringify` 序列化存储到 LocalStorage 中。

我们只用了 10 行代码就实现了一个可以自动存储、恢复字段值的表单。如果用户的浏览器崩溃了,或者用户突然关闭了浏览器,其中的数据不会丢失。那么应该如何清除这些值呢?我们可以在表单提交之后用 `removeItem` 方法清除。

使用 SessionStorage

到现在为止,我们都在讨论 LocalStorage,它是一个 JavaScript 应用持久化数据的 API。还有一个半持久化存储系统叫做 SessionStorage。它和 LocalStorage 工作方式类似,只是它是基于会话的。当用户关闭浏览器或者在浏览器中长时间不操作时,它会假设这些值过期。我刚才已经说过,API 完全相同。你只需要简单地将 `localStorage` 替换为 `sessionStorage`:

```
window.sessionStorage["favoriteBeer"] = "Abita";
```

安全考虑

不必多说,我们都知道不应该简单地信任客户端数据,包括 LocalStorage,就像不能直接信任通过 XHR 发送到服务器的数据那样。应该假设任何 LocalStorage 数据可以被使用浏览器的用户查看和修改。

实例 55 # 通过 YepNope.js 和 Storage.js 模拟 LocalStorage

虽然大部分浏览器都支持 WebStorage API，但是仍然需要针对 IE 7 做模拟支持。最流行、易用的 Polyfill 代码加载器是 YepNope.js。

Remy Sharp 将 polyfill 定义如下：

> polyfill 或者 polyfiller 是一段为开发者提供的，支持浏览器非原生支持功能的代码。如果愿意，你可以查看 API 的所有细节。

Shim、*polyfill* 和 *fallback* 用来描述那些用来为特定浏览器提供非原生 API 支持的脚本，这样开发者就可以实现跨浏览器支持和使用那些比较新的 API 了。

在本实例中，我们通过两个精巧的库实现 LocalStorage 的 100%跨浏览器支持，即 YepNope.js 和 Modernizr。前者在 synopsis 实例中提到过，后者是一个进行功能检测的 JavaScript 库。

更多关于 WebStorage API 的细节，请看实例 54。

包含 Modernizr

首先，我们需要检测浏览器是否支持 LocalStorage。Modernizr 是一个检测 HTML5 和 CSS3 功能支持情况的 JavaScript 库。将 Modernizr 添加到页面上：

```
<script src="/i/js/modernizr.com-custom-2.6.1-01.js"></script>
```

它在页面加载的时候执行一系列对象检测，为每个测试返回布尔值，并将这些结果存储到一个 JavaScript `object()` 中（如图 6-3 所示）。

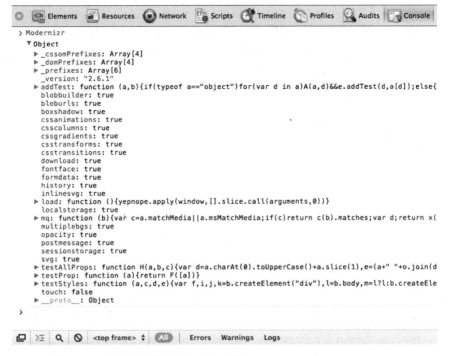

図 6-3　Chrome console 中的 Modernizr 对象

Modernizr 包含 YepNope.js，将其作为按条件加载外部 *.js* 或者 *.css* 资源的库。这在维护和支持应用里的 polyfills 时非常好用。

使用 YepNope

YepNope 被描述为"一个异步的选择性资源加载器，它执行非常快，允许只加载用户需要的脚本"[1]。如前所述，只需要针对 IE 6、IE 7 和 Firefox 2、Firefox 3 模拟 LocalStorage 就可以了。首先调用 yepnope，它会为 LocalStorage 包含一个 Modernizr 属性的引用。我们对这个属性的值进行测试，如果测试通过，则直接执行 complete 方法，开始执行应用的代码；如果测试没有通过，yepnope 的内置脚本加载器会加载 *storage.js*，加载完会调用 complete 回调函数。

注 1：　*http://yepnopejs.com/*

```
yepnope({

  test:Modernizr.localstorage,
  nope:['../../js/storage.js'],
  complete:function (url, result, key) {

    if (url === '../../js/storage.js') {
      console.log('polyfill loaded');
    }

    //应用程序代码

  }
});
```

使用 Storage.js

Storage.js 是用 Brett Wejrowski 写的一个库。这个脚本使用 IE 6、IE 7 中的 `userData` 和 Firefox 2、Firefox 3 中的 `globalStorage` 来模拟 `LocalStorage`。

你可以在 *GitHub*（*https://github.com/wojodesign/local-storage-js/blob/master/storage.js*）查看 storage.js 的源码。

为了演示 polyfill 加载器的作用，我们实现一个简单的在 `LocalStorage` 中存储自增值的计数器的功能。在按钮上绑定点击事件的监听器触发计数器：

```
<button id="counter" type="button">Click me!</button>
```

然后在 Yepnope 脚本的 complete 回调函数中添加计数器的逻辑代码：

```
yepnope({

  test:Modernizr.localstorage,
  nope:['../../js/storage.js'],
  complete:function (url, result, key) {

    if (url === '../../js/storage.js') {
      console.log('polyfill loaded');
    }

    function counter(){
      var c = (localStorage.clickcount) ?localStorage.clickco
```

```
unt++ :localStorage.clickcount=1;

        var str = "clicked " + c + " times"
        $("#clicks").html(str);
    }
    $("#counter").on("click", function(){counter()});

  }
});
```

图 6-4 显示了结果。

图 6-4 在 LocalStorage 中存储的点击计数器

实例 56 使用 FileSystem API 在本地缓存多媒体资源

通过 FielSystem API 可以为浏览器提供一个读/写（二进制或者文本）数据的沙盒。

本实例由来自 Adobe System Inc. 的高级开发传教士 Raymond Camden 提供。

新型浏览器一个更加强大的功能是读/写本地文件系统。你可以从 W3C
（*http://dev.w3.org/2009/dap/file-system/pub/FileSystem/*）网站找到"File API：
Directories and System"工作草案。

它被称为文件系统 API（FileSystem API），为浏览器提供了一种安全的读/写（文
本和二进制）数据的小型沙盒。关于这个 API 有很多不错的文章。本实例假设你
已经熟悉了一些基础。基于这种假设，我们讨论一个能体现浏览器访问文件系统
用途并且在现实世界中存在的例子：在本地缓存多媒体资源。

想象一下，你要创建一个新的网络音乐，需要使用一些高质量的图片或者声音文
件。现在想象一下，将这些资源文件打包到 ZIP 文件中，发送给浏览器，在用户
本地存储一份。将一些工作放到客户端处理不是为了支持离线访问，而是为了最
大限度地减少对远程网络的访问。为了更有效，还需要跟踪 ZIP 文件的日期和最
后更新日期。然后可以在处理之前用轻量的网络请求检查它是不是已经更新了。
现在，让我们开始吧！

初始化和准备文件系统

演示代码做的第一件事是确定能否使用文件系统 API（FielSystem API）功能。

到目前为止，这些 API 都以浏览器供应商前缀开始（请看第 1 章）。在将来，这
些 API 将会统一化，但是现在我们只考虑针对 Chrome 的支持。注意代码中不同
浏览器供应商的前缀，例如下边代码例子：

```
function init() {
        if(!window.webkitStorageInfo) return;
}
```

也许你会有疑问，`init()`函数是通过 body/onload 调用的。我们马上就会看到整
个模板。初始化以检测当前 `webkitStorageInfo` 作为开始。因为这个演示只
是为了展示 FileSystem API，我们可以在不支持的浏览器上直接结束。

临时文件系统和持久化文件系统的 FileSystem API 不同。它们的名字提示开发者
应该使用哪一个。在这个应用里，我们使用持久化文件系统，这样我们可以存储
资源直到需要更新时。为了使用持久化文件系统，需要获得用户的许可。这通过
一个 JavaScript 函数来实现，但是实际上提示是由浏览器处理的，很像地理定位
的提示。以下代码演示了如何获取存储权限，以及当它被允许（或者禁止）之后
实现了什么。

HTML5 敏捷实践

```
window.webkitStorageInfo.requestQuota(window.PERSISTENT,
        20*1024*1024,
        function(grantedBytes) {
            console.log("I was granted "+grantedBytes+" bytes.");
            window.webkitRequestFileSystem(window.PERSISTENT,
             grantedBytes, onInitFs,errorHandler);
}, errorHandler);
```

注意请求的存储空间的大小，实际提供的大小可能会更小。但是现在不需要担心这些。以后，你也许需要记录这个（**LocalStorage**）大小并且确保使用不超过限额。需要注意的是，一旦应用被允许使用一块空间，就可以访问真正的文件系统了。

图 6-5 展示了在本书写作时，用户通过最新版 Chrome 看到的效果。这个界面在未来可能会发生变化。

图 6-5　浏览器提示在本地存储大文件

调用 **webkitRequestFileSystem** 方法返回一个可以读/写的文件指针和文件夹选项。如果调用成功，**onInitFs** 会立即执行。最后，**errorHandler** 会在发生错误的时候被调用。让我们先快速看一下代码：

```
function errorHandler(e) {
  var msg = '';
  console.dir(e);
  switch (e.code) {
    case FileError.QUOTA_EXCEEDED_ERR:
      msg = 'QUOTA_EXCEEDED_ERR';
      break;
    case FileError.NOT_FOUND_ERR:
      msg = 'NOT_FOUND_ERR';
      break;
    case FileError.SECURITY_ERR:
```

```
      msg = 'SECURITY_ERR';
      break;
    case FileError.INVALID_MODIFICATION_ERR:
      msg = 'INVALID_MODIFICATION_ERR';
      break;
    case FileError.INVALID_STATE_ERR:
      msg = 'INVALID_STATE_ERR';
      break;
    default:
      msg = 'Unknown Error';
      break;
  };

  console.log('Error:' + msg);
}
```

上述代码是从 HTML5 Rocks 的文章（*http://www.html5rocks.com/en/tutorials/file/filesystem/*）获取的（有少量修改）。它只是为了测试而设计，并不给用户提供有用的信息。它通过控制台显示错误消息，你要确保在测试时打开了浏览器的控制台。

使用文件系统

现在我们已经建立了浏览器对文件系统访问的支持。已经从用户那里获取了存储空间，还获取了文件系统的指针。最后我们来执行 `onInitFs` 函数。

现在澄清目标很必要。我们的目标是下载一个 ZIP 文件，解压其中的文件，并存储到本地文件系统。为了实现这些，需要先定义一个存储文件的文件夹。将这个变量声明为 `resourceDIRLOC`：

```
var resourceDIRLOC = "resources";
```

变量的名字不重要，但是需要一个子文件夹在将来添加文件。你不需要考虑如何组织文件，这一点和其他文件系统不同。但是还是应该像考虑其他文件系统那样去考虑它，因为无论是用户还是你自己都不想把文件组织得混乱。

首先，打开目录。API 允许我们打开一个不存在的目录，这需要通过传递 `create` flag 来实现。每次只能创建一级目录。例如，不能打开目录*resources/images/highres*，或者让 API 简单地创建这些嵌套的目录。需要逐次创建这些子目录。幸运的是，这个例子只有一个相对简单的目标：

```
function onInitFs(fs) {
    fileSystem = fs;


    fileSystem.root.getDirectory(fs.root.fullPath + '/' +
resourceDIRLOC, {create:true}, function(dir) {
        resourceDIR = dir;
}
```

将文件系统的指针 fs 复制成一个全局变量。因为之后会多次用到 fs，所以最好现在复制。之后，调用获取文件夹。注意路径基于的是文件系统指针的另外一个属性：root.fullPath。root 对象是一个指向沙盒路径的文件夹指针。fullPath 是真实的文件夹路径，将它和分隔符（注意即使在 Windows 系统中也可以用/）、资源文件夹的名字组合起来，就得到了文件夹的完整路径。在第一次 create flag 调用的时候创建文件夹。所有对 FileSystem API 的调用都是异步的，所以需要在最后一个变量中传入回调函数。最后，在回调函数中首先需要做的是缓存新文件的指针。resourceDIR 是以备之后使用的全局变量。

现在进入有趣的部分：用户下载的 ZIP 文件很大，所以希望只在第一次下载，之后只在被修改的时候下载。可以使用 LocalStorage 来记录修改时间。考虑下一段代码：

```
if(localStorage["resourceLastModified"]) {
    var xhr = new XMLHttpRequest();
    xhr.open("HEAD", resourceURL );
    xhr.onload = function(e) {
      if(this.status == 200) {
        var lastMod = this.getResponseHeader("Last-Modified");
        if(lastMod != localStorage["resourceLastModified"]) {
            fetchResource();
        } else {
          console.log("Not fetching the zip, my copy is kosher.");
        }
      }
    }
    xhr.send();
} else {
    fetchResource();
}
```

上面代码的第一部分只在 ZIP 文件被修改的时候执行（马上就会看到在哪里设置它）。如果 resourceLast Modified 存在，会调用一个 Ajax HEAD 请求。这是个轻量级的网络请求，只返回远程资源的文件头，需要检查文件头中的

resourceLast Modified。如果修改时间不同，就会重新下载 ZIP 文件。这通过调用 fetchResource()来实现。最后，可以看到 else 块的代码简单地调用 fetchResource()。

获取并且处理 ZIP 文件

让我们看一下 fetchResource()方法。它负责获取远程 ZIP 文件、解压并且保存到文件系统中。JavaScript 没有原生的处理 ZIP 文件的方法。我使用 Gildas Lormeau（*http://gildas-lormeau.github.com/zip.js/*）写的简单而又强大的 zip.js 库来实现 ZIP 文件解压。你可以从 GitHub 获取 zip.js 库。注意只需要 *zip.js* 和 *deflate.js* 两个文件。

首先看 fetchResource：

```
function fetchResource() {
    var xhr = new XMLHttpRequest();
    xhr.responseType="arraybuffer";
    xhr.open("GET", resourceURL,true);
    xhr.onload = function(e) {
        if(this.status == 200) {
        }
    }
    xhr.send();
}
```

上面的代码展示了处理 Ajax 请求的部分代码。现在，onload 方法为空，因为它有些复杂。需要注意两点，首先，返回的类型是 arraybuffer。需要它来处理 ZIP 文件中的二进制数据。其次，resourceURL 是之前定义的常量 URL：

```
var resourceURL = "resources.zip";
```

现在让我们查看当请求完成时的代码：

```
var lastMod = this.getResponseHeader("Last-Modified");
localStorage["resourceLastModified"] = lastMod;
```

第一步是缓存 ZIP 文件最后修改时间。用 LocalStorage 很容易实现。注意 resourceLastModified 键。我们可以多次测试这段代码。可以重新构建 ZIP 文件并通过命令行修改文件最后修改时间，或者简单地使用浏览器控制台删除这个值。

```
var bb = new WebKitBlobBuilder();
bb.append(this.response);
var blob = bb.getBlob("application/zip");
```

然后，为 ZIP 库准备二进制数据。这是个多步处理过程，涉及一个原始响应的 Builder，以及一个制定了特定 MIME 类型的真正的 Blob 对象。最后是 ZIP 二进制数据。现在，让我们解析 ZIP 文件：

```
zip.createReader(new zip.BlobReader(blob), function(reader) {
    reader.getEntries(function(entries) {
        entries.forEach(function(entry) {
          resourceDIR.getFile(entry.filename,
                              {create:true},
                              function(file) {
                entry.getData(new zip.FileWriter(file), function(e) {
                }, function(current, total) {
                // 执行回调函数
                });
            });
        });
    });
}, function(err) {
    console.log("zip reader error!");
    console.dir(err);
})
```

上面的代码有些迷惑人，因为在回调函数中包含了回调函数。简而言之，程序是从创建 ZIP 读取器开始的，这基于 zip.js API。启动 ZIP 读取器的一种方式是将 blob 对象传递给它，然后提供一个处理读取器的回调函数。这通过在读取器上调用 getEntries()方法实现，它允许我们遍历 ZIP 文件中的每一个对象。

这是将数据写入文件系统的开始。还记得 resource DIR 吗？它是指向文件夹的一个指针，通过它调用 getFile()来创建文件。我们根据 ZIP 文件中的名字传入参数，如果 ZIP 文件夹中的第一个文件是 *foo.jpg*，entry.filename 就是 foo.jpg。

然后，使用 getFile()方法打开文件系统中的文件。如果处理器返回成功，就可以通过 getData()方法将 ZIP 文件中对象数据取出来。

本质上是在文件系统中打开一个文件，在其中存入从 ZIP 文件中取出的一部分。getData 的第一个参数是文件写入器。它处理真正的数据。两个空的回调函数可以监控处理进度。但是由于这是个很简单的过程（从一个文件中取数据传到另一个文件），我们可以先不考虑它。

这样就完成了。为了测试，可以使用优秀的 Chrome 插件 HTML5 FileSystem Explorer
（*https://chrome.google.com/webstore/detail/html5-filesystem-explorer/nhnjmpbdkieehidddbaea*
jffijockaea），这是一个允许开发者查看网站绑定的文件系统的插件（如图 6-6 和 6-7 所示）。

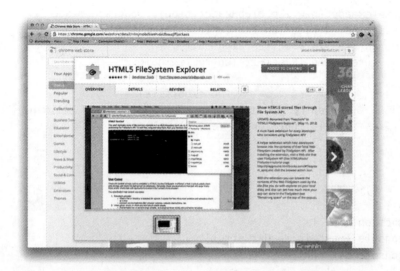

图 6-6　HTML5 文件系统浏览器 Chrome 扩展

在图 6-7 中列出的文件是 ZIP 文件中的所有图片。我还构建了一个简单的函数用
来渲染这些图片中的一部分：

```
document.querySelector("#testButton").addEventListener("click",
    function() {

    //尝试显示文件系统中的图片，如果存在则显示，不存在则不显示。
        var images = ["bobapony.jpg",
            "buy bacon.jpg",
            "cool boba.jpg",
            "chuck-norris.jpg"
            ];


    for(var i=0, len=images.length; i<len; i++) {
        var thisImage = images[i];
        resourceDIR.getFile(thisImage, {create:false},
            function(file) {
            document.querySelector("#images").innerHTML +=
```

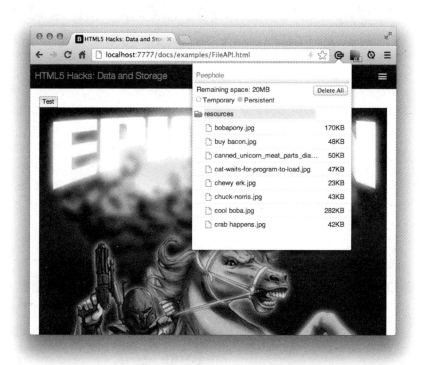

图 6-7　HTML5 文件系统浏览器（右上角），用来查看网站绑定的文件系统

```
"<img src='"+file.toURL() + "'><br/>";
                });
            }
        }, false);
```

用户点击按钮之后，代码循环处理文件名数组查看它们是否存在于文件系统中。如果存在，代码会将图片添加到 DOM 中。注意 `file.toURL()` 函数的使用，通过调用它可以获取图片的引用，然后在 HTML 中引用。

之后做什么

我希望本实例能够让你明白用文件系统能做什么。虽然浏览器对这个功能的支持还有些限制，一些 API 还在开发中，但为本地存储资源带来的好处让它值得使用。请留意 File APIW3C 工作草案（*http://dev.w3.org/2009/dap/file-system/pub/FileSystem/*）的更新。

实例 57 使用 IndexedDB 和 FullCalendar.js 构建里程碑日历

IndexedDB 是浏览器中存储数据的持久化对象。虽然它不是一个完整的 SQL 实现，而且它比 `LocalStorage` 存储的非结构键值对要复杂，但是使用它可以实现和读/写 JavaScript 对象一样的读写键值对的功能，也可以实现过滤和查询数据的索引系统功能。

在本实例中，我们用 IndexedDB 为日历应用存储里程碑对象。界面提供了创建新里程碑的简单方法，包含了标题、开始时间、结束时间。之后日历会更新显示本地数据中的内容，如图 6-8 所示。

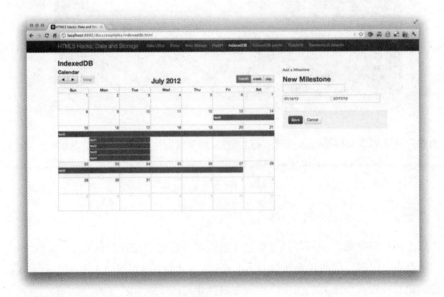

图 6-8　FullCalendar.js 和 IndexedDB

我们需要在界面中包含两组标记：日历和表单。

首先处理表单。也许你已经注意到了日期字段包含了 data-date-format 属性。在之后的 JavaScript 日期选择器中会使用到它。

```
<form>
    <fieldset>


      <div class="control-group">
        <label class="control-label">Add a Milestone</label>
        <div class="controls">
          <h2>New Milestone</h2>
          <input type="text" name="title" value="">
          <input type="text" class="span2" name="start"
            value="07/17/12" data-date-format="mm/dd/yy" id="dp1" >
          <input type="text" class="span2" name="end"
            value="07/17/12" data-date-format="mm/dd/yy" id="dp2" >
        </div>
      </div>


      <div class="form-actions">
          <button type="submit" class="btn btn-primary">Save</button>
          <button class="btn">Cancel</button>
      </div>


    </fieldset>
  </form>
```

FullCalendar.js 提供了一个精妙的 jQuery 插件，它可以通过事件源生成日历。这个类库通过配置对象和一个简单的 div 来生成日历。

```
<div id='calendar'></div>
```

不要忘记包含这些依赖文件：

```
<link href="../assets/css/datepicker.css" rel="stylesheet">
<link href="../assets/css/fullcalendar.css" rel="stylesheet">

<script src="http://code.jquery.com/jquery-1.7.1.min.js"></script>
<script src="../assets/js/bootstrap-datepicker.js"></script>
<script src="../assets/js/fullcalendar.min.js"></script>
```

为了优化用户体验，还要包含时间选择器，用来选择开始和终止的时间（如图 6-9 所示）。

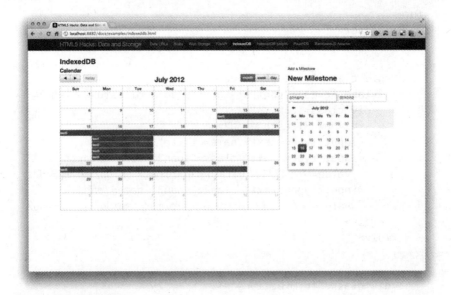

图 6-9　时间选择器

为了启动时间选择器，在脚本的开始处包含以下代码：

```
$(function(){
    $('#dp1').datepicker();
    $('#dp2').datepicker();
});
```

里程碑 IndexedDB

现在我们通过一个全局命名空间来包含这些代码，创建一个公开的里程碑数组
（milestones array，在命名空间之内），用在从数据库和 FullCalendar API
传递数据时暂时存储里程碑数据。我们需要为所有属性初始化 indexedDB 变量：

```
var html5hacks = {};

html5hacks.msArray = [];

var indexedDB = window.indexedDB || window.webkitIndexedDB ||
                window.mozIndexedDB;
if ('webkitIndexedDB' in window) {
  window.IDBTransaction = window.webkitIDBTransaction;
```

　　　　　　　　　　　　　　　　　　　　　　　　　　　　HTML5 敏捷实践

```
  window.IDBKeyRange = window.webkitIDBKeyRange;
}
```

现在开始设置数据库：

```
html5hacks.indexedDB = {};
html5hacks.indexedDB.db = null;

function init() {
  html5hacks.indexedDB.open();
}


init();
```

现在这个调用明显会失败，但是可以看到初始化过程从 `html5hacks.indexedDB`
调用 `open()` 方法开始。让我们仔细看一下 `open()` 函数：

```
html5hacks.indexedDB.open = function() {

  var request = indexedDB.open("milestones");

  request.onsuccess = function(e) {
    var v = "1";
    html5hacks.indexedDB.db = e.target.result;

    var db = html5hacks.indexedDB.db;

    if (v!= db.version) {
      var setVrequest = db.setVersion(v);
      setVrequest.onerror = html5hacks.indexedDB.onerror;

      setVrequest.onsuccess = function(e) {
        if(db.objectStoreNames.contains("milestone")) {
          db.deleteObjectStore("milestone");
        }

        var store = db.createObjectStore("milestone",
          {keyPath:"timeStamp"});

        html5hacks.indexedDB.init();
      };
    }
    else {
      html5hacks.indexedDB.init();
```

```
    }
  };
  request.onerror = html5hacks.indexedDB.onerror;
}
```

首先，打开数据库，并传入一个名字。如果成功打开数据库并且建立连接，会触发 onsuccess() 回调函数。

在 onsuccess 内部，检查版本号，如果不存在则调用 setVersion()。然后在 keypath 属性里调用 createObjectStore() 并传入一个唯一时间戳。

最后，调用 init() 来构建日历，并且附加数据库中包含的事件。

```
html5hacks.indexedDB.init = function() {


  var db = html5hacks.indexedDB.db;
  var trans = db.transaction(["milestone"], IDBTransaction.READ_WRITE);
  var store = trans.objectStore("milestone");


  var keyRange = IDBKeyRange.lowerBound(0);
  var cursorRequest = store.openCursor(keyRange);


  cursorRequest.onsuccess = function(e) {
    var result = e.target.result;


    if(!result == false){


      $('#calendar').fullCalendar({
        header:{
          left:'prev,next today',
          center:'title',
          right:'month,agendaWeek,agendaDay'
        },
        weekmode:'variable', height:400,
        editable:true,
        events:html5hacks.msArray
      });


      return;


    }else{
```

```
      console.log("result.value" , result.value);
      buildMilestoneArray(result.value);
      result.continue();
    }
  };
  cursorRequest.onerror = html5hacks.indexedDB.onerror;
};
```

现在我们从数据库中取出了所有数据，并展示到了里程碑日历中。

首先，声明事务的类型为 READ_WRITE，设置一个数据库的引用，设置键的范围，并且通过调用 openCursor 定义 cursorRequest，并将它传入 keyrange 中。传入 0 可以确保获取的所有数据都大于 0。因为变量的索引是一个时间戳，所以可以确保获取所有记录。

当 onsuccess 事件被调用后，开始遍历这些记录，将里程碑对象附加到 buildMilestoneArray 中。

```
function buildMilestoneArray(ms) {
  html5hacks.msArray.push(ms);
}
```

当达到最后一个记录的时候，将配置对象传到 fullCalendar() 中获得返回：

```
$('#calendar').fullCalendar({
  header:{
    left:'prev,next today',
    center:'title',
  right:'month,agendaWeek,agendaDay'
  },
  weekmode:'variable',
  height:400,
  editable:true,
  events:html5hacks.msArray
});


  return;
```

增加里程碑

我们已经初始化并且构建了日历，现在需要通过表单在数据库中添加一些里程碑。首先通过 jQuery 设置表单，在每次提交的时候为 addMilestone() 传入一个序列化的数据对象：

```
$('form').submit(function() {

    var data = $(this).serializeArray();

    html5hacks.indexedDB.addMilestone(data);
    return false;
});
```

现在提交一些事件，然后用 Chrome Inspector 查看，从而确保这些事件被成功提交（如图 6-10 所示）。

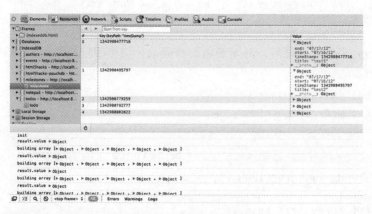

图 6-10　通过 Chrome Inspector 查看里程碑对象

现在看一下 addMilestone() 方法：

```
html5hacks.indexedDB.addMilestone = function(d) {
    var db = html5hacks.indexedDB.db;
    var trans = db.transaction(["milestone"], IDBTransaction.READ_
WRITE);
    var store = trans.objectStore("milestone");


    var data = {
        "title":d[0].value,
        "start":d[1].value,
        "end":d[2].value,
        "timeStamp":new Date().getTime()
    };


    var request = store.put(data);
```

```
  var dataArr = [data]
  request.onsuccess = function(e) {
    $('#calendar').fullCalendar('addEventSource', dataArr);
  };


  request.onerror = function(e) {
    console.log("Error Adding:", e);
  };
};
```

现在建立了读/写连接，它很像 html5hacks.indexedDB.init() 方法，但是现在不是读取数据，而是在每次调用 store.put() 的时候写入数据。在 onsuccess 中，可以调用 fullcalendar 的 addEventSource() 方法传入对象数组。注意将数据转换为数组数据很必要，因为这正是 FullCalendar 所期望的。

第7章

实践地理定位

在将来，如果一个网络技术或浏览器不包含地理定位感知工具和技术，那么它会是不完整的。

具有位置感知功能的网页应用（*Location-aware web applications*）能够根据对用户位置的联合检测为用户提供内容、功能和服务。这些应用能够根据用户的当前位置为用户实时过滤在线信息，例如用户当前在地图上的位置、当地消费者的评论、当地折扣和减价，甚至是交通流量和公开的运输通知。

这些应用也允许用户将自己的位置提供给社交网络上的朋友，反之亦然，可以实现线上、线下联合聚会。

正像你想象的那样，这些可能性不仅仅局限于改善消费者的生活。根据潜在消费者和其朋友的实时地理位置，零售商也可以提供高度针对性、位置相关的数字或者实体产品的营销活动。

地理定位是如何实现的？

浏览器通过很多技术将变量通过后台 HTTP 请求发送给地理信息服务器，然后该服务器会返回估计的经纬度数据。

收集位置数据的技术取决于设备和运行在其上的操作系统。最常用的源数据为：

- 开放 IP 地址
- WiFi 访问点
- 蓝牙 MAC ID

- GPS
- GSM/CDMA 蜂窝塔 ID

为网络而设计的地理位置的类库不是新出现的。实际上，现在 W3C 地理位置规范很大程度上参考了谷歌在 2008 年发布的独创的 Google Gears API。这个 API 被标准化，成为被广泛实施的 HTML5 规范的一部分。

幸运的是，这个 API 很容易使用，它的优点可以在实例 58 和实例 60 中看到。另外，可以用一些第三方服务来创建有意思的例子。它们提供了类似于逆向地理位置编码的概念。在实例 59 和实例 61 中将自己的地理位置数据发送给一个服务，获取关于地理位置的增强 API。

在实例 62 中，我们将使用 WebSocket API 和地理位置感知能力使应用可以实时更新。

对于没有原生提供这些功能的浏览器，Google 的基于 IP 的地理位置服务可以模拟这个功能，我们将在实例 63 中讨论这些内容。

这个功能的主要缺点涉及隐私、安全和善意使用。归根结底，作为负责任的应用开发者应该尽可能地保护用户的敏感信息。在实例 58 中，我们将深入讨论浏览器应该如何使用联合检测技术以使得用户可以只向自己信任的网页应用提供位置信息的。

实例 58 使用地理位置 API 在移动网页应用里显示经纬度

地理位置 API 提供了易用的 API。只需要几行代码，就可以获取用户的当前位置。另外，jQuery Mobile 为构建跨浏览器移动网页应用提供了一个简单的框架。

在这个实例中，我们使用 jQuery Mobile 框架提供一个相对简单的方法，以实现一个跨浏览器的移动应用。由于这个实例关注于用户当前的经纬度，并在跨浏览器的移动应用上联系这些 API，所以只需要一个简单的界面。

一个简单的 jQuery Mobile 应用

和以前一样，我们从使用 HTML5 的**\<doctype\>**标记开始构建这个基础网页，并且包含一些依赖文件：

```
<!DOCTYPE html>
<html lang="en">
  <head>
    <title>jQuery Mobile GeoLocation demo</title>
    <meta name="viewport" content="width=device-width,
initial-scale=1">

    <link rel="stylesheet"
href="http://code.jquery.com/mobile/1.1.1/jquery.mobile-1.1.1.min.css"
 />

    <script src="http://code.jquery.com/jquery-1.7.1.min.js"></script>

    <script src="http://code.jquery.com/mobile/1.1.1/jquery.mobile-
1.1.1.min.js"></script>

  </head>
<body>


    // jQuery 移动声明式标记


</body>
</html>
```

这段代码声明了依赖的一个样式表和三段 JavaScript。使用声明式 HTML 标记和 jQuery Mobile 框架解释的 data-属性可以构建应用的其他部分。

在**\<body\>**标签内部，加上如下内容：

```
<div data-role="page" data-theme="a">

  <div data-role="header">
    <h1>Geo Location</h1>
</div><!-- /header -->

  <div data-role="content">
    <ul data-role="listview" data-inset="true">
      <li>
        <a href="./longlat-embed.html" data-ajax="false">LongLat</a>
      </li>
```

```
    </ul>
  </div><!-- /content -->

  </div><!-- /page -->
```

如果从一个比较小的桌面浏览器屏幕，或者用移动浏览器来访问这个页面，可以
看到如图 7-1 所示的效果：

图 7-1　jQuery Mobile 简单的按钮

你可能已经想到了，这个界面的生成并不复杂。jQuery Mobile 通过 JavaScript 从
HTML 标记中的 **data-** 属性获取数据，动态生成 HTML 和 CSS。最终结果正如
在浏览器中看到的那样。

现在我们创建一个独立的链接页面，你可能已经注意到了主页面上的
longlat-embed.html 链接。

```
<ul data-role="listview" data-inset="true">
    <li>
       <a href="./longlat-embed.html" data-ajax="false">LongLat</a>
    </li>
</ul>
```

它会将我们带到一个包含地理位置的 JavaScript 代码的执行页面。注意将这个页
面声明为非 jQuery Mobile Ajax 页面，这样可以确保在点击链接的时候打开一个
新的页面。加载链接的页面很重要，因为这样才能执行 JavaScript 代码。

这个页面的结构和其他页面类似，包含同样的依赖。我有意将 jQuery Mobile 代码
保持最简。你可以从 jQuery Mobile 的网站上（*http://jquery mobile.com/demos/1.1.1/*）
获取文档和更多的信息。

```
<div data-role="page" data-theme="a">


    <div data-role="header">
        <h1>LongLat</h1>
    </div><!-- /header -->


        <div data-role="content">


        </div><!-- /content -->


</div><!-- /page -->
```

一旦这个页面从远程服务器获取数据，我们就会创建包含经纬度数据的 div。同
时还会使之具备后退功能，以便回到之前的页面。

```
<div class="geo-coords">
    GeoLocation:<span id="Lat">lat:...</span>°,
            <span id="Long">long:...</span>°
</div>


<a href="./jqueryMobile-embed.html"
    data-role="button"
    data-inline="true">
        Back
</a>
```

现在使用 JavaScript 代码获取当前的地理位置。最开始的$ variable 和之后的代码执行方式类似，如果你不熟悉 jQuery，可以从 jQuery 在线文档（*http://docs.jquery.com/Main_Page*）了解更多相关内容。

用 jQuery 函数将自定义的脚本包围起来是为了确保页面加载完成才执行这些脚本。然后设置一个全局命名空间对象，用以存储数据。代码的组织方式会随着代码复杂度的提高而显得越来越重要。

然后，我们检测 navigator 对象是否包含 geolocation 属性，以确定当前浏览器是否支持地理位置 API。如果支持，则调用 getCurrentPosition 方法，并且传入 success 和 error 对象。

这样我们就得到了 success 和 error 对象。在 success 对象中，可以传入一个位置参数，查询这个对象中内嵌的 coords 对象得到经纬度属性。

然后调用 populateHeader()，通过 jQuery 将返回的值添加到包含 .lat 和 lng 的 span 标签中。

```javascript
$(function() {

    var Geo={};

    if (navigator.geolocation) {
        navigator.geolocation.getCurrentPosition(success, error);
    }


    // 得到经纬度值
    function success(position) {
        Geo.lat = position.coords.latitude;
        Geo.lng = position.coords.longitude;
        populateHeader(Geo.lat, Geo.lng);
    }

    function error(){
        console.log("Geocoder failed");
    }

    function populateHeader(lat, lng){
        $('#Lat').html(lat);
        $('#Long').html(lng);
    }

});
```

让我们先回到浏览器，切换到一个新的页面。当用户访问包含 `navigator.geolocation.getCurrentPosition()` 调用的页面时，页面的顶部会弹出一个安全警告条。支持地理位置 API 的浏览器有自己的安全警告，询问用户是否允许浏览器访问设备当前位置的信息（如图 7-2 所示）。

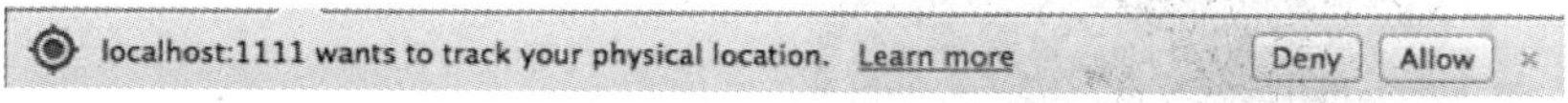

localhost:1111 wants to track your physical location. Learn more   Deny   Allow   ×

图 7-2　Google Chrome 地理位置安全警告

如果用户允许网页应用跟踪他们的地理位置，脚本会继续执行并访问地理位置信息服务器。远程服务器会返回包含经纬度的数据。当获取这些信息并调用 `success()` 回调函数后，会更新页面（如图 7-3 所示）。

安全和隐私的担忧

网页应用开发者获取终端用户地理位置数据的能力带来了很多关于安全和隐私的担忧。W3C 规范明确指出网页应用应当提示用户，并且向用户提供使用地理位置数据的许可界面，允许用户决定他们信任哪些网页应用：

> 浏览器不能在未获取用户许可的情况下将用户的地理位置信息发送给网站服务器。浏览器必须通过用户界面获取许可，除非他们预先和用户建立了信任关系，表现为用户界面必须包含文档 URI 的 host 部分。这些许可通过用户界面获取，如果超过当前的会话（例如，用户访问其他页面），保存的内容就会被废除，浏览器必须遵守许可废除规则。[1]

注 1：　*http://dev.w3.org/geo/api/spec-source.html*

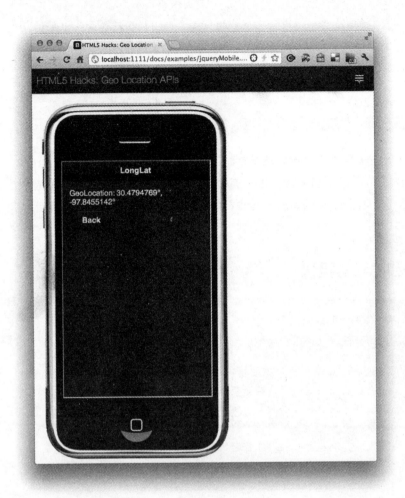

图 7-3　纬度和经度

使用 Google 的反向地理编码 API 反查用户的位置

我们可以使用经纬度数据来做一些有意思的事情，而不仅仅是将数据展示出来。
一个常见的用途是反向地理编码，或者通过经纬度获取人类可读的位置。

在实例 58 中我们一起开发了一个简单的移动网页应用，可以显示用户当前的经纬度。在本实例中，我们将用同样的 jQuery Mobile 应用在主页上添加一个按钮。这个按钮会将我们带到一个离当前位置最近的城市和州的新页面。

首先，添加一个按钮：

```
<ul data-role="listview" data-inset="true">
    <li>
        <a href="./longlat-embed.html" data-ajax="false">
            LongLat
        </a>
    </li>
    <li>
        <a href="./location-name-embed.html" data-ajax="false">
            Location By Name
        </a>
    </li>
</ul>
```

还需要包含 Google 的地图 API 用来支持位置编码服务请求（以后会详述）：

```
<script src="http://maps.googleapis.com/maps/api/js?sensor=false">
</script>
```

现在在 jQuery Mobile 主页上有了两个按钮（如图 7-4 所示）。

这会将我们带到一个新的页面，在这个页面上将会运行 JavaScript 脚本，从而调用远程的 Google 服务。脚本的组织方式同实例 58 中的经纬度脚本很相似，所以在此不再赘述。

在查询 navigator 对象的 geolocation 属性之后，创建一个 geocoder 变量并实例化一个新的 google.maps.Geocoder()：

```
if (navigator.geolocation) {
    geocoder = new google.maps.Geocoder();
    navigator.geolocation.getCurrentPosition(success, error);
}
```

我们在 success 对象中确定需要执行的回调函数，添加 reverseGeo() 方法。

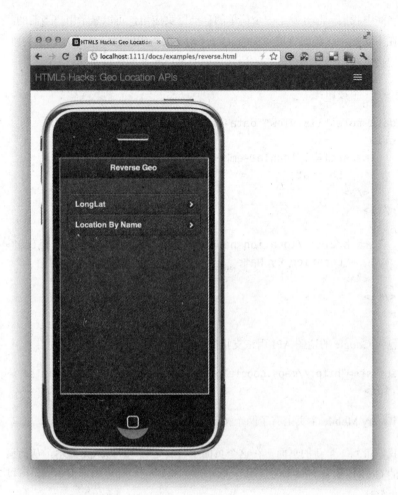

图 7-4　通过 Name 按钮添加一个位置

```
function success(position) {
    Geo.lat = position.coords.latitude;
    Geo.lng = position.coords.longitude;
    reverseGeo(Geo.lat, Geo.lng);
}
```

现在创建 reverseGeo() 方法，接收由 getCurrentPosition() 返回的经纬度参数。首先将经纬度数据发送给 google.maps.LatLng 函数，然后将结果赋值给一个空对象的 latLng 属性。

```
function reverseGeo(lat, lng) {
  var latlng = new google.maps.LatLng(lat, lng);

    // 调用地理位置编码服务
}
```

geocode()方法会调用 Google 的地理编码 API，并且返回包含更多所需信息的结果。然后，从这个结果集中解析出城市和州的信息。将城市的值存储在 locality 属性上，将州的值存储在 administrative_area_level_1 中。关于这些任务的代码如下，如图 7-5 展示了运行结果。

```
geocoder.geocode({'latLng':latlng}, function(results, status) {
  if(status==google.maps.GeocoderStatus.OK) {
   if (results[1]) {
    var addressComponents = results[0].address_components;
    for (var i = 0; i < addressComponents.length; i++) {
    for (var b = 0; b < addressComponents[i].types.length; b++){
     if (addressComponents[i].types[b] == "locality") {
      city = addressComponents[i];
      break;
    }
     var adminString = "administrative_area_level_1";
     if (addressComponents[i].types[b] == adminString) {
      state = results[0].address_components[i];
      break;
     }
    }
   }


   Geo.location_name = city.long_name + ", " + state.short_name;
    $('#storeLocation').html(Geo.location_name);
   } else {
     console.log("No results found");
   }
  }else {
   console.log("Geocoder failed due to:" + status);
  }
});
```

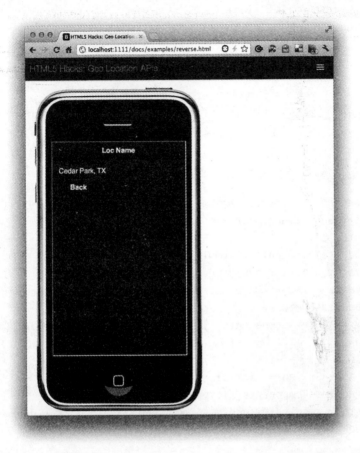

图 7-5 显示位置名称

这是最终的脚本：

```
$(function() {

    var Geo={};
    var geocoder;

    if (navigator.geolocation) {
        geocoder = new google.maps.Geocoder();
        navigator.geolocation.getCurrentPosition(success, error);
    }
```

HTML5 敏捷实践

```
// 获取经纬度
function success(position) {
    Geo.lat = position.coords.latitude;
    Geo.lng = position.coords.longitude;
    populateHeader(Geo.lat, Geo.lng);
    reverseGeo(Geo.lat, Geo.lng);
}


function error(){
    console.log("Geocoder failed");
}


function populateHeader(lat, lng){
    $('#Lat').html(lat);
    $('#Long').html(lng);
}


function reverseGeo(lat, lng) {

  var latlng = new google.maps.LatLng(lat, lng);


  geocoder.geocode({'latLng':latlng},
    function(results, status) {
     if (status == google.maps.GeocoderStatus.OK) {
      if (results[1]) {
       var addressComponents = addressComponents;
        for (var i = 0; i < addressComponents.length; i++) {
         for (var b=0;b< addressComponents.length;b++){

            if (addressComponents[i].types[b] == "locality") {
                city = addressComponents[i];
                  break;
                }
            var adminString = "administrative_area_level_1";
            if (addressComponents[i].types[b] == adminString){
                state = results[0].address_components[i];
                break;
              }
            }
          }

        Geo.location_name = city.long_name+", "+state.short_name;
        $('#storeLocation').html(Geo.location_name);
```

```
      } else {
        console.log("No results found");
      }
    } else {
      console.log("Geocoder failed due to:" + status);
    }
  });
  }

});
```

实例 60　在 Google 地图上更新用户的当前位置

当用户在不断移动时，需要定期更新用户的位置。可以在 Google 地图上显示一个移动的大头针，用它表示用户的当前位置。

使用 Google 地图 API

在本实例中，应用中包含了显示 Google 地图所依赖的库。幸运的是，Google 地图 API 将这个功能的实现变得很简单，首先需要确保在应用页面的头部包含这些依赖文件。

```
<script type="text/javascript" src="http://maps.google.com/maps/api
/js?libraries=geometry,places&amp;sensor=false"></script>
```

然后需要一个空的 div 对象包含地图：

```
<div id="map"></div>
```

在页面上显示地图需要设置 HTML 元素的引用，再创建一个配置对象 configObj，并且将它们作为参数传入 Google map 实例化对象中：

```
var configObj = {
        zoom:15,
        center:latlng,
        mapTypeControl:false,
        navigationControlOptions:{
            style:google.maps.Navigation Controlstyle.SMALL},
            myType Id:google.maps.MapType Id.ROADMAP
```

HTML5 敏捷实践

```
                    };

                    var map = new google.maps.Map(document.getElement
                    ById("map"),configObj);
```

图 7-6 显示了结果。

如果你不熟悉这种编程方式，也不用担心，`configobj` 对象的属性是可选的，并且
可配置的。完整的 API 引用可以参考在线文档（*https://developers.google.com/maps/*）。

图 7-6　通过 Google 的地理编码 API 反向编码当前位置

这样就实现了一个可以运行的 Google 地图，现在开始更新地图上的大头针。我们通过 getCurrentPosition() 来确定当前位置。

```
if (navigator.geolocation) {
  navigator.geolocation.getCurrentPosition(success, error)
} else {
  error('not supported');
}
```

用定时器更新当前位置

能够自动更新的应用明显会为用户带来好处，当用户移动位置时不需要手动更新位置。

为了实现自动更新，我们创建一个调用 navigator.geolocation. watchPosition() 方法的定时器。这个方法会在用户位置发生变化，或者设备更新了准确度时执行 success 回调函数。

```
var positionTimer = navigator.geolocation.watchPosition(
function(position){

    updateMarker(
        marker,
        position.coords.latitude,
        position.coords.longitude
    );
}
);
```

最后，调用 updateMarker()，实际上是调用 Google 地图 API 的 setPosition() 方法：

```
function updateMarker(pin, lat, long){
    pin.setPosition(
        new google.maps.LatLng(
            lat,
            long
        )
        );
}
```

改进地图

其他所有内容，包括 Google 地图的代码都包含在 success 回调函数中。当用户允许获取他们的位置信息时，服务就会返回经纬度。

success 回调函数包含 position 属性，可以从中获取经纬度，并将它们传入 Google 地图 API 的 LatLng() 方法中：

```
var latlng = new google.maps.LatLng(position.coords.latitude,
  position.coords.longitude);
```

现在创建一个简单的标识。map 属性是对之前用来存储 Map 对象的 HTML 内部变量的引用。

```
marker = new google.maps.Marker({
  position:latlng,
  map:map,
  title:"Html5   Hacks!"
});
```

下面这些代码可以在地图上显示表示当前位置的大头针（确保尝试过多个 radius 值）。完成这些之后，还可以将当前位置显示在地图的中间。

```
var circle = new google.maps.Circle({
  map:map,
  radius:300
});

circle.bindTo('center', marker, 'position');

map.setCenter(
 new google.maps.LatLng(
   position.coords.latitude,
   position.coords.longitude
 )
);
```

图 7-7 显示了最终效果。

图 7-7 在大头针周围显示半径

提高精确度

在本章引言中列出了几种技术（公共 IP 地址的位置、手机信号塔三角测量、GPS、WiFi /蓝牙 MAC 地址和信号强度），可以用它们向位置信息服务器提供用户的大概位置。

如果使用默认的设置调用 `getCurrentPosition()` 方法，通常会使用最快速的服务,但不会得到高精度的结果。最常见的例子是智能手机先使用 IP 地址定位,后使用 GPS 来定位。我们都知道 IP 地址定位非常不准确。

利用 enableHighAccuracy 属性可以让我们获得精确结果的应用。但这可能返回很慢并且耗电。用户也可能禁止这个功能,设备也可能无法提供比默认结果更精确的结果。

节约电量和带宽

提供 enableHighAccuracy 的初衷是让开发者避免使用耗电的 GPS 功能,虽然它能够提高精确度,但也有缺点。很多时候,需要权衡精确度和资源消耗。

还有一些属性是设计应用时的次要影响因素,如下。

maximumAge

之前位置响应的最大寿命,单位毫秒,设备会缓存位置响应来节约电量和带宽。

timeout

设备重新获取位置信息的最大时间间隔,单位毫秒。

实例 61 使用 Geoloqi 服务构建地理围栏

通过 Geoloqi 服务,可以在用户进入、位于、离开地理围栏时向用户发送信息或者执行任务。使用 Geoloqi JavaScript SDK 可以构建一个位置感知应用,允许用户构建地理围栏。

本实例将构建一个简单的地理围栏(*geofence*),即真实地理区域的虚拟边界。[2]我们将前往德克萨斯州奥斯汀市区的一个有名场所来完成它。

构建地理围栏

当我们从一个场所移动到下一个的时候,我们会标记它并且将位置传送到 Geoloqi 服务器存储起来。

注2: *http://en.wikipedia.org/wiki/Geo-fence*

为了演示这些围栏，我们会重走那些路径，发送请求获取最近标记的位置。当我们返回标记的位置时，Geoloqi 服务会执行必要的逻辑来判断存储的位置中与当前位置最接近是哪个。

这只是 Geoloqi API 功能的一小部分，关于所有功能的讨论超出了本书的范围。希望这些亮点可以激起你使用这个服务开发应用的热情。你可以在线获取完整的 API 文档（*https://developers.geoloqi.com/api*）。

开始

首先需要在 geoloqi.com 创建一个账号。登录后就创建了一个新的应用（如图 7-8 所示）。

浏览器会跳转到一个包含客户端 ID、客户端密码、应用访问令牌的页面（如图 7-9 所示）。

有了这些信息之后，就可以开始构建自己的应用了。

构建地理围栏应用

我们从构建 jQuery Mobile 表单开始（更多关于 jQuery Mobile 依赖库的信息请看实例 58）。

一旦有了 jQuery Mobile 依赖之后，我们就会在页面上包含如下表单：

```
<form>
 <fieldset>
  <h2>New Location</h2>


  <input type="text" name="name" value="">


  <button type="submit" class="btn btn-primary">Save</button>
  <button onclick="getLastLocation(); return false" class="btn">
   Get Last Location
  </button>
  <button onclick="getNearbyLocation();return false" class="btn">
   Get Nearby Location
  </button>


 </fieldset>
</form>
```

图 7-8　创建新应用

这个表单有三个主要用途。`Type = "submit"`的提交按钮会通过调用`addLocation()`函数将新的位置信息提交到 Geoloqi 服务。第二个按钮返回用户添加的最后一个位置。第三个按钮返回离当前位置最近的位置。

为了实现页面所必需的 HTML 标记，需要为动态更新的界面包含如下占位符：

图 7-9　查看应用

```
<span id="lastLocation">...</span>

<span id="nearbyLocation">...</span>
```

调用 Geoloqi API

为了访问 Geoloqi API，首先需要在应用页面上包含 Geoloqi JavaScript API。

```
<script type="text/javascript"
src="http://api.geoloqi.com/js/geoloqi.min.js"></script>
```

还需要初始化 Geoloqi 库，将之前在 geoloqi.com 创建应用时得到的 `access_token` 传入其中。

```
geoloqi.init();
geoloqi.auth = {
    'access_token':'142b6-cfb41aaca58aed5f73b58085e1ff21cf6ae0c9a7'};
```

之后，调用 `navigator.geo location.getCurrentPosition()`方法（这在本章的其他实例中也用过，如果需要可以回顾这些实例的内容）。下面是相关的要点：

```
Geo = {};
if (navigator.geolocation) {
    navigator.geolocation.getCurrentPosition(success, error);
}


// 获取经纬度
function success(position) {
    Geo.lat = position.coords.latitude;
    Geo.lng = position.coords.longitude;
}


function error(){
    console.log("GeoLocation failed");
}
```

现在，我们开始构建事件处理器。

首先，创建一个函数接收 `navigator.geolocation.getCurrentPosition()` 返回的坐标，并存储在 Geoloqi 中：

```
function addLocation() {
  geoloqi.post("place/create", {
    latitude:Geo.lat,
    longitude:Geo.lng,
    radius:100,
    name:"Lavaca Street Bar"
  }, function(response, error){
      console.log(response, error)
  });
}
```

然后创建 `getLastLocation()`方法，用来接收最后进入的位置：

```
function getLastLocation() {
    geoloqi.get('place/list', function(result, error) {
        $('#lastLocation').html(result.places[0].name);
    });
}
```

接下来，使用如下方法来获取地理围栏中最近的位置：

```
function getNearbyLocation() {
    geoloqi.get('place/nearby', {
        latitude:Geo.lat,
        longitude:Geo.lng,
        radius:100
    }, function(result, error){
        $('#nearbyLocation').html(result.nearby[0].name);
    });
}
```

最后，为了设置一个触发事件（例如 SMS 消息或者推送的通知）和一个调用的位置，我们创建一个名为 *geonote* 的对象，当用户进入 100 码范围内的位置时就会调用该对象。在 addLocation()方法中，我们将 post 从 place 改为 geonote：

```
function addLocation() {
    geoloqi.post("geonote/create", {
        latitude:Geo.lat,
        longitude:Geo.lng,
        radius:100,
        name:"You are getting close to Lavaca Street Bar"
    }, function(response, error){
        console.log(response, error)
    });

}
```

现在当我们处在奥斯汀市区喜欢的场所时就会收到一条信息。

最终产品如下：

```
geoloqi.init();
geoloqi.auth={'access_token':'142b6-... ae0c9a7'};
Geo = {};

if (navigator.geolocation) {
    navigator.geolocation.getCurrentPosition(success, error);
}
```

```
// 获取经纬度;
function success(position) {
    Geo.lat = position.coords.latitude;
    Geo.lng = position.coords.longitude;
}


function error(){
    console.log("GeoLocation failed");
}


function getLastLocation() {
  geoloqi.get('place/list', function(result, error) {
    $('#lastLocation').html(result.places[0].name);
  });
}


function addLocation() {
    geoloqi.post("geonote/create", {
    latitude:Geo.lat,
    longitude:Geo.lng,
    radius:100,
    name:"You are getting close to Lavaca Street Bar"
  }, function(response, error){
      console.log(response, error)
  });
}

function getNearbyLocation() {
  geoloqi.get('place/nearby', {
    latitude:Geo.lat,
    longitude:Geo.lng,
    radius:100
  }, function(result, error){
      $('#nearbyLocation').html(result.nearby[0].name);
  });
}
```

这只是使用地理位置 API 和 Geoloqi 服务能实现的一个很小的功能。现在，用这些灵感来构建更好的应用吧！

使用 Geoloqi 实时流服务来广播远程用户的移动

地理位置 API 和 Geoloqi Websockets 服务的结合为开发者创造新的应用提供了可能。WebSocket 协议是全双工的，双向数据传输允许更新远程用户在地图上的位置。

WebSocket 协议会在服务器端和客户端之间创建一个单一的、持久的 TCP 连接，允许双向传递信息，而不需要包含 HTTP 头信息和 cookies。在本实例中，将使用这个轻型的协议将用户的位置信息传回服务器。

更多关于 WebSocket 协议的内容，请看第 9 章，那一章专门讨论了下一代 HTTP 连接协议。

Geoloqi 实时流服务

Geoloqi 实时流服务通过 Node.js 和 Socket.IO 来实现。Socket.IO 为不同浏览器的实时数据传输机制提供了统一的接口。如果浏览器不支持 WebSocket 协议，它会回退，以获得以下传输机制之一的支持：

- Adobe Flash Socket
- Ajax long polling
- Ajax multipart streaming
- Forever iFrame
- JSON polling

更多关于 Socket.IO 的详情请看实例 76。

在页面上添加 Geoloqi JavaScript SDK 与添加一个 script 标签一样简单：

```
<script type="text/javascript"
src="https://subscribe.geoloqi.com/socket.io/socket.io.js"></script>

<script type="text/javascript"
src="http://api.geoloqi.com/js/geoloqi.min.js"></script>
```

现在使用 Geoloqi 测试账号公有令牌。在完成开发之后将测试公有令牌换成真实的令牌。

```
window.onload = function () {
  var trip = new geoloqi.Socket('trip', 'TQ4ew3Z');


  trip.events.location = function(location) {
    console.log(location);
  }


  trip.events.disconnect = function() {
    console.log('trip socket disconnected');
  }

  trip.start();
}
```

当我们打开控制台时，可以看到控制台记录的对象信息（如图 7-10 所示）。

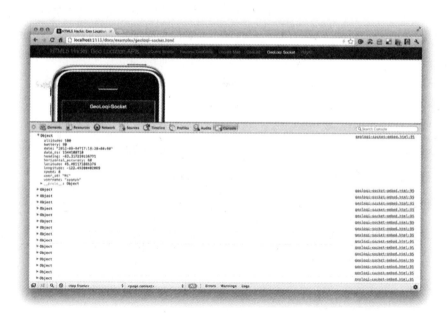

图 7-10　在 Google Chrome 开发者控制台中查看 Geoloqi 移动事件对象

这些对象包含了使用公有令牌的用户获取的位置信息。

首先将 `id = "map"` 的 div 元素包含进来：

```
<div id="map"></div>
```

现在让我们添加 Google 地图来显示用户的当前位置。在 实例 60 中已经讨论了 Google 地图 API 的细节，在本实例中，我们仍然使用简单的地图。创建一个新的地图，将它传入 Geoloqi Maps API 的 `setDefault()` 方法中：

```
window.onload = function () {


        map = new google.maps.Map(document.getElementById('map'), {
          zoom:10,
          center:new google.maps.LatLng(0, 0),
          mapTypeId:google.maps.MapTypeId.ROADMAP
        });


        geoloqi.maps.setDefault(map);


    }
```

现在已经完成了地图部分，需要像之前例子一样创建新的 socket。仍然使用测试账号来初始化一个新的 `geoloqi.Socket`，它接收 Socket 类型参数，可以是 `trip` 或者 `group`。`group` 类型允许开发者使用 group 令牌为一组用户订阅一个位置的更新。

现在，使用 `trip` 令牌查看一个用户：

```
var remoteUser = null;

var sckt = new geoloqi.Socket('trip', 'TQ4ew3Z');

sckt.events.location = function(location) {

if(remoteUser === null) {
    remoteUser = geoloqi.maps.pins.Basic(
{position:new google.maps.LatLng(
      location.latitude,
      location.longitude)
  });
}

remoteUser.moveTo(new google.maps.LatLng(
  location.latitude,
  location.longitude),
```

HTML5 敏捷实践

```
    true);
    }

    sckt.start();

}
```

现在可以看到大头针在地图上实时移动,与跟踪的远程用户的位置同步。你可以
自己创建一个账号替换 trip 令牌。最终效果如图 7-11 所示。

图 7-11　实时更新的表示远程用户移动的 Google 地图大头针

要了解更多关于 Geoloqi.socket 流的信息，请访问 API 文档 *https://developers.geoloqi.com/api*。

实例 63 使用 Webshims 模拟地理位置 API

很多时候，网页应用开发者需要跨浏览器支持应用中的功能。地理位置 API 在 IE 8 和之前版本的浏览器中都没有被原生支持，但是可以用模拟的方式实现，例如使用 webshims 来实现。

本书包含了很多模拟实例。模拟方式解决的概览请看实例 55 中的介绍。在本实例中，我假设你已经熟悉了 Modernizr 和 YepNope.js。

首先包含依赖的库：

```
<script src="http://code.jquery.com/jquery-1.7.1.min.js"></script>

<script src="js/modernizr.js"></script>

<script src="js/yepnope.js"></script>
```

获取位置坐标后构建一些基础标记：

```
<div class="geo-coords">
    GeoLocation:<span id="Lat">lat:...</span>°,
                <span id="Long">long:...</span>°
</div>
```

现在包含 yepnope 脚本加载器，它通过使用 Modernizr.geolocation 属性来测试浏览器是否支持地理位置 API。如果 nope 调用返回为真，yepnope 会动态地从 webshims 库中加载 *polyfiller.js* 文件，为浏览器提供地理定位支持。

当完成时，会调用回调函数。通过弹出模拟库 url 的弹出框来测试这些状态：

```
yepnope({


    test:Modernizr.geolocation,
    nope:['../../js/polyfiller.js'],


    callback:function (url, result, key) {
```

```
            // 测试 yepnope 加载器
            alert(url);
        }
    });
```

当我们刷新一个不支持地理定位的浏览器时，例如 IE8 或之前版本，会看到弹出框。

现在将它替换成 webshims 脚本。

首先设置一个选项 confirmText 来设置显示给用户的信息。然后调用 polyfill() 并且传入需要添加的功能。在本实例中，只添加地理定位功能。

现在调用 navigator.geolocation.getCurrentPosition() 并且传入 success 和 error 回调对象：

```
$.webshims.setOptions({
    geolocation:{
        confirmText:'obtaining your location.
    }
});
// 加载所有 polyfill 特性
$.webshims.polyfill('geolocation');


$.webshims.polyfill();


$(function() {


    var Geo={};


    function populateHeader(lat, lng){
        $('#Lat').html(lat);
        $('#Long').html(lng);
    }


    // 获取经度和纬度;
    function success(position) {
        Geo.lat = position.coords.latitude;
        Geo.lng = position.coords.longitude;
        populateHeader(Geo.lat, Geo.lng);
    }


    function error(){
        console.log("Geocoder failed");
```

```
    }
    navigator.geolocation.getCurrentPosition(success, error);

});
```

下面是完整的例子:

```
yepnope({
    test:Modernizr.geolocation,
    nope:['../../js/polyfiller.js'],


    callback:function (url, result, key) {
      $.webshims.setOptions({
          waitReady:false,
          geolocation:{
              confirmText:'{location} wants to know your position.
          }
      });

    // 加载所有 polyfill 特性
    $.webshims.polyfill('geolocation);

    $.webshims.polyfill();

    $(function() {

      var Geo={};

      function populateHeader(lat, lng){
          $('#Lat').html(lat);
          $('#Long').html(lng);
      }


      // 获取经度和纬度;
```

```
function success(position) {
    Geo.lat = position.coords.latitude;
    Geo.lng = position.coords.longitude;
    populateHeader(Geo.lat, Geo.lng);
}

function error(){
    console.log("Geocoder failed");
}

if (navigator.geolocation) {
        navigator.geolocation.getCurrentPosition(success, error);
    }
});
}
});
```

第8章

WebWorker API

WebWorker API 提供了一组在后台线程中执行脚本的简单方法。Web worker 是从浏览器主窗口调用的，但却是独立、并行执行的。当主线程产生一个工作线程的时候，工作线程可以通过事先定义好的事件处理器向主线程发送消息。数据是序列化的，不是通过复制的，因为它需要在线程间传递。这是需要注意的一点，因为使用过多的工作线程的设计会带来性能问题。

Web worker 的优点是可以不影响主窗口用户界面上的脚本的执行，但这也不是没有限制。Web worker 可以有限地访问核心 JavaScript，且不能访问 DOM。

但是，可以通过 **XMLHttpRequest** 对象执行 I/O 操作，甚至导入第三方脚本，相关内容可以参看实例 68。

Web worker 分为三种类型：内联、专有和共享。采用共享工作线程的浏览器很少，所以之后的实例主要关注简单的专有工作线程。

实例 69 是本章的最后一个实例，从中可以看到共享工作线程允许多个浏览器窗口和一个工作线程之间通信。

为什么 Web worker 对于网页应用开发者这么重要？这和浏览器如何执行 JavaScript 相关。

浏览器如何执行 JavaScript

JavaScript 和浏览器界面的其他操作运行在同一个线程上，它像解释器那样从事件队列中取出需要执行的事件，然后在事件处理器中执行。所有事件处理器共享这个队列，处理所有的用户交互操作。在实例 65 中，将会对比数组操作在主线程和独立线程中执行的性能差异。如果你还不理解将工作分发给工作线程的好处，实例 64 将进行清晰的演示。

随着 JavaScript 代码量的增长，越来越多的代码需要执行，越来越多的操作被阻塞，直到浏览器弹出不响应的警告提示。

你有多少次看到类似图 8-1 那样的窗口？提示页面上的一些代码执行时间过长，并且浏览器完全不响应。

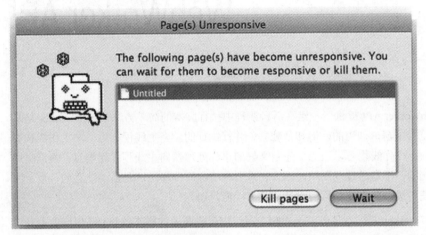

图 8-1　Google Chrome 脚本不响应的提示

什么因素可能导致浏览器不响应呢？下面是一些非常常见的例子，有些会在之后的实例中涉及：

- 处理大数组或者 JSON 响应

- 预加载和/或者缓存数据以备使用

- 分析视频或者音频数据

- 轮询网络服务的请求

- Canvas 中的图片过滤效果

- 更新本地存储数据库中的很多行

- 加密/解密一个长字符串

　　　　　　　　　　　　　　　　　　　　　　HTML5 敏捷实践

使用 BlobBuilder 界面创建内联工作线程

开发者有时候需要将脚本和标记语言包含在 HTML 文件中。如果需要，可以使用 BlobBuilder 创建内联的工作线程。本实例将会讨论如何解析批量获取的 Facebook 数据。

正如在本章介绍中提到的那样，有三种 Web worker：内联、专有和共享。本实例通过 BlobBuilder 创建内联 Web worker。我们已经在第 6 章的实例 53 中介绍了 Blob。

内联工作线程和专有工作线程、共享工作线程不同，它不需要外部脚本维护。内联工作线程在开发者需要创建自包含页面的时候很有用。通过 BlobBuilder 接口，可以在 HTML 文件中"内联"工作线程。在主逻辑中创建 Blob 构建器，将工作线程的代码附在其后。

理解 Blob 的最好的方式是把它想象为一个 DOM 文件。BlobBuilder 接口提供了构建 Blob 对象的直观方式。如果熟悉 getter 和 setter，就很容易理解这个 API。只需要创建一个 BlobBuilder 对象，然后将数据通过 append() 方法设置给它。这样就可以使用 getBlob() 方法获取整个包含数据的 Blob。

先设置脚本类型为 JavaScript/worker，这样 JavaScript 解释器就不会解析它：

```
<script id="worker1" type="JavaScript/worker">
    self.onmessage = function(event) {

        var jsonText = event.data;
        //解析结构

        var jsonData = JSON.parse(jsonText);


        //返回结果
        //遍历数据并且返回包含 band 名称和被讨论次数的对象
        self.postMessage(jsonData);
    }
</script>
```

Facebook Graph API 和批量查询

很多时候，即使不能将很多请求合并为一个请求，也希望尽量减少应用的 HTTP 请求数。在本实例中，将从一个类型的很多 bands 的粉丝页面中获取数据。我们关心的是 `talking_about_count` 属性，它表示 Facebook 粉丝页面的成功程度。应用中关心所选类型 bands 的被谈论量。

`talking_about_count` 属性通过以下用户行为计算：

- 页面的喜欢数量
- 页面上的发帖量
- 页面上的评论量
- 页面更新状态的分享量
- 页面发布的问题的回复量
- 一个页面活动的 RSVP
- 页面被提到的数量
- 照片上对页面的标注
- 签到的喜欢和分享量
- 一个地方的签到量

有一定的概念了吧。我们准备使用这些数据来进行计算。通过这些数据能获取的信息很多，在本实例中只使用特定的属性，创建一个无序列表，更新到界面上。

将批量请求合并为一个请求

我们希望针对移动浏览器优化，也希望在本地缓存数据。因此我们使用 Facebook GraphAPI 批量功能通过一个请求获取需要的所有数据（如图 8-2 所示）。

Facebook 的批量功能允许将多个操作合并为一个 HTTP 请求。也可以为"相关操作"指定依赖。Facebook 会并行执行"互不相关操作"，顺序执行"相关操作"。当所有操作完成后，会返回一个统一的请求结果，然后关闭 HTTP 连接。

HTML5 敏捷实践

图 8-2　Facebook Graph API 的批量功能

构建 Blob

首先，从内联工作线程中获取内容，附加到 Blob 上。我们使用如下针对特定浏览器的方法：

```
var bb = new (window.BlobBuilder || window.WebKitBlobBuilder ||
window.MozBlobBuilder )();
```

然后，通过 querySelector() 方法和元素的 textContent 属性获取内容：

```
bb.append(document.querySelector('#worker1').textContent);
```

最后，创建 blobURL 和一个工作线程。这里工作线程获取的参数实际上是那段脚本的引用。参数使用 createObjectURL() 方法为之前的 Blob 创建 URL。

```
var objUrl = (window.webkitURL || window.URL);
var worker = new Worker(objUrl.createObjectURL(bb.getBlob()));
```

从 Facebook Graph API 获取数据

现在通过调用公开的 Facebook Graph API 获取数据。首先设置 URL，确保
callback 参数值为 "?" 来克服 JSONP 的跨域问题（更多关于 JSONP 的内容
请看实例 68）：

```
var url = "https://graph.facebook.com/?ids=TheFlecktones,
umphreysmcgee,SpearheadRecords&callback=?";
```

然后使用 jQuery 中的.getJSON()方法创建 XMLHttpRequest 对象，序列化响
应，并把它传递给工作线程。通过调用 worker.postMessage() 方法我们实现
了将解析操作和数据从主线程分发给工作线程的目的。

```
$.getJSON(url, function(json) {
console.log(json)
data = JSON.stringify(json);
worker.postMessage(data); //启用工作线程
});
```

如果你使用的浏览器是 Google Chrome 或者 Safari，可以打开控制台（如图 8-3
所示）。

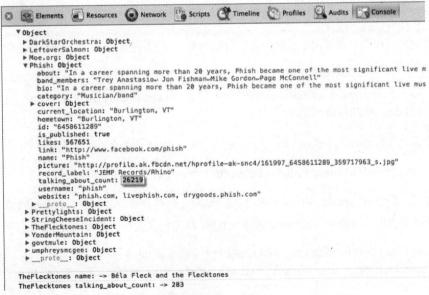

图 8-3　Facebook Graph API 的批量功能

接下来更新工作线程的逻辑，处理数据。应用需要进行多次操作，所以首先创建一个新的数组，包含对象的两个属性：name 和 `talking_about_count`。

```
var arr = new Array();
for (var key in jsonData) {
  if (jsonData.hasOwnProperty(key)) {
    arr.push({ "name":jsonData[key].name,
            "count":jsonData[key].talking_about_count
  });
  }
}
```

通过创建一个简单的 `compare()` 函数对数组排序，我们可以将 JavaScript 原生的 sort 方法传递给该函数。这样，结果就会按降序排序了。

```
function compare(a,b) {
  if (a.count < b.count)
    return 1;
  if (a.count > b.count)
    return -1;
  return 0;
}


var newarr = arr.sort(compare);
```

最后，工作线程的代码如下：

```
<script id="worker1" type="JavaScript/worker">


self.onmessage = function(event) {
  var jsonText = event.data;
  var jsonData = JSON.parse(jsonText);


  var arr = new Array();
  for (var key in jsonData) {
    if (jsonData.hasOwnProperty(key)) {
      arr.push({ "name":jsonData[key].name, "count":
jsonData[key].talking_about_count});
    }
  }


  function compare(a,b) {
    if (a.count < b.count)
      return 1;
```

```
    if (a.count > b.count)
        return -1;
    return 0;
}

var newarr = arr.sort(compare);


//返回结果
self.postMessage(newarr);
    }


</script>
```

现在可以设置一个监听器,监听从工作线程返回的信息。当接收到工作线程返回的数据后,立刻更新界面。首先,从控制台查看一下数据。可以看到数据现在很小,只包含 `name` 和 `talking_about_count` 属性,并且是按 `talking_about_count` 降序排序的。

```
worker.onmessage = function(event){

//JSON 结构被传回
  var jsonData = event.data;
    console.log(jsonData);

};
```

让我们再从控制台查看一下数据(如图 8-4 所示)。

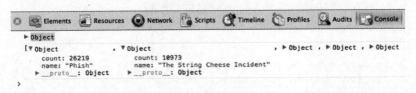

图 8-4   在控制台查看 Facebook JSONP 数据

主线程的 `onmessage()` 函数将 Facebook 返回的数据更新到界面上。可以使用 jQuery 将列表附加到界面上:

```
var list = $('<ul>').attr('class','list');
    $("#status").append(list);
```

```
for (var i = 0; i < newarr.length; i++) {
    var listitem = $('<li>').attr('class','listitem')
.text(newarr[i].name + " :" + newarr[i].count)
    $("#status > ul").append(listitem);
};
```

图 8-5 显示了结果。

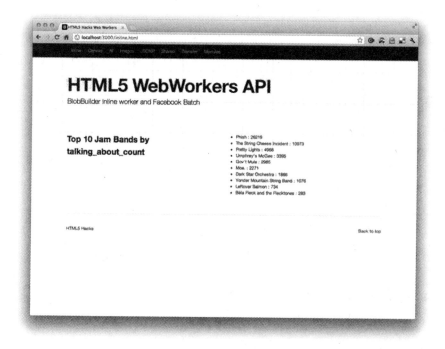

图 8-5　按 talking_about_count 排序的 Jam Bands 前十名

实例 65　在专有工作线程中执行昂贵的数组操作

专有的工作线程很适合做昂贵的操作，例如处理数组。在本实例中，我们将耗费资源的计算移出主线程，同时可以不影响 canvas 动画的交互。

为了解释 Web worker 的优点，我们需要虚构一个昂贵的操作，创建一个使用动画的界面，让用户平滑地操作。

我们通过操作数组的数据实现昂贵操作部分；创建一个简单的用户可以操作的弹球动画实现动画部分。

然后提供一个简单的界面测试，它提供了在 Web worker 内部或外部进行昂贵数组操作的工具。这个测试关注用户体验，我们不输出代码的性能数据，而是依靠直觉来确定哪种方案性能更好。

昂贵的计算操作

首先创建一个函数，用它处理数组数据：输入两个大的整数，输出一个包含这两个数字的所有组合的二维数组。对于比较小的数字，这个计算在流行的浏览器的 Web worker 中或者在主线程中执行的速度差不多。但是随着输入整数的数值增大，界面和 canvas 动画开始变慢甚至停滞。

我们在 process() 函数内部处理计算。脚本执行完后，我们用 textarea 的 id 访问标记的元素，并将它传递给 "PROCESSING COMPLETE"，同时将文本框背景改为红色，用来提示数组处理已完成。

```
function process() {


    console.log("WITHOUT WORKER")
    var r = $('select#row').val();
    var c = $('select#col').val();

    var a = new Array(r);


    for (var i = 0; i < r; i++) {
        a[i] = new Array(c);


        for (var j = 0; j < c; j++) {
            a[i][j] = "[" + i + "," + j + "]";
        }
    }

    var complete = "PROCESSING COMPLETE";
    $('#textarea').text(complete);
    $('#textarea').css({'background-color':'#BF3831',
'color':'#fff'});


    };
```

还需要创建一个简单的界面用来演示工作进程测试。首先创建一个选择框，设置用以计算的值。其中一个选择框触发 process() 函数，另外一个触发 processWorker() 函数，在工作线程内执行同样的计算（更多关于 processWorker() 函数的内容会在后边涉及）。然后，添加一个之前执行脚本的 textarea。

```html
<form class="form-horizontal">
  <fieldset>


    <div class="control-group">
      <label class="control-label"
 for="select01">Select Row Value</label>
      <div class="controls">
        <select id="row">
          <option>choose a value</option>
          <option>1000</option>
          <option>2000</option>
          <option>3000</option>
          <option>4000</option>
        </select>
      </div>
    </div>


    <div class="control-group">
      <label class="control-label" for="select01">
Select Column Value</label>
      <div class="controls">
        <select id="col">
          <option>choose a value</option>
          <option>1000</option>
          <option>2000</option>
          <option>3000</option>
          <option>4000</option>
        </select>
      </div>
    </div>


    <div class="control-group">

      <label class="control-label" for="textarea">
Output</label>
      <div class="controls">
        <textarea class="input-xlarge" id="textarea"
rows="1"></textarea>

      </div>
```

```
                </div>

                <div class="control-group">
                  <label class="control-label" for="textarea">
Process</label>
                  <div class="controls">
                    <button id="worker" class="btn-small
btn-danger" href="#">With Web Worker</button>
                    <button id="non-worker" class="btn-small
btn-primary" href="#">Without Web Worker</button>
                  </div>
                </div>
              </fieldset>
            </form>
```

图 8-6 显示了结果。

图 8-6 构建基础界面

HTML5 敏捷实践

我们还需要使用 jQuery 添加监听选择框点击事件的监听器。选择框的事件处理器会分别执行 process() 和 processWorker()。最后，添加 init() 函数监听窗口加载事件并开始执行脚本。

```javascript
function init() {


    $('#worker').click(function() {
        var complete = "PROCESSING WITH WEB WORKER";
        $('#textarea').text(complete);
        processWorker();
    });


    $('#non-worker').click(function() {
        var complete = "PROCESSING WITHOUT WEB WORKER";
        $('#textarea').text(complete);
        process();
    });
}

window.onload = init;
```

弹球 canvas 动画

我们来构建 canvas 动画：使用修改过的 Eric Rowell 提供的 canvas 动画 (*http://www.html5canvastutorials.com/labs/html5-canvas-google-bouncing-balls/*)。现在只需要一个可以交互的动画。

首先，为 canvas 元素添加一些样式：

```html
<style type="text/css">
    #canvas {
        width:575px;
        height:300px;
        background-color:#000;
        cursor:pointer;
    }
    #myCanvas {
        border:1px solid #9C9898;
    }


    .thing {
        position:absolute;
    }
```

```
.dying {
    color:#ff0000;
    font-weight:bold;
}
```

`</style>`

接下来创建逻辑脚本。我们在此不讨论 Eric 提供的动画代码，你可以从 *https://github.com/html5hacks/chapter8* 获取这些源码。

现在实现了完整的可执行的演示。当增加选择框的输入值并且点击 Without Web Worker 按钮时（如图 8-7 所示），可以看到弹球动画越来越慢。

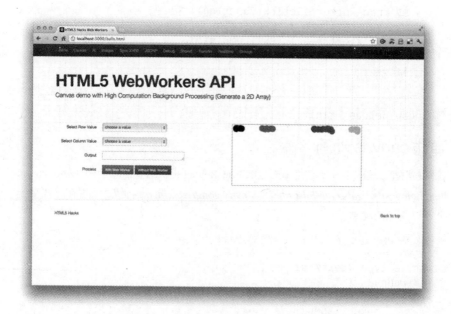

图 8-7　增加 canvas 动画

```
function processWorker() {

    console.log("WORKER")
    var r = $('select#row').val();
    var c = $('select#col').val();


    var worker = new Worker('assets/js/demojs/twoDarray-worker.js');
    var message = {
        "compfn":"create2Darray",
        "rowValue":r,
        "colValue":c
    }


    worker.postMessage(JSON.stringify(message));
    worker.onmessage = function (event) {
        // 在结果 div 中打印数组结果
        // var data = event.data
        // 在附加到 DOM 之前一定要先转化为字符串
        // console.log('data has returned as:' + typeof data
+ ' ...time to stringify and append to DOM');

        var complete = "PROCESSING COMPLETE";
        $('#textarea').text(complete);
        $('#textarea').css({'background-color':'#BF3831',
'color':'#fff'});
    };
};
```

创建专有的 Web Worker

WebWorker API 设计得很直接，并且易用。

首先从选择框获取值，将它们保存为变量 r 和 c。然后在 Worker 类上使用 new 操作符创建一个新的 web worker，并且传入执行 worker 脚本的 URL。

```
function processWorker() {

    console.log("WORKER")
    var r = $('select#row').val();
    var c = $('select#col').val();


    var worker = new Worker('assets/js/demojs/twoDarray-worker.js');


    ...
```

接下来创建一个对象，将它传入工作线程。之后就会看到，工作线程会被组织成一个包含很多方法的库。这个库是一个配置对象，包含 `compfn` 属性，告诉工作线程如何解析数据。然后我们通过 `postMessage()` 将数据传送给工作线程。

```
var message = {
    "compfn":"create2Darray",
    "rowValue": r,
    "colValue": c
}
```

在将数据传送给工作线程之前还需要序列化。可以使用 `JSON.stringify()` 方法实现数据的序列化。

```
worker.postMessage(JSON.stringify(message));
```

在构建工作线程之前，让我们先完成主线程的工作，设置一个监听器监听工作线程返回的消息。

这里，我们并不关心返回的数据，只需要关心回调函数是否被执行，被执行则表明处理已经完成。

```
worker.onmessage = function (event) {
    var complete = "PROCESSING COMPLETE";
    $('#textarea').text(complete);
    $('#textarea').css({'background-color':'#BF3831',
'color':'#fff'});
};
```

下面是完整的使用 WebWorker API 的处理函数：

```
function processWorker() {


    console.log("WORKER")
    var r = $('select#row').val();
    var c = $('select#col').val();


    var worker = new Worker('assets/js/demojs/twoDarray-worker.js');
    var message = {
        "compfn":"create2Darray",
        "rowValue":r,
        "colValue":c
    }


    worker.postMessage(JSON.stringify(message));
    worker.onmessage = function (event) {
        var complete = "PROCESSING COMPLETE";
        $('#textarea').text(complete);
```

HTML5 敏捷实践

```
            $('#textarea').css({'background-color':'#BF3831',
'color':'#fff'});
        };
    };
```

现在构建工作线程的脚本。之前我说过可以将脚本构建为一个库，将 compfn()
的功能划分为库中不同的方法。为了符合惯例，我们将 Computations 变量的
首字母大写，表示它是一个 JavaScript 伪类。

create2darray 是这个库的多个计算方法中的一个。本实例只创建一个方法，
但是理解这种模式对于之后的讨论很重要。

```
Computations = {

  create2Darray:function (data) {

    var r = data.rowValue;
    var c = data.colValue;

    var a = new Array(r);

    for (var i = 0; i < r; i++) {
        a[i] = new Array(c);


        for (var j = 0; j < c; j++) {
            a[i][j] = "[" + i + "," + j + "]";
        }
    }

    return a;
  }
};
```

工作线程库模式的奥秘在于它包含在 onmessage() 监听器内部。可以将函数名
通过方括号语法从主线程传递的 config 对象中取出来。通过名字获取
Computations 类中的方法，将数据的其他部分传入这个函数。

```
self.addEventListener('message', function(e) {

    var message = JSON.parse(e.data)
    computated = Computations[message.compfn](message);
```

```
    self.postMessage(computated);


}, false);
```

最终的完整工作脚本如下：

```
var Computations = {


  create2Darray:function (data) {

    var r = data.rowValue;
    var c = data.colValue;

    var a = new Array(r);

    for (var i = 0; i < r; i++) {
        a[i] = new Array(c);


        for (var j = 0; j < c; j++) {
            a[i][j] = "[" + i + "," + j + "]";
        }
    }

    return a;
  }
};

self.addEventListener('message', function(e) {


    var message = JSON.parse(e.data)
    computated = Computations[message.compfn](message);


    self.postMessage(computated);


}, false);
```

图 8-8 显示了最终效果。

HTML5 敏捷实践

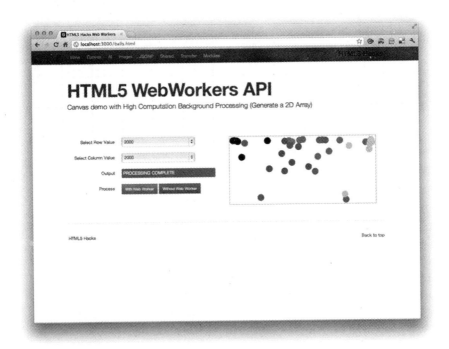

图 8-8 处理完成

实例 66 使用定时器将应用的状态传递给工作线程

定时器和 web worker 的综合使用为富客户端 HTML5 应用的开发提供了更多的可能性。通过定时调用一组函数，可以让应用变得更加智能（通过很基础的实现方式）。虽然这些操作可以在主线程中完成，但是将它们分到独立的工作线程处理更好。

本实例受到了 Angus Croll 的文章 "*web workers vs. the crazy files*"（*http://javascriptweblog.wordpress.com/2010/06/21/web-workers-vs-the-crazy-flies/*）的启发。

这里使用了 Angus 的大部分设计，随着 web worker 数组计算的执行，动画中的苍蝇不断消失（如图 8-9 所示）。我们要实现非常类似的效果，另外还加入了我们喜欢的元素。

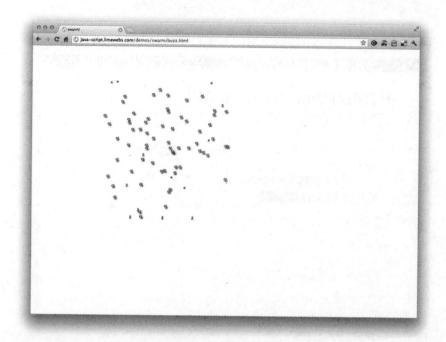

图 8-9 Angus Croll 的疯狂苍蝇

本实例将使用 JavaScript 定时器和随机数生成器这种非常基本的人工智能思想实现基于网页的可视化。

也许有人说这不是人工智能，但是它模拟了人工智能的两大子问题：分区（知道自己处于哪个位置或者找出其他东西的位置）和映射（学习你周围的东西或者建立周围环境的一个映射），如图 8-10 所示。

每次执行这个脚本的结果都不一样，它会经历自己的生命周期：创建数据，使用数据，基于当前数据的状态做决策，最后处理完数据并结束。

除了在浏览器里执行人工智能算法这一核心思想的巨大潜力外，本实例的重要性还表现在两方面：首先，使用定时器定期做 postMessage 请求。其次，使用工作线程库的方式比实例 65 中的方式更加深入。一些高级技术也用在了工作线程库中。

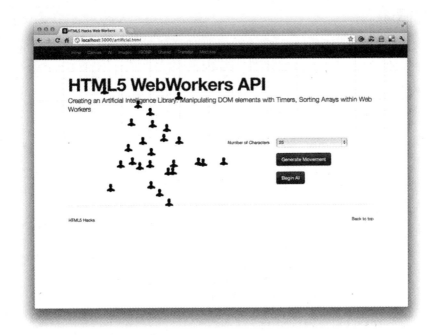

图 8-10　通过用户图标展示分区和映射

为了实现它,首先需要扩展 JavaScript 的核心创建一些工具,然后在 `setInterval()` 方法中调用它。如果你之前不知道柯里化(curry),你会觉得这是一个实用的技巧。

下面是实现这个实例的一些基本要点:

1. 创建工作线程和添加事件监听器。

2. 使 DOM 移动(字符)。

3. 启动快照定时器和抓取界面的状态。

4. 在每个周期内,向工作线程(AI 库)发送界面的状态。

5. 在工作线程内做大量计算(AI 库)。

6. 返回结果给主线程。

7. 更新 DOM 元素。

总体概述

这个实例的基本思路是生成一些显示在 DOM 上的元素。这些元素是用 Thing 对象表示的图标元素，然后将它们附加到<body>标签之后。但是需要先声明一些对象存储这些数据：

```
var things = [], thingMap = {}, elemMap = {};
```

现在，定义一个 Thing 类，在创建新 Thing 的时候调用。Thing 会处理一些不同的属性，可以在之后的构造函数中看到。再创建一个 Thing 对象，名为 createThingElem() 方法，它能创建真正的 DOM 元素，并以 id 为索引存储到 elementMap 对象中。

```
var Thing = function(left, top, id) {
    this.id = id;
    this.minDx = -7; this.maxDx = 7;
    this.minDy = -7; this.maxDy = 7;
    this.x = this.xOld = left;
    this.y = this.yOld = top;
    this.pxTravelled = 7;
    elemMap[id] = createThingElem(left, top);
}
```

下面是用来创建图标的 createThingElem() 函数。可以看到创建的图片元素被附加到文档的 body 之后。

```
var createThingElem = function(left, top) {
    var elem = document.createElement("i");
    elem.innerHTML = "";
    elem.className = "thing user-big";
    document.body.appendChild(elem);
    elem.style.left = this.x;
    elem.style.top = this.y;
    return elem;
}
```

初始化 Thing

我们通过创建 HTML 表单控制整个实例。创建一个选择框，它允许用户选择 Thing 的创建数量。

然后创建一个按钮生成移动。

HTML5 敏捷实践

```
<form class="form-horizontal">
<fieldset>
  <div class="control-group">
    <label class="control-label" for="select01">Number of
    Characters</label>
    <div class="controls">
      <select id="number">
        <option>choose a value</option>
        <option>10</option>
        <option>15</option>
        <option>20</option>
        <option>25</option>
        <option>30</option>
        <option>35</option>
        <option>40</option>
        <option>45</option>
        <option>50</option>
      </select>
    </div>
  </div>
  <div class="control-group">
    <label class="control-label" for="textarea"></label>
    <div class="controls">
        <button id="go" class="btn-large btn-primary" href="#">
Generate Movement</button>
    </div>
  </div>
</fieldset>
</form>
```

现在实现了界面,可以完成一些控制了。为初始化脚本,我们为 Generate Movement
按钮添加一个事件监听器,并添加事件的回调函数 init()。init() 会接收选择
框上设置的值。

```
$('#go').click(function(e) {


    e.preventDefault();
    var num = $('select#number').val();
    var approach = "with worker";
    init(num);

});
```

当 init() 被调用时,会发生两件事。首先,开始在窗口中移动 Thing 图标。其

次，在另一个启动定时器的按钮上设置点击事件监听器。可以将它称为 AI 按钮。现在添加这个按钮：

```
<form class="form-horizontal">
 <fieldset>


   ...


   <div class="control-group">
     <label class="control-label" for="textarea"></label>
     <div class="controls">
       <button id="ai" class="btn-large btn-primary" href="#">
Begin AI</button>
     </div>
   </div>


 </fieldset>
</form>
```

图 8-11 显示了基本的界面。

根据选择框选择的值在 while 循环中移动 Thing。每次循环创建一个 Thing，把它添加到 things 数组，并启动 start 方法。通过设置每个 thing 对象的 id 为 thingMap 的一个属性，将每个 Thing 添加到 thingMap 中。

```
init = function(num) {

    var i = -1;

    while (i++ < num) {
        things[i] = new Thing(400, 300, i);
        things[i].start();
        thingMap[things[i].id] = things[i];
    };


    ...


};
```

start()方法使 DOM 中的图标开始移动。

图 8-11　构建基础界面

```
Thing.prototype.start = function() {
    var thisElem = elemMap[this.id];
    var thing = this;

    var move = function() {
        thing.x = bounded(thing.x +
scaledRandomInt(thing.minDx,thing.maxDx),200,600);
        thing.y = bounded(thing.y +
scaledRandomInt(thing.minDy,thing.maxDy),100,500);
        if (!thing.dead) {
            setTimeout(move, 1);
        }
        thisElem.style.left = thing.x;
        thisElem.style.top = thing.y;
    };
    move();
}
```

现在为另外的 AI 按钮添加事件监听器，启动计时器：

```
init = function(num) {

  ...

  $('#ai').click(function(e) {
  e.preventDefault();
    var intervals = [];
    ...
  });

};
```

我们添加周期性调用这个工作线程的计时器。设置计时器的间隔为 1000 毫秒或者 1 秒。使用 4 个方法处理数据。

```
init = function(num) {

  var i = -1;

  while (i++ < num) {
    things[i] = new Thing(400, 300, i);
    things[i].start();
    thingMap[things[i].id] = things[i];
  };

  $('#ai').click(function(e) {
   e.preventDefault();
    var intervals = [];
    intervals[0] = window.setInterval(invokeWorker.curry(
'updatePaths'),1000);
    intervals[1] = window.setInterval(invokeWorker.curry(
'fireToBelow'),1000),
    intervals[2] = window.setInterval(invokeWorker.curry(
'rocketToSky'),1000);
    intervals[3] = window.setInterval(invokeWorker.curry(
'eradicateSlow'),1000);
  });

};
```

你也许会问，"setInterval 函数内部的 curry 是什么？它起什么作用？"

柯里化（*Currying*）根据传入的参数使用闭包动态创建函数。它是一种非常常见的扩展 JavaScript 函数功能的方式：

```
Function.prototype.curry = function() {
    if (arguments.length<1) {
        return this; //没有需要柯里化的参数，直接返回函数
    }
    var __method = this;
    var args = toArray(arguments);
    return function() {
        return __method.apply(this, args.concat(
toArray(arguments)) );
    }
}
```

柯里化提供了一种方便的模式：写更少的代码、让代码在应用中可以复用。通过查看 invokeWorker() 函数内部，我们可以更好地理解什么是柯里化：

```
var invokeWorker = function(action) {
    // console.log(things)
    worker.postMessage({
        'action':action,
        'things':things
    });
}
```

通过扩展 JavaScript 核心，可以在现有的函数上添加 curry 方法，并且传入一个字符串参数。这个字符串成为 worker 库中的方法的引用（之后会详细阐述。现在只需要知道 invokeWorker 的 action 参数被设为一个字符串变量，然后通过 postMessage() 传递给 worker）。在这个例子中不需要序列化这个对象，因为它是通过对象创建语法创建的。

```
{
    'action':action,
    'things':things
}
```

现在，屏幕上出现了到处移动的图标元素，每个元素都包含一个配置对象。当用户点击事件处理器启动 AI 时，脚本就开始查询这些元素的信息，例如它们的 x、y 坐标，并将这些数据发送给 worker 类库处理。当 worker 类库接收到这些数据时，就开始使用通过 curry 函数传入的 action 函数计算这些数据。图 8-12 显示了执行结果。

图 8-12　生成移动

Worker 类库

正如我们之前讨论的那样，curry 函数通过 `setInterval` 计时器来调用，并且传入在 worker 类库中使用的 action 的引用。这通过在 `invokeWorker()` 方法内创建对象，并将它传递给 worker 的 `postMessage()` API 来实现。

```
var things;
var updates;


// UTILITIES
var scaledRandomInt = function(max, min) {
    return Math.round(min + Math.random()*(max-min));
}


var getDistance = function(x1,x2,y1,y2) {
    return Math.sqrt(Math.pow(Math.abs(x1-x2),2) + Math.pow(
Math.abs(y1-y2),2));
```

```
}


// ACTION 方法
var Actions = {
    fireToBelow:function(){
        var highest = things.sort(function(a, b){
            return a.y - b.y
        });
        updates = {};
        updates.action = 'fireToBelow';
        updates.id = highest[0].id;
        updates.minDy = -2;
        updates.maxDy = 3;
        updates.symbol = '';
        updates.className = 'thing user-fire';
        postMessage(updates);
    },

    rocketToSky:function(){
        var lowest = things.sort(function(a, b){
            return b.y - a.y
        });
        updates = {};
        updates.action = 'rocketToSky';
        updates.id = lowest[0].id;
        updates.minDy = -3;
        updates.maxDy = 2;
        updates.symbol = '';
        updates.className = 'thing user-plane';
        postMessage(updates);
    },

    eradicateSlowest:function(){
        var slowest = things.sort(function(a, b){
            return a.pxTravelled - b.pxTravelled
        });
        updates = {};
        updates.action = 'eradicateSlowest';
        updates.id = slowest[0].id;
        updates.kill = true;
        postMessage(updates);
    },
```

```
    updatePaths:function(){
        for (var i = things.length-1; i; i--) {
            var t = things[i];
            t.pxTravelled += getDistance(t.xOld, t.x, t.yOld, t.y);
            t.xOld = t.x; t.yOld = t.y;
        }
    }
}

onmessage = function(e){
    things = e.data.things;
    Actions[e.data.action]();
}
```

现在 worker 库完成了所需处理，将结果数据返回给主线程。主线程这时正在监听消息。任何新消息都会触发 onmessage() 事件处理函数，进而引发的用户界面更新（如图 8-13 所示）。

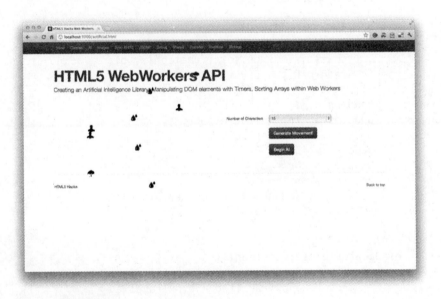

图 8-13　消除的物体

　　　　　　　　　　　　　　　　　　　　　　　　HTML5 敏捷实践

可以看到，worker 类库中的很多方法都是通过操作数组来处理数据的。这种计算很耗费资源，尤其是当数据量增大时。本实例中类库的组织方式清晰且可维护，这是值得我们学习的重要一点。创建新增属性即可为函数添加其他方法。

让类库组织得更好的最后一个方法是 **onmessage()** 监听器的实现方法。其中包含了 **Actions** 对象的引用，它作为一个 JavaScript 单例（**singleton**）类使用。在 JavaScript 中，我们可以创建单例，即使用简单的关联数组的键值对创建的只能初始化一次的类。这种模式看起来像下面这样：

```
var Actions = {
    fireToBelow:function(){
        ...
    },


    rocketToSky:function(){
        ...
    },


    eradicateSlowest:function(){
        ...
    },


    updatePaths:function(){
        ...
    }
}
```

这和 JSON 对象的创建模式相同。

现在我们需要使用数组方括号语法来调用单例类中的方法。需要明白，函数的名字是从主线程传进来的。现在可以只通过 **onmessage()** 处理器来调用类中的所有方法。

```
onmessage = function(e){
    things = e.data.things;
    Actions[e.data.action]();
}
```

实际使用

正如本实例开始时提到的，这个简单脚本的核心理念是为实际使用提供参考。以下是值得参考的思路：

- 离线分析
- 用户跟踪解决方案
- 客户端图片处理
- 后台 XMLHttpRequest
- 后台读/写本地存储

我们会在之后的实例中继续体会这些思路。现在根据自己的想法来创建自己的 worker 类库吧。

实例 67 在独立 Worker 中通过像素操作处理图片数据

Web worker 最实用的使用场景是在客户端处理图片——不需要将数据在远程服务器和客户端之间来回传递。像素操作是为图片增加滤镜效果的常用做法。由于可以直接访问浏览器原生 API 提供的事件，所以开发者可以根据用户的输入应用这些事件。

本实例将在 HTML5 标识图片上应用灰度级滤镜。滤镜是通过浏览器的原生事件来启用的，是基于位置数据来配置的。位置数据为鼠标光标的 x 坐标，原生事件为鼠标的 mouseover 事件。当鼠标从左向右划过 HTML 标识图片时数值变小，当从右向左划过时数值变大。在这个事件中，数据会传递给 Web worker 进行图片处理。我们将要创建并使用的这个滤镜会将黑白色之外的颜色去除（实质上这是个灰度级滤镜）。

最终效果是：当用户从左边划过鼠标的时候，图片变成浅灰色；当从右边划过的时候，图片变成深灰色（如图 8-14 所示）。

首先，通过 jQuery 将事件监听器绑定到图片上，捕获鼠标的坐标，并将事件数据传递给 process() 函数：

```
$(".hover-img").on("mouseover", function(e){
    var x = e.pageX - this.offsetLeft;
```

图 8-14 HTML5 标识图标

```
    var y = e.pageY - this.offsetTop;
    console.log("X:" + x + " Y:" + y);
    process(this, x, y);
});
```

现在构建图片处理函数，在图片上应用滤镜。这个函数将会接收通过 mouseover
事件和 x、y 坐标截取的图片数据。

```
function process(img, x, y) {

    //依据 x,y 坐标处理图片

}
```

然后，在内存中创建一个与截取图片大小一样的 canvas：

```
var canvas = document.createElement("canvas");
canvas.width = img.width;
canvas.height = img.height;
```

将图片复制到 canvas 中并提取其中的像素：

```
var context = canvas.getContext("2d");
context.drawImage(img, 0, 0);

var pixels = context.getImageData(0,0,img.width,img.height);
```

将像素数据传递给 worker 线程：

```
var worker = new Worker("javascripts/greyscale.js");

var obj = {
    pixels: pixels,
    x:x,
    y:y
}

worker.postMessage(obj); //复制并发送像素
```

现在，我们需要注册一个获取 worker 返回值的处理器。当接收到返回值的时候，创建一个局部变量，使用这个变量将图片放回上下文对象中。这可以使用 putImageData() 方法实现，传入新图片的 *x*、*y* 偏移坐标。这里将新图片放到原来的位置，所以偏移坐标为 0,0。最后，使用 toDataURL() 方法将数据放到图片的 src 属性中。Canvas 有一个 toDataURL() 方法，它将 canvas 中的数据创建为一个字符串，这个字符串可以设置到图片的 src 属性上。在文档的其他位置附加这个图片也会显示出来。

```
worker.onmessage = function(e) {

    if (typeof e.data === "string") {
        console.log("Worker:" + e.data);
    return; }

    var new_pixels = e.data.pixels; // worker 返回的像素

    context.putImageData(new_pixels, 0, 0);
    img.src = canvas.toDataURL(); // 然后转换为图片

}
```

你可能已经注意到了代码中使用的调试方法。由于不能在 worker 中使用控制台 API，因此需要在主线程的事件处理器中检查接收到的消息的数据类型。如果消息的数据类型为字符串，可以认为它是一个错误，并且打印出来。

```
if (typeof e.data === "string") {
    console.log("Worker:" + e.data);
return; }
```

下面是完整的代码：

```
function process(img, x, y) {

    //创建一个与图片尺寸相同的 offscreen <canvas>
    var canvas = document.createElement("canvas");
    canvas.width = img.width;
    canvas.height = img.height;


    // 将图片复制到 cavas 中，然后提取它的像素
    var context = canvas.getContext("2d");
    context.drawImage(img, 0, 0);

    var pixels = context.getImageData(0,0,img.width,img.height);

    var worker = new Worker("javascripts/greyscale.js");

    var obj = {
        pixels:pixels,
        x:x,
        y:y
    }

    worker.postMessage(obj);

    worker.onmessage = function(e) {

        if (typeof e.data === "string") {
            console.log("Worker:" + e.data);
        return; }

        var new_pixels = e.data.pixels;

        context.putImageData(new_pixels, 0, 0);
        img.src = canvas.toDataURL();
    }
}
```

最后，需要在 worker 脚本内部创建灰度级滤镜。通过调用 filter() 函数处理图片数据，去除多余的数据并返回灰度图片。grayscale 变量的结果是一个根据 x 坐标的公式计算的结果，返回只包含灰色的图片。

```
onmessage = function(e) {postMessage(filter(e.data))};

function filter(imgd) {

    var pix = imgd.pixels.data;
    var xcord = imgd.x/1000;
    var ycord = imgd.y/1000;

    for (var i = 0, n = pix.length; i < n; i += 4) {
        var grayscale = pix[i] * xcord + pix[i+1] * .59
+ pix[i+2] * .11;

        pix[i] = grayscale;        // 红
        pix[i+1] = grayscale;      // 绿
        pix[i+2] = grayscale;      // 蓝
    }

    imgd['pixels'].data = pix;
    return imgd;
}
```

图 8-15 和 8-16 显示了处理结果。

图 8-15　鼠标从左边进入图片，图片颜色变深

实例 68　使用引用脚本创建 Twitter 的 JSONP 请求

WebWorker API 允许通过 `importScripts()` 方法引用第三方或者外部类。JSONP 是一种广泛使用的从其他域名下不受同源策略约束获取 JavaScript 的技术。

在本实例中，通过调用 Twitter Search API 获取正文包含关键词 `html5` 的最后 100 个微博。在 Worker 上下文中使用 `importScript()` 函数。

使用专有 Worker 的第一件事是创建一个新的指向外部文件的 `Worker`：

```
var worker = new Worker("javascripts/jsonp-worker.js");
```

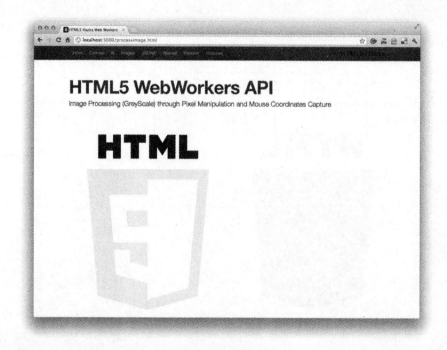

图 8-16　鼠标从右边进入图片，图片颜色变深

然后为所有传回主线程的消息创建一个监听器。在监听器中，遍历返回的结果，为每个结果创建一个 div。在这个过程中，还附加了 Twitter 用户的头像和用户名。

```
var worker = new Worker("javascripts/jsonp-worker.js");
worker.onmessage = function(e) {
    console.log(e.data);
    var res = e.data;
    for ( key in res.results){
        var item = res.results[key];
        var img = $('<img>').attr('src',item.profile_image_url);
        var div = $('<div>').append(img);
        var text= $('<div>').html($.trim(item.text));
        div.append(text);
        div.attr('class','tweet');
```

```
            $('#listDiv').append(item.from_user);
            $('#list').append(div);
        }
    }
```

我们再完善一些。首先在 Worker 中从 Twitter 获取返回数据。Worker 脚本的功能很明确，为发送给 Twitter 的请求设置一个 callback 函数。在这个 callback 函数中，只是将返回的对象传回主线程创建用户界面。然后，再研究如何处理从 Twitter 返回的数据，现在只需要将整个对象传回主线程。

```
var callback = function (obj) {
    if (obj.hasOwnProperty("results")) {
        //处理数据
        postMessage(obj);


    } else {
        postMessage("No results.");
    }
};
```

发送请求很简单，只涉及了 JSONP 和 importScripts()。

JSONP

JSONP 即 *JSON with padding* 是一种跨过浏览器的同源策略从其他域名下获取 JavaScript 的技术。JSONP API 服务器端会从请求中获取 callback 参数，将返回的 JSON 格式数据包围起来。当一个 script 标签动态创建并且附加到 DOM 的时候，这种技术使用浏览器的解释器执行 JavaScript。

正如其他 web worker 的实例中提到的那样，在 worker 线程内部不能访问 DOM 对象，但是可以使用 importScripts() 函数。现在调用 Twitter 的搜索 API，获取最后 100 条包含 HTML5 的微博。注意 callback 参数和 callback 函数。

```
importScripts("http://search.twitter.com/search.json?
q=html5&rpp=100&since_id=1&callback=callback");
```

下面是最终 web worker 的代码：

```
var callback = function (obj) {
    if (obj.hasOwnProperty("results")) {
```

```
    // 处理数据
    postMessage(obj);


} else {
    postMessage("No results.");
}
};

importScripts("http://search.twitter.com/search.json?
q=html5&rpp=100&since_id=1&callback=callback");
```

图 8-17 显示了最终效果。

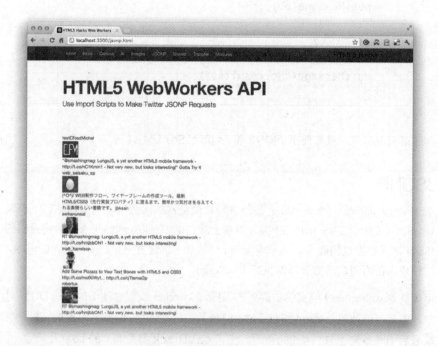

图 8-17　获取关于 HTML5 的最新微博数据

这只是一个非常简单的例子。这种在 web worker 中处理 API 数据的方式非常高效。
一般开发者在 worker 中修改数据的格式,将原来的数据组合起来或者只取其中的
部分数据返回给主线程。现在你也可以使用这种方法。

实例 69　在多个浏览器窗口中同时连接共有 Worker

专有 web worker 只和创建自己的脚本相关联，但是共有 web worker 允许多个浏览器窗口和一个 Worker 同时通信。在本实例中可以看到，共有 Worker 实现了一个稍微不同的 API，但是大部分概念还是相同的。

和专有 Worker 的创建一样，通过向一个 `Worker` 实例中传入 JavaScript 文件名创建共有 web worker，只是这时用的是 `SharedWorker` 对象。

和专有 web worker 不同的是，共有 worker 引入了附加了消息事件处理器的 `port` 对象的概念。然后，调用 `port` 的 `start()` 方法。

最后，使用标准 `postMessage()` 方法：

```
var worker = new SharedWorker('javascripts/shared-simple.js');
var log = document.getElementById('log');


worker.port.addEventListener('message', function(e) {
    log.textContent += '\n' + e.data;


    if (e.data.charAt(0) == '#'){
      document.body.style.background = e.data;
    }


}, false);


worker.port.start();
```

由于当前页面上的任何脚本或者其他窗口的脚本都可以和共有 web worker 通信，因此我们创建三个 `iframe` 来演示浏览器窗口之间的通信：

```
<pre id="log">Log:</pre>
<iframe src="/shared-simple-inner.html"></iframe>
<iframe src="/shared-simple-inner2.html"></iframe>
<iframe src="/shared-simple-inner3.html"></iframe>
```

在每个 `iframe` 加载的文档中，我们创建新的指向同一外部脚本的 `SharedWorker` 对象。`onmessage` 事件处理器获取两个对象的响应：在 Worker 线程中维护的一个数字，一个随机生成的颜色会被设置为创建 worker 文档的背景颜色。

```
<!DOCTYPE HTML>
<title>HTML5 Hacks:Shared Worker</title>
<pre id=log>Log:</pre>
<script>
  var worker = new SharedWorker('javascripts/shared-simple.js');
  var log = document.getElementById('log');


  worker.port.onmessage = function(e) {
   log.textContent += '\n' + e.data;


   if (e.data.charAt(0) == '#'){
    document.body.style.background = e.data;
   }
 }
</script>
```

图 8-18 显示了包含的三个 iframe。

图 8-18　包含三个额外的 iframe

每当新客户端连接一个创建，Worker 中维护的数字就会加一。这个数字返回给创建这个 Worker 的主线程。生成一个随机并且返回给同样的上下文。

```
var count=0;
onconnect = function(e) {
  count++;
  var port = e.ports[0];
  port.postMessage('Established connection:' + count);

  var randomColor = '#'+(0x1000000+(Math.random())*0xffffff).to
String(16).substr(1,6);
  port.postMessage(randomColor);
}
```

现在，每当刷新页面的时候，可以看到 4 个独立创建的脚本从 worker 线程接收异步返回。不仅背景颜色是随机生成的，每个创建的脚本的连接顺序也互不相同（如图 8-19 所示）。

图 8-19　每个创建的 worker 随机生成的颜色

第 9 章

实践 HTML5 连接

HTML5 的连接层可能是 HTML5 规范家族中最令人兴奋的。它包括 XHR2、WebSocket 协议、服务器发送事件功能、事件源 JavaScript API 和 SPDY。很多人都承认这些技术已经影响了现在网页应用的设计，就像 2000 年 Ajax 对网页应用设计的影响一样。

这些技术和协议构成了客户端 / 服务器端网络技术的下一次革命。

WebSocket 协议在服务器端和客户端之间创建一个单一的、持久的 TCP 连接，允许双向的、全双工的传递信息，而不需要包含 HTTP 头信息和 cookies。这个人们期盼已久的功能提供了之前创造性地使用 HTTP 所需的功能。

在过去十年间，网页应用开发者创造了很多技术，例如 Ajax、Comet、Flash sockets、HTTP 流、BOSH 和逆向 HTTP 来实现交互界面的实时更新。在章节 "使用 Socket.IO 模拟 WebSocket 支持"（423 页）和实例 76 中，我们会反复使用这些技术。通过 Node.js socket 服务器为那些不支持 WebSocket 规范的浏览器提供回退支持。同时，还会研究网络部分并且深入研究连接层，研究在实例 71 中介绍 Node.js 中的 ws 模块的命令行界面，在实例 70 和实例 77 中通过 Chrome 开发者工具来查看浏览器和服务器之间发送和接收的数据包。

同时，服务器发送事件功能和事件源 JavaScript API 使 HTTP 流标准化。这个标准经常被 Web Socket 所替代，因为 HTTP 之上的持久连接几乎没有价值了。在实例 74 中，你会看到 Ruby 实现 HTTP 流，作为多个客户端连接到事件驱动的 Web 服务器上订阅和发布消息。

从一个简单的使用 Web Socket 的应用中会看到，Web Socket 不使用 HTTP 或者过

时的类似于 **XMLHttpRequest** 的 Ajax 技术。但是它却补充了为网络应用开发者提供了构建实时数据更新应用的技术。实际上，XHR 已经进化成了第二个版本的规范，我们在实例 53 中使用过它。

在实例 75 中，还会介绍跨域通信技术的进化，配置一个服务器接收来自网页应用的请求。

除了流行浏览器，例如 Google Chrome 和 Opera，在服务器端 Java、.NET、Ruby、PHP、JavaScript（Node.js）、Objective-C 和 ActionScript 语言中也都实现了 Web Socket。我们会研究这些不同实现方式，在实例 73 中提供 Java 语言的实现，在实例 71 中提供 JavaScript Node.js 的实现。

我们还将在实例 72 中研究 Pusher.com 提供的第三方远程 Socket 服务器。

最后，在实例 78 中使用 Node.js 构建一个简单 SPDY 服务器，以便更好地理解这个令人兴奋的协议提供的功能。

实例 70 使用 Kaazing 的远程 Web Socket 服务器为浏览器返回简单的回声消息

回声（Echo）服务器是一个基于 Web 的 Socket 服务器，是由 Kaazing 创建的，托管在 websocket.org 之上。它通过向浏览器发送回声消息演示了 WebSocket 协议的功能。

这个例子是由 websocket.org 提供的 Echo Test 服务器代码的一个扩展。代码被重构，以符合面向对象的风格。你可以从 websocket.org（ *http://www.websocket.org/elcho.html* ）获取原来的代码。

现在打开 HTML 文件，用 JavaScript 语言创建一个 **WebSocketDemo** 基本类。由于 JavaScript 是一种基于原型的语言，而不是基于类的，所以我们需要使用一个常见的伪类模式来维护代码。如下代码中提供了一个基本的结构：

```
<script language="javascript" type="text/javascript">
WebSocketDemo = function(){
   return {
      // 此处用公共方法
   }
}();
WebSocketDemo.init("ws://echo.websocket.org/");
</script>
```

还需要添加一个 id="output"的 div 标签。这是打印消息的地方。

```
<h2>WebSocket Test</h2>
<div id="output"></div>
```

WebSocketDemo 类有 4 个公开方法：init()、onOpen()、onClose()和 onMessage()，还有一个公开属性 ws。ws 属性会保存新的 WebSocket 对象。

让我们看一下 init()方法。

WebSocketDemo.init()的参数只有一个：URL。将它传递给一个新的 WebSocket 对象，注意 URL 的前缀是 ws://。

WebSocket 定义 ws:// 为基本 Web socket 连接，定义 wss:// 为加密 Web socket 连接。在本实例中，只使用基本 Web socket 连接 ws://。

```
WebSocketDemo = function(){
  return {
    ws:null,
    init:function(url){
      this.ws = new WebSocket(url);
    }
  }
}();
WebSocketDemo.init("ws://echo.websocket.org/");
```

创建 onOpen()方法将 send()方法包围起来，并监听一旦连接建立成功就会被触发的事件：

```
WebSocketDemo = function(){

  return {
    ws:null,
    init:function(url){
      this.ws = new WebSocket(url);
      this.onOpen();
    },


    onOpen:function(){
      this.ws.onopen = function(evt) {
      console.log('CONNECTED:' + evt.type);
      WebSocketDemo.ws.send('html5 hacks');
    };
```

```
        }
      }
    }();
    WebSocketDemo.init("ws://echo.websocket.org/");
```

在 onOpen()方法内部,包含了 console.log 打印事件的类型(如图 9-1 所示)。

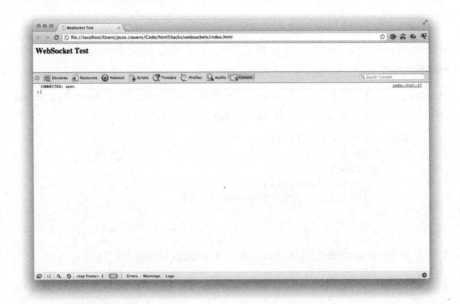

图 9-1　打印连接的 onOpen 事件

为了建立 WebSocket 连接,客户端和服务器端在初始握手的过程中从 HTTP 协议
升级为 WebSocket 协议。有很多握手机制,但是除非你要写服务器端的 socket 实
现,浏览器中 WebSocket JavaScript API 的实现抽象了具体的细节。

握手请求的格式如下(只显示基本的头信息):

```
GET /demo HTTP/1.1
Host:echo.websocket.org
Connection:Upgrade
Upgrade:WebSocket
Origin:null
```

下面是一个握手请求的返回(只显示基本的头信息):

```
HTTP/1.1 101 WebSocket Protocol Handshake
Upgrade:WebSocket
Connection:Upgrade
Server:Kaazing Gateway
```

使用 Google Chrome 开发者工具可以查看客户端和服务器端之间的交互。点击"网络"标签，从左边选择"echo.websocket.org"，就可以看到发送和返回的头信息了（如图 9-2 所示）。

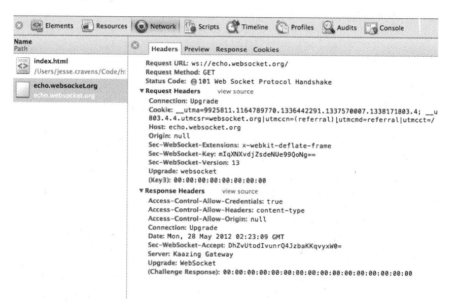

图 9-2　查看 web socket 请求和返回的头信息

可以看到请求头中包含的 Connection: Upgrade。还可以看到 Upgrade 的类型，接收的 host 为 echo.websocket.org。

HTTP1.1 包含一个新的请求头，名为 Upgrade，它提供了一种简单的机制从 HTTP/1.1 变换为其他或者不兼容的未来协议。客户端发送的请求中包含 Upgrade 头，通知服务器端它想变换协议。这个通信取决于服务器端对协议变换的验证，如果支持就会变换。

在返回中，可以看到也返回了 Upgrade 头和对应的值 WebSocket。这告诉客户端浏览器之前请求的 Upgrade 是支持的，持久的连接已经建立。

现在，稍微修改代码，添加一些公开的方法，暴露更多的连接事件 `onClose()` 和 `onMessage()`，这样能够更有效地演示 socket 的内部通信。

```
onClose:function(){
  this.ws.onclose = function(evt) {
    console.log('CLOSED:' + ':' + evt.type);
  };
},


onMessage:function(msg){
  this.ws.onmessage = function(evt) {
    console.log('RESPONSE:' + ':' + evt.data);
    WebSocketDemo.ws.close();
  };
}
```
}

```
}();
```

在 `init()` 函数中执行这些新方法：

```
init:function(url){
  this.ws = new WebSocket(url);
  this.onOpen();
  this.onMessage();
  this.onClose();
},
```

现在刷新浏览器页面就可以看到控制台日志里显示出新的事件方法。`onOpen()` 方法中的第二个请求将"html5 hacks"消息传递给远程回声服务器，服务器返回同样的消息。`onMessage()` 打印消息并且调用 `onClose()` 方法（如图 9-3 所示）。

在 Chrome 的最新版本 Canary 版中，开发者工具中包含了一个新的标签，可以看到浏览器和远程服务器之间传递的内容。要查看这些内容，首先要下载 Canary（*https://www.google.com/intl/en/chrome/browser/canary.html*）。以下是使用步骤：

1. 打开我们创建的 *index.html*。

2. 打开 Chrome 开发者工具，按 Apple+Shift+1 组合键（Mac OS X 系统）或者按 Ctrl+Shift+1 组合键（Windows 和 Linux 系统）。

3. 点击 Network 标签，点击 Web Sockets。就像在之前例子做得那样。

4. 选择"echo.websocket.org"选项。

图 9-3 控制台日志打印的事件方法

5. 选择 WebSocket 框架标签。

显示的信息很完善，不需要安装其他第三方工具。

Number

这是一个计数器，显示消息的顺序。

Arrow

消息的传递方向。

Timestamp

消息发送和接收的时间。

Op-code

Op-code 分为三类：持续、非控制、控制。持续和非控制 Op-code 表示这些
消息和控制帧是用于配置协议的：1 表示文本消息，8 表示连接的关闭。

Length

发送内容的字符串长度。

Contents

WebSocket 发送的实际数据。

图 9-4 显示了 Canary 中 WebSocket 标签显示的网络流量。

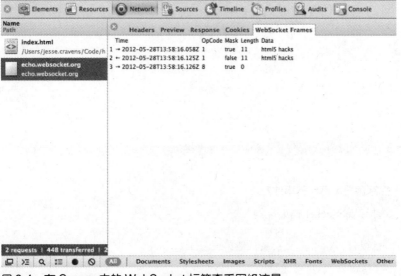

图 9-4 在 Canary 中的 WebSocket 标签查看网络流量

为了更清楚，让我们概述一下交互过程：

1. 浏览器实例化一个 `WebSocket` 对象，并且使用 `ws://` 协议传入一个 URL 参数。

2. 浏览器发送一个 HTTP 请求到远程服务器，请求 `WebSocket` 连接升级。

3. 服务器返回头信息表示 `Connection: Upgrade` 的类型为 `Upgrade: WebSocket`。

4. 这触发了 `onOpen` 事件。

5. 在 `onOpen()` 方法中，浏览器调用 `send()` 方法并且传入发送的内容。

6. 服务器返回同样的内容，触发 `onMessage()` 事件。

7. `onMessage()`事件方法打印将发送的内容打印到浏览器的控制台上，然后调用 `close()`方法。

8. `onClose()`事件方法被触发并且在控制台打印出`"CLOSED"`。

以下是完整的代码。这只是组织完善的 JavaScript WebSocket 库的开始。仿照它开始写你自己的应用吧！

```html
<html>
<head>
 <meta charset="utf-8" />


<title>WebSocket Test</title>
<script language="javascript" type="text/javascript">


  WebSocketDemo = function(){


    return {
      ws:null,


      init:function(url){
        this.ws = new WebSocket(url);
        this.onOpen();
        this.onMessage();
        this.onClose();
      },


      doSend:function(msg){
        this.ws.send = function(evt) {
          console.log(evt.timeStamp)
        };
      },


      onOpen:function(){
        this.ws.onopen = function(evt) {
          console.log('CONNECTED:' + evt.type);
          WebSocketDemo.ws.send('html5 hacks');
        };
      },


      onClose:function(){
        this.ws.onclose = function(evt) {
          console.log('CLOSED:' + ':' + evt.type);
        };
```

```
      },

      onMessage:function(msg){
        this.ws.onmessage = function(evt) {
          console.log('RESPONSE:' + ':' + evt.data);
          WebSocketDemo.ws.close();
        };
      }
    }

  }();

  WebSocketDemo.init("ws://echo.websocket.org/");

  </script>
</head>


<body>
  <h2>WebSocket Test</h2>
  <div id="output"></div>
</body>
</html>
```

实例 71 使用 Node.js 和 ws 模块构建 WebSocket 服务器

Node.js 中的 ws 模块是最新的一个易用的、速度超快的 web socket 实现，可以用来快速构建 web socket 应用。其中还包含了 wscat 命令行工具，可以用来模拟客户端或者服务器端。

在本实例中，我们将研究能够找到的最快的 WebSocket 服务器。Node.js 中 ws 模块不仅执行超快，而且使用也很简单。它实施方便，是本实例介绍 Websocket 的理想选择。

ws 模块很新，符合当前 HyBi 协议草案，可以发送和接收数组类型数据（ArrayBuffer、Float32Array 或其他）和二进制数据。虽然很简单，但它可不只是个 "玩具"。

如果你想深入了解 WebSocket HyBi 协议的细节，下面的网站是不错的资源：

- *http://tools.ietf.org/html/draft-ietf-hybi-thewebsocketprotocol-17*
- *http://updates.html5rocks.com/2011/08/What-s-different-in-the-new-WebSocket-protocol*

ws 还包含了一个不错的命令行客户端 wscat，它提供了一种工具，使你可以不使用浏览器发送和接收请求。

如果你不习惯这个命令行工具，本章节也会帮助你理解一些基础。如果你以前回避使用命令行工具，因为并没看到其中的价值，此案例也许会改变你之前的想法。命令行工具非常有用，能够方便你调试和查看发送和接收的网络请求。

安装 Node.js

在网络上有很多关于如何安装和运行 Node.js 的文档，所以在此就不再重复。可以参考 GitHub（*https://github.com/joyent/node/wiki/Installation*）安装文档。

也可以通过点击 nodejs.org（*http://nodejs.org/*）页面中间的安装按钮开始安装。

使用 wscat 客户端调用 Kaazing 回声服务器

安装并且设置好 Node.js 之后，可以通过一个 Node Package Manager（NPM）命令安装 ws 模块：

```
$ npm install -g ws
```

因为其中包含了 socket 库和一个命令行工具，所以我们通过 -g 参数在全局安装。这样就可以在不同的应用中使用这个库了（如图 9-5 所示）。

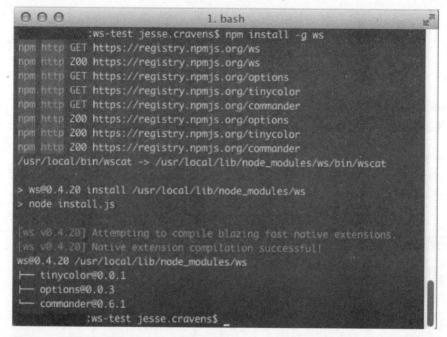

```
        :ws-test jesse.cravens$ npm install -g ws
npm http GET https://registry.npmjs.org/ws
npm http 200 https://registry.npmjs.org/ws
npm http GET https://registry.npmjs.org/options
npm http GET https://registry.npmjs.org/tinycolor
npm http GET https://registry.npmjs.org/commander
npm http 200 https://registry.npmjs.org/options
npm http 200 https://registry.npmjs.org/tinycolor
npm http 200 https://registry.npmjs.org/commander
/usr/local/bin/wscat -> /usr/local/lib/node_modules/ws/bin/wscat

> ws@0.4.20 install /usr/local/lib/node_modules/ws
> node install.js

[ws v0.4.20] Attempting to compile blazing fast native extensions.
[ws v0.4.20] Native extension compilation successful!
ws@0.4.20 /usr/local/lib/node_modules/ws
├── tinycolor@0.0.1
├── options@0.0.3
└── commander@0.6.1
        :ws-test jesse.cravens$
```

图 9-5　在终端中安装 Node.js ws 模块

现在，可以看到 NPM 下载并安装 ws 模块及所有的依赖。

到此为止，我们就可以用 wscat 向 Kaazing 远程回声服务器（*http://echo.websocket.org*）
发送请求（如图 9-6 所示）：

```
$ wscat -c ws://echo.websocket.org
```

这样就完成了，命令行工具可以执行了。可以模拟浏览器发送消息给远程的 web
socket 服务器。

创建一个简单的服务器并用 wscat 连接

现在工具已经完备了，开始构建自己的简单的 socket 服务器。打开项目目录，创
建名为 *server.js* 的文件：

```
$ cd /your-app-directory
```

```
$ touch server.js
```

HTML5 敏捷实践

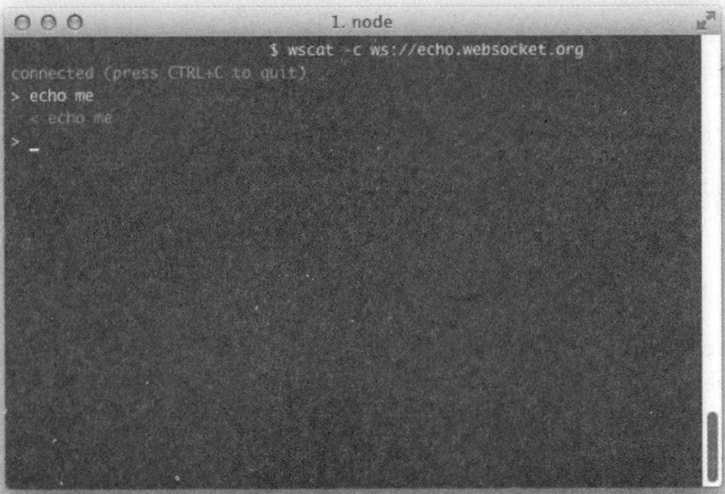

图 9-6　在终端中向 Kaazing 回声服务器发送请求

这只是一种创建文件的方法。你也可以按自己的方式创建。如果你更习惯用操作系统的图形界面访问文件系统，那么可以打开一个空文件夹，然后打开文本编辑器创建一个名为 *server.js* 的文件。

在 *server.js* 文件中，使用 `require()`导入 ws 库，在端口 8080 创建一个新的 `WebSocket` 服务器：

```
var WebSocketServer = require('ws').Server
  , wss = new WebSocketServer({port:8080});
```

现在可以使用 `on()`方法监听连接事件。当连接事件触发的时候，调用回调函数，其中包含另外一个函数监听从连接的客户端发送的消息事件。然后触发 `send()`方法，传入字符串'I am a message sent from a ws server'.

```
wss.on('connection', function(ws) {
    ws.on('message', function(message) {
        console.log('received:%s', message);
```

```
    });

    ws.send('I am a message sent from a ws server');
});
```

保存这个文件，启动服务器：

```
$ node server.js
```

在另外一个终端窗口，可以使用 wscat 客户端访问之前创建的运行在 8080 端口的服务器（如图 9-7 所示）。然后接收消息。

```
$ wscat -c ws://localhost:8080 -p 8
connected (press CTRL+C to quit)
< I am a message sent from a ws server
>
```

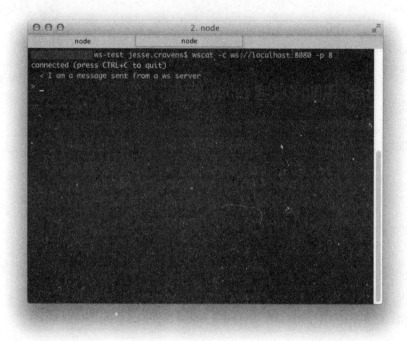

图 9-7　在另外的控制台连接 ws 服务器

最后，可以通过在命令行界面输入 testing 向服务器发送消息（如图 9-8 所示）。

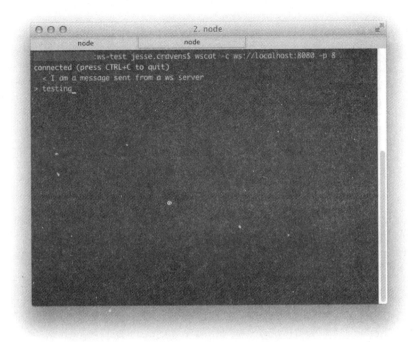

图 9-8　向服务器发送消息

现在，切换回之前的运行服务器的标签，查看从客户端发送的消息（如图 9-9 所示）。

socket 服务器在监听和打印 `testing`：

```
$ node server.js
Message was received from a ws client: testing
```

创建一个简单的客户端

让我们写一个脚本处理和 Websocket 服务器的交互，而不使用 wscat 命令行界面。首先，导入 ws 库，初始化一个新的 `WebSocket`。

然后，构建两个事件监听器：一个监听连接打开事件，另外一个监听传入的消息。然后使用 echo.websocket.org 的回声服务器返回同样的信息。

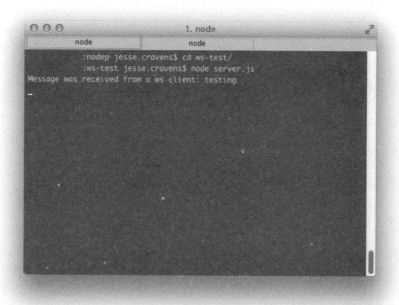

图 9-9 Node.js 服务器打印从客户端终端传来的信息

```
var WebSocket = require('ws')
  , ws = new WebSocket('ws://echo.websocket.org);


ws.on('open', function() {
    ws.send('I am an open Event from ws client');
});


ws.on('message', function(message) {
    console.log('received:%s', message);
});
```

让我们启动客户端：

```
$ node client.js
received:I am an open EVENT from a ws client
```

HTML5 敏捷实践

open 事件会将信息'I am an open EVENT from a ws client'发送给远程回声服务器。然后远程服务器返回信息。客户端监听信息并且将返回的信息打印出来：'I am an open EVENT from a ws client'。

这样就完成了。现在已经实现了一个本地运行的 WebSocket 服务器，以及一个用来创建和监听 web socket 消息的命令行界面。

实例 72 使用 Web Socket、Pusher API 和 PHP 构建捐赠进度指示器

捐赠进度指示在慈善活动或者捐赠网站上很常见，但是都需要刷新页面才能更新。现在使用 HTML5 Web Socket 技术构建一个实时更新的进度指示器，这能促进更多的人捐款。

本实例是由实时网络软件和技术传教士 Phil Leggetter 提供的。

如今，实时网络服务和解决方案有很多。我们使用 Pusher 来实现捐赠进度指示器，它使用了 HTML5 Web Socket 来为小部件（widget）提供实时支持。这个实时功能不仅能保证捐赠额实时更新，而且能引起用户的关注，吸引用户停留在页面上。

逐步完善

可访问性很重要，对于慈善活动更是如此，因此显示捐赠的进度指示小部件非常重要，即使 JavaScript 没有打开。所以，我们逐步实现这个小部件。

实现应用首先需要在静态 HTML 中定义结构，然后使用 CSS 让界面变得更加漂亮，再通过 JavaScript 增加交互功能并增强视觉效果。实时功能可以以同样的方式实现。我们通过以下几步实现小部件：

1. 使用 PHP 在服务器端生成小部件的 HTML 代码。

2. 使用 CSS 修饰。

3. 使用 JavaScript 和 jQuery 增强用户界面。

4. 使用 Pusher 让小部件在有新捐款的时候实时更新。

构建进度指示器的 HTML

为了提供好的可访问性，应该显示一些文本值，因此在 HTML 中添加一些视觉效果的同时，我们也关注文本值的显示。

```
<div class="thermometer-widget">


  <div class="title">Donation Thermometer</div>
  <div class="cause">A Good Cause</div>


  <div class="figures">
    <div class="goal">
      <span class="label">Our Goal</span>
      <span class="value">&pound;5,000</span>
    </div>
    <div class="current_total">
      <span class="label">Raised so far</span>
      <span class="value">&pound;3,000</span>
    </div>
  </div>


</div>
```

这实现了简单的显示效果，如图 9-10 所示。

这并不新奇，但是能够显示一些简单的值。

通过 CSS 为小部件添加进度指示器

逐步完善的下一步是通过 CSS 为 HTML 添加更多的元素（理想情况下我们不需要为样式添加标记，但是现在还需要）。在 CSS 未生效的情况下不影响小部件的显示效果，它只是将进度指示器显示出来。

```
<div class="thermometer-widget">


  <div class="title">Donation Thermometer</div>
  <div class="cause">A Good Cause</div>


  <div class="figures">
    <div class="goal">
      <span class="label">Our Goal</span>
      <span class="value">&pound;5,000</span>
```

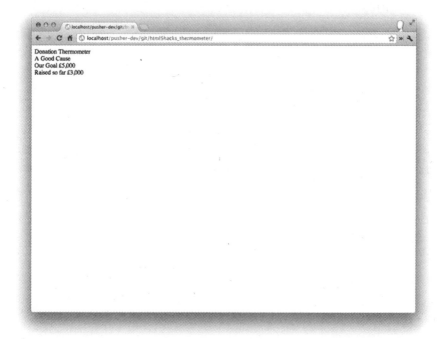

图 9-10 基本显示

```
  </div>
  <div class="current_total">
    <span class="label">Raised so far</span>
    <span class="value">&pound;3,000</span>
  </div>
</div>

<div class="display">
  <div class="thermometer">
    <div class="top"></div>
    <div class="middle">
      <div class="value"></div>
    </div>
    <div class="base current_total">
      <div class="value">&pound;3,000</div>
    </div>
```

```
        </div>
    </div>

    </div>
```

提供更多关于 HTML 的结构的信息很有用，如下。

.figures
在之前看到过。包含小部件的关键值。

.display
显示进度指示器的视觉效果。

.display.thermometer
包含以下值：

.base
进度指示器下部的圆形。

.base.value
已经募集到的款项的文本值。

.middle
进度指示器的外部效果。

.middle.value
根据募集到的款项填充。现在还没有高度。

.top
这是进度指示器的顶部。

有很多 CSS 来修饰这些元素，在此就不介绍了。你可以在 GitHub（*https://github. com/pusher/html5-hacks-thermometer/blob/master/styles.css*）上查看相关的 CSS 源码。

添加了额外 HTML 元素和 CSS 后的小部件的效果如图 9-11 所示。

你也许已经注意到了 HTML 结构中进度指示器还没有高度应用于 .middle.value 元素，因此并没有显示正确的募集资金的额度。由于现在还不能使用 JavaScript，因此我们在服务器端生成高度的值，并将它显示到这个元素上。先要计算募集到的资金占总额度的百分比，然后计算像素的高度。

以下是用 PHP 实现的例子：

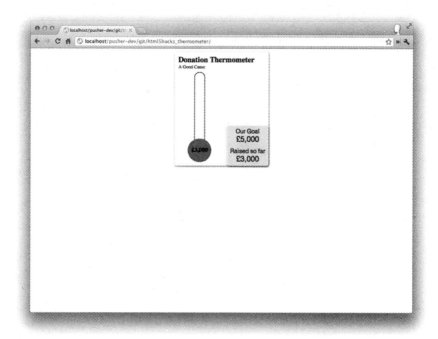

图 9-11　包含 CSS 的基本显示

```php
<?php
$goal = 5000;
$current_total = 3000;
$current_percent_fraction = $current_total/$goal; // 0.6代表总额度的60%
$middle_height = 165;
$middle_height_value = $middle_height * $current_percent_fraction;
?>
```

当生成 HTML 后，可以在元素上添加内联样式。HTML 如下：

```html
<div class="middle">
    <div class="value" style="height:99px"></div>
</div>
```

进度指示器显示的结果如图 9-12 所示。

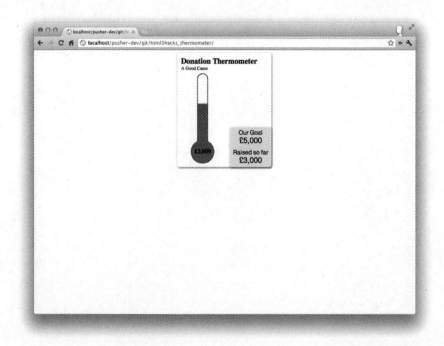

图 9-12　包含了数值的基本显示

使用 JavaScript 改进用户界面

在浏览器中支持 JavaScript 可以增强网页应用的效果。在这个例子中我们实现一些视觉效果，生成大量的 HTML 标记。这些效果通过 jQuery 来实现，所以要先包含 jQuery 类库：

```
<script
src="http://code.jquery.com/jquery-1.7.2.min.js"></script>
```

量度值刻度

可以使用 JavaScript 改善小部件的几个方面。首先，在进度指示器的 .middle 元素中添加量度指示。如果通过 HTML 实现，标记很快会变得很难看。

在以下代码中，引用.middle 和.middle.value，并获取高度。从界面上访问慈善捐款的总额度和现在的额度，用getNumericVal 函数解析结果。使用这些信息可以知道应该在.middle 元素上添加多少刻度。然后添加一个元素显示当前刻度。

还需要做一些基础工作来获取访问元素的值，并计算出需要画出的当前刻度。另外由于在之后的例子里还要用这些结果，所以我用 setUp 函数将这些代码包围起来。现在可以专注改进用户界面了。

```
function getNumericVal(el, selector) {
  var el = el.find(selector);
  var val = el.text();
  val = parseInt(val.replace(/\D/g, ''), 10);
  return val;
}


function setUp(thermometerSelector) {
  var config = {};
  config.el = $(thermometerSelector);
  config.middleEl = config.el.find('.display .middle');
  config.middleValueEl = config.middleEl.find('.value');
  config.currentTotalEl = config.el.find('.current_total .value');
  config.numberOfMarks = parseInt(config.middleEl.height()/10, 10);
  config.goalValue = getNumericVal(config.el,
      '.figures .goal .value');
  config.currentTotalValue = getNumericVal(config.el,
      '.figures .current_total .value');
  config.pixelsPerValue = config.middleValueEl.height()/config.current
TotalValue;
  config.valuePerMark = config.goalValue/config.numberOfMarks;

  return config;
}
```

现在我们已经有了需要的所有数值和元素，我们可以在进度指示器上显示当前刻度了。

```
function addThermometerMarks(middleEl, numberOfMarks,
    valuePerMark) {
  for(var i = 1; i <= numberOfMarks; ++i) {
    var amount = parseInt(valuePerMark * i);
    var markEl = $('<div class="mark"></div>');
    markEl.css({'position':'absolute', 'bottom':(i*10) + "px"});
    markEl.attr('title', '£' + amount);
```

```
      var tooltip = $('<div class="tooltip">&pound;' +
          amount + '</div>');
      markEl.append(tooltip);
      middleEl.append(markEl);
    }
  }

  $(function() {
    var config = setUp('.thermometer-widget');
    addThermometerMarks(config.middleEl, config.numberOfMarks,
config.valuePerMark);
  });
```

计算一个更圆整的值更好，但是这里并不是做一个真实的产品，只是个例子。

至此我们实现了一个简单的进度指示器效果，如图 9-13 所示。

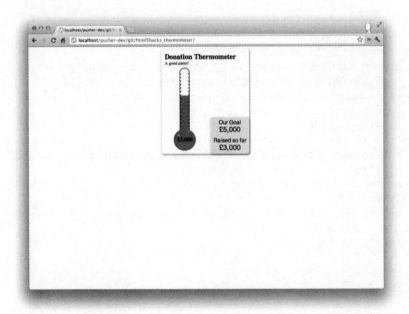

图 9-13　增加刻度指示

刻度值、指向高亮和信息框

进度指示器的刻度如果不显示相应的值更没有任何用途。所以，让我们来实现这样的功能：当用户的鼠标指向进度指示器时，通过信息框向用户显示数值。我们也会添加一些高亮效果。在之前的代码里我们已经实现了 **tooltip** 元素，现在只需要将它们适时显示出来。当用户鼠标指向这个元素的时候，给刻度元素添加一个类，将样式由 display:none 改为 display:block。

```
function addMarkHighlights(middleEl) {
  middleEl.find('.mark').hover(function() {
    var el = $(this);
    el.addClass('mark-selected');
  },
  function() {
    var el = $(this);
    el.removeClass('mark-selected');
  });
}


$(function() {
  var config = setUp('.thermometer-widget');
  addThermometerMarks(config.middleEl,
config.numberOfMarks,config.valuePerMark);
    addMarkHighlights(config.middleEl);
});
```

捐赠进度指示器小部件的最后效果如图 9-14 所示。你也可以查看原始 CSS（*https://github.com/pusher/html5-hacks-thermometer/blob/master/styles.css*）中的细节。

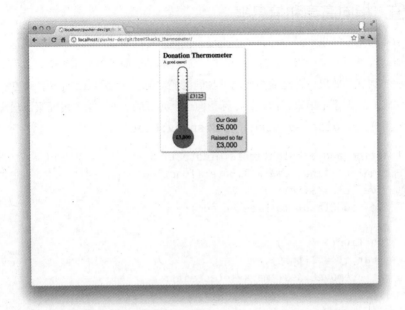

图 9-14　刻度值、指向高亮和信息框

数值变化动画

可以给进度指示器的 .middle .value 高度增加动画效果，并且将示数从 0 增长到当前的值。

让我们实现一个辅助函数。以下函数可以为数值添加逗号：

```
function addCommas(number) {
  var number = number+''; var l = number.length; var out = '';

  var n = 0;

  for (var i=(l-1);i>=0;i--) {
    out = '<span class="l">'+number.charAt(i)+'</span>'+out;
    if ((l-i)%3 == 0 && i != 0) {
        out = '<span class="lcom">,</span>'+out;
    }
    n++;
```

```
    }
    return out;
  }
```

接下来我们来实现文本动画。这只是一个显示效果，它不需要很精确，只需要每隔 50 毫秒更新一次计算的结果。还要获取 `setInterval` 的返回值，以便在其他需要的地方清除整个定时器。

可以从 mozilla.org（ *https://developer.mazilla.org/en/DOM/window.requestAnimationFrame* ）查看更多关于 `requestAnimationFrame` 替换 `setInterval` 实现动画的信息。

```
function animateText(el, fromValue, toValue) {
  var total = fromValue;

  var interval = setInterval(function() {

    if(total < toValue) {
      // 动画共有 2000ms，我们每隔 50ms 更新一次
      total += parseInt((toValue-fromValue) / (2000/50));
      total = Math.min(total, toValue);
      el.html('&pound;' + addCommas(total));
    }
    else {
      clearInterval(interval);
    }
  }, 50);
  return interval;
}
```

现在让我们实现进度指示器的动画效果。使用 jQuery 的 `jQuery.animate` 方法很容易将其实现：

```
    function animateThermometer(valueEl, fromHeight, toHeight,
totalEl, totalValue, callback) {

      // 向下的动画执行很快，用户看起来不会很差
      valueEl.animate({'height':fromHeight + 'px'}, 'fast',
function() {

        // 向上返回的动画比较缓慢，酷！
        valueEl.animate({'height':toHeight}, '2000', function() {
```

```
                totalEl.html('&pound;' + addCommas(totalValue));

            callback();
          });
        });
    }
```

最后，将这些函数组合起来，实现进度指示器的最终动画效果，然后在
addBehaviours 函数中添加一些设置。

```
        function animateValues(valueEl, totalEl, fromValue, toValue,
    goalValue, pixelsPerValue) {

            var fromHeight = pixelsPerValue*fromValue;

            var toHeight = Math.min(pixelsPerValue*toValue,
    pixelsPerValue*goalValue);
            var interval = animateText(totalEl, fromValue, toValue);

            animateThermometer(valueEl, fromHeight, toHeight,
    totalEl, toValue,
              function() {
                clearInterval(interval);
              });
            return interval;
        };

        function addBehaviours(config, setInitialValues) {

            setInitialValues = (setInitialValues === undefined?
    true:setInitialValues);
            addThermometerMarks(config.middleEl, config.numberOfMarks,
    config.valuePerMark);

            addMarkHighlights(config.middleEl);

            if(setInitialValues) {
              animateValues(config.middleValueEl, config.currentTotalEl, 0,
                        config.currentTotalValue, config.goalValue,
    config.pixelsPerValue);
            }
        }
```

```
$(function() {
  var config = setUp('.thermometer-widget');
  addBehaviours(config);
});
```

现在查看小部件，就可以看到进度指示器的动画效果了。

添加实时更新功能

为了实现实时更新好像还需要做很多工作。但事实上给慈善捐赠进度指示器添加实时更新功能非常简单。

首先在页面上添加 Pusher JavaScript 类库：

```
<script src="http://js.pusher.com/1.12/pusher.min.js"></script>
```

通过创建一个新的 Pusher 实例并传入应用的 key，我们和 Pusher 建立连接（需要注册一个免费的 Pusher 账号）。还需要订阅一个公开的 donations-channel，绑定 new_donation 事件。每当有新捐赠就会触发这个事件。事件本身包含捐赠者、捐赠额和总金额。相关的 JSON 值如下：

```
{
  "who":"Phil Leggetter",
  "howMuch":"20",
  "newTotal":"3020"
}
```

我们也可以创建 animateDonation 函数调用 animateValues 函数实时更新显示新的数值。实现这些功能的代码如下：

```
function animateDonation( middleValueEl, currentTotalEl,
currentTotal, newTotal, pixelsPerValue, goalValue ) {

    var newHeightPixels = parseInt(pixelsPerValue * newTotal, 10);


    return animateValues(middleValueEl, currentTotalEl,
currentTotal, newTotal, goalValue, pixelsPerValue);
};


$(function() {
  var config = setUp('.thermometer-widget');
```

```
    addBehaviours(config, false);

    var pusher = new Pusher("006c79b1fe1700c6c10d");

    var channel = pusher.subscribe('donations-channel');

    var animateInterval = null;
  channel.bind('new_donation', function(data) {
  if(animateInterval) {
    clearInterval(animateInterval);
  }
  var newTotal = data.newTotal;

    var currentTotalValue = getNumericVal(config.el,
'.figures .current_total .value');

    animateInterval = animateDonation(config.middleValueEl,
config.currentTotalEl, currentTotalValue, newTotal,
config.pixelsPerValue, config.goalValue);

  });
});
```

animateDonation 函数返回动画的引用，可以在有更新的时候停止正在播放的
动画。这可以防止两个动画同时运行的错误。

现在可以写触发更新的代码了。我们准备使用 PHP 和 Pusher PHP 库（*https://github.
com/squeeks/Pusher-PHP*）来实现它。但是通过 Pusher 服务器端库（*http://pusher.
com/docs/rest_libraries*），用其他语言实现也很简单。我们要创建一个支持捐赠的
web 服务，它只包含"who"和"how_much"两个参数。将这些数据存储在 MySQL
数据库中（在此不讨论这些实现的细节），并更新总的结果。以下是实现这些功
能的代码，其中还没有包含关于 Pusher 的代码：

```
  <?php
    require('config.php');

    $con = mysql_connect("localhost", $db_username, $db_password);
    if (!$con)
    {
      die('Could not connect:' .mysql_error());
    }
    mysql_select_db($db_name, $con);
```

```
    $who = mysql_real_escape_string($_GET['who']);
    $how_much = mysql_real_escape_string($_GET['how_much']);


    if( !$who || !how_much || !is_numeric($how_much) ) {
      die('unsupported who and how_much values');
    }


    $running_total = 0;
    $last_update = "SELECT *
FROM $db_tablename ORDER BY id DESC LIMIT 1";
    $result = mysql_query($last_update);
    if($result) {
      $row = mysql_fetch_array($result);
      $running_total = $row['running_total'];
    }


    $running_total = $running_total + $how_much;


    $insert_query = "INSERT INTO $db_tablename (who, how_much,
running_total) ";
    $insert_query .= sprintf( "VALUES('%s', %f, %f)", $who,
$how_much, $running_total );


    $insert_result = mysql_query($insert_query);
    if(!$insert_result) {
      die('insert query failed' .mysql_error());
    }


    mysql_close($con);
  ?>
```

---

config.php include 包含了数据库连接的细节。

现在开始添加实时更新功能。需要包含 Pusher 的 PHP 库，创建一个 Pusher 实例，将需要发送的数据包含在数组中，并调用 `$pusher->trigger()` 来触发该事件。传入 Pusher 构建器的参数包含在 *config.php* 中。

```
require('Pusher.php');


$pusher = new Pusher($pusher_key, $pusher_secret, $pusher_app_id);
$channel_name = 'donations-channel';
```

```
$values = array('who' => $who, 'howMuch' => $how_much, 'newTotal' =>
$running_total);
```

```
$pusher->trigger($channel_name, 'new_donation', $values);
```

这样就完成了。触发实时更新事件很简单。由于将大部分工作放到了客户端，所以捐赠进度指示器可以进行实时更新了。由于 PHP 通过 GET 请求获取值，所以可以通过访问 *donate.php* 页面来测试，传入需要的参数：

```
donate.php?who=Phil&how_much=100
```

下面是一个表单的例子，提交给之前创建的 PHP 文件，还有一些 JavaScript 代码实现了表单的 Ajax 提交。

```html
  <form id="donate_form" action="donate.php">

  <label for="who">Name</label><input type="text" value="Anon"
name="who" /><br />

  <label for="how_much">How Much</label><input type="number"
value="100.00" name="how_much" /><br />

  <label for="reset_total">Reset?</label><input name="reset_total"
type="checkbox" value="1" />

  <input type=" submit" value="Donate!"/>

  </form>

  <script>

$(function() {
$( '#donate_form' ).submit(function() {
  var form = $(this);
  var values = form.serialize();
  $.ajax({
    url:'donate.php',
    data:values
  });
  return false;
 });
});

  </script>
```

总结

我们实现了什么？

- 由基本的静态 HTML 开始，持续改进一个小部件。
- 通过添加额外的 HTML 元素和 CSS 将小部件变得更漂亮。
- 通过 JavaScript 更新用户界面，添加动画效果。
- 使用 Pusher 创建在有新捐赠时实时更新的小部件。

真正有趣的是为小部件添加实时更新功能只需要非常少的时间。这就是说如果你已经有了一个动态的应用，再给它添加实时更新功能真的非常简单。

实例 73 为 jWebSocket 创建插件

jWebSocket 是一个跨平台的实时通信框架，由服务器端和桌面浏览器端、移动浏览器端和原生客户端组成。可以使用它来实现基于 HTML5 的流媒体和通信应用。jWebSocket 有自己的服务器端实现，但是也可以和现有的服务器如 Tomcat、Glassfish 和 Jetty 无缝集成起来。

本实例由 jWebSocket 项目的作者 Alexander Schulze 提供。

除了支持基于浏览器的 JavaScript 实时应用客户端，jWebsocket 也支持包括 Android、iOS、Windows Phone、BlackBerry 和 Java ME 在内的移动客户端。jWebSocket 为固定客户端提供了 Java SE、C#和 Python 支持。

jWebSocket 是免费和开源的。它的主要优点是提供了一个强大的并且容易通过插件、web socket 应用扩展的核心，可以支持几十万并发连接。SSL 加密和消息过滤机制提供了高安全性。

由于遵守 IETF 和 W3C 的标准，web socket 的性价比很高，可以支持所有移动平台。它使用持久的、全双工的 TCP 连接而不是半双工的 HTTP 连接，这可以确保应用的速度和用户满意度。

jWebSocket 是为了在网络上创建基于 HTML5 的流媒体和通信应用而设计的。HTML5 Web Sockets 会逐渐取代现有的 XHR 和 Comet 服务，提供一种新的、灵活的、超高速的双向 TCP socket 通信技术。回退向后兼容性确保你的应用仍然可以在旧的环境中使用。

jWebSocket 适合很多应用，例如在线游戏、协同工作、实时流和消息服务器。它是复杂的计算集群、面向服务架构以及任何新的和成熟的通信技术之间接口实现的完美基础。

由于安装包中提供了大量插件，jWebSocket 可以满足大部分简单的、复杂的实时消息，以及数据同步的通信需求。插件可以直接使用或者根据需求扩展。

在本实例中我们将演示如何设置服务器，使用客户端类库建立通信，以及在客户端和服务器端扩展 jWebSocket。

运行 jWebSocket 服务器

jWebSocket 服务器完全是用 Java 开发的，所以可以在几乎所有平台上运行，包括 Windows、Mac OS X 和 Linux。它是开源（*http://jwebsocket.org/*）并且可以免费下载的。可以从 jWebSocket 网站的下载页面下载 *jWebSocketServer-<version>.zip*，其中包含了 *jWebSocketServer-<version>.jar* 文件，所有所需的类库，以及 *jWebSocketServer-<version>.bat*、启动服务器的.*sh* 脚本。

解压这个压缩包到你的文件夹（如 Unix 和 Linux 中的*/etc* 文件夹，Mac OS X 中的*/Applications* 文件夹，Windows 中的 *c:\program files*文件夹）。这个压缩包包含 *jWebSocket-<version>*文件夹，它是 jWebSocket 服务器的根目录。

在*/bin* 文件夹中的 *jWebSocketServer-<version>.jar* 文件包含了所有依赖的类库，提供了可以直接使用的文件夹结构。不需要任何安装和配置就可以从命令行开始执行。

- Windows：*jWebSocketServer.bat*

- Linux：*jWebSocketServer.sh*
- Mac OS X：*jWebSocketServer.command*

和一般的桌面程序一样，当你注销用户的时候，服务会被终止。所以，作为生产系统，推荐使用 jWebSocket Service（对于 Windows 系统）或者 jWebSocket 网络应用（对于其他操作系统）。安装和卸载服务的脚本包含在安装包里。

服务器的先决条件

由于 jWebSocket 服务器是完全基于 Java 技术的，所以请确保服务器上安装了 Java 运行时环境（JRE）1.6 或者更高版本，并且 JAVA_HOME 环境变量适用于 Java 安装的根目录。还要将 PATH 环境变量指向 Java 可执行文件所在目录。否则，可能需要要运行提供的安装脚本。

浏览器的 jWebSocket "Hello World"

从零开始构建第一个 jWebSocket "Hello World" 客户端很简单。即使 jWebSocket 服务器端还没有执行，也可以使用 *ws://jwebsocket.org:8787* 做测试。

这个客户端会发起自身与服务器端之间的通信。连接一旦建立，客户端就可以向服务器端或者其他客户端发送消息。服务器端用同样的连接向客户端发送消息。双方可以任意传送消息，除非连接被客户端或者服务器端终止。这是开始第一个 jWebSocket 项目需要的所有东西。

嵌入 jWebSocket 脚本

要在网页上实现双向消息实时传输，唯一需要做的事情是将一个简单的脚本标签添加到 HTML 的头部：

```
<script type="text/javascript"
src="<path_to_jWebSocket.js>/jwebsocket.js">
</script>
```

这样就可以在网页上使用 jWebSocket 了。你可以使用有完善注释的 *jWebSocket.js* 来学习 jWebSocket，也可以在生产环境中使用压缩版本 *jWebSocket_min.js*。

创建 jWebSocketClient 实例

jWebSocket 在 jWebSocket 规范命名空间 jws 下提供了 jWebSocketJSONClient 类。这个类提供了建立连接和断开连接的方法，同时提供了和服务器端使用 JSON 协议交互信息的方法。命名空间避免了和其他框架的命名冲突。

```
//jws.browserSupportsWebSockets 通过 FlashBridge 或 ChromeFrame 检查
//web sockets 是否可用
if(jws.browserSupportsWebSockets() ) {
  jWebSocketClient = new jws.jWebSocketJSONClient();
  // GUI 控制，可选启用
} else {
  // 禁用 GUI 控制，可选
  var lMsg = jws.MSG_WS_NOT_SUPPORTED;
  alert( lMsg );
}
```

建立连接和登入

可以使用 jWebSocketClient 中的 logon 方法建立客户端和服务器端之间的连接。这个方法可以连接到服务器端，并传入用户名和密码进行验证。

```
log( "Connecting to " + lURL + " and logging in as '" + gUsername + "'...");
var lRes = jWebSocketClient.logon( lURL, gUsername, lPassword, {
  // OnOpen 回调函数
  OnOpen:function( aEvent ) {
    log( "<font style='color:#888'>jWebSocket connection established.
</font>" );
  },
  //OnMessage 回调函数
  OnMessage:function( aEvent, aToken ) {
    log( "<font style='color:#888'>jWebSocket '" + aToken.type
        + "' token received, full message:'" + aEvent.data +
"'</font>" );
  },
  //OnClose 回调函数
  OnClose:function( aEvent ) {
    log( "<font style='color:#888'>jWebSocket connection closed.
</font>" );
  }
});
```

服务器端分配一个唯一 ID 给客户端，这样即使同一个客户从不同的地址和浏览器登入也能保证唯一性。

发送和广播 Token

当成功建立连接的时候，客户端会通过 send 方法向其他客户端发送消息，或者使用 jWebSocketClient 中的 broadcast 方法给所有连接的客户端广播消息。

```
//lMsg 是一个字符串
if( lMsg.length > 0 ) {
  var lRes = jWebSocketClient.broadcastText(
    "",     // 向所有客户端（不局限于某一特定的池）广播
    lMsg  // 广播此消息
  );
  if( lRes.code != 0 ) {
    // 显示错误
  }
}
```

发送消息一般都是非阻塞的，也就是说发送和广播消息不需要等到有结果才返回。可选的结果是异步返回的，之后会详细说明。

处理接收到的消息

从服务器端到客户端发送消息是异步的。所以，jWebSocketClient 类提供了 OnMessage 事件。在 logon 方法中，我们的应用简单地给这个事件添加了一个监听器按需处理消息。

```
//OnMessage 回调函数
OnMessage:function( aEvent, aToken ) {
  log( "<font style='color:#888'>jWebSocket '" +
    aToken.type + "' token received, full message:'" +
    aEvent.data + "'</font>"
  );
}
```

可以从在线开发者指南中找到关于 jWebSocket token 的说明。

退出和断开连接

根据需要，客户端和服务器端都可以终止已经建立的连接。在客户端，使用
jWebSocketClient 的 close 方法来实现。

```
if( jWebSocketClient ) {
  jWebSocketClient.close();
}
```

服务器端会在客户端没有活动的一段时间后自动断开连接。这种情况下 OnClose
事件被触发，可以在之前的 logon 方法中的回调函数中处理。超时时间可以配
置，也可以运行 keepalive 或自动重连的监控者。

用插件扩展 jWebSocket

jWebSocket 的一个最强大的功能是可以通过插件机制扩展。插件通过处理从客户
端接收的消息，以及对连接建立和断开事件的处理，来实现对 jWebSocket 服务器
的扩展。接收到的消息会通过 jWebSocket 过滤链，所以提供了很高的安全性。

插件可以根据开发需要从代码中加载，也可以在运行时从 *jWebSocket.xml* 配置文
件中加载，这是在生产环境中使用或者分发插件的推荐做法。

和 WebSocket 应用不同，插件针对的是实现普遍的服务而不是应用的逻辑。插件
的好处是相互独立、自给自足，可以独立分发（开源或者闭源）或者在多应用中
共享。

为网站创建第一个插件的流程很简单，如下：

1. 创建一个服务器端插件。

2. 将插件添加到 jWebSocket 服务器上。

3. 创建客户端插件（建议保持模块和命名空间的整洁）。

4. 在网页中使用这些功能。

HTML5 敏捷实践

创建一个服务器端插件

扩展 jWebSocket 服务器功能的第一步是创建一个服务器端插件，这个插件往往要实现 jWebSocket 中包含的 TokenPlugIn 子类。建议你在开发自己的插件时为每个插件分别创建不同的包。这可以在以后按独立的.jar 文件分发安装到每个 jWebSocket 实例上。

以下类别展示了一个简单的插件，实现 requestServerTime 命令：

```java
public class SamplePlugIn extends TokenPlugIn {


    private static Logger log = Logging.getLogger(SamplePlugIn.class);
    // 如果命名空间改变了，客户端插件也要相应更新！
    private static String NS_SAMPLE = JWebSocketConstants.NS_BASE +
".plugins.sample";
    private static String SAMPLE_VAR = NS_SAMPLE + ".started";


    public SamplePlugIn() {
      if (log.isDebugEnabled()) {
        log.debug("Instantiating sample plug-in...");
      }
      // 故意不为示例中的插件分配命名空间
      this.setNamespace(NS_SAMPLE);
    }

    @Override
    public void connectorStarted(WebSocketConnector aConnector) {
      // 每当一个客户端连接到服务器时，该方法就会被调用
      aConnector.setVar(SAMPLE_VAR, new Date().toString());
    }


    @Override
    public void connectorStopped(WebSocketConnector aConnector,
CloseReason aCloseReason) {
        // 每当一个客户端与服务器断开连接时，该方法就会被调用
    }


    @Override
    public void engineStarted(WebSocketEngine aEngine) {
        // 当 engine 启用时，该方法被调用
```

```java
        super.engineStarted(aEngine);
    }

    @Override
    public void engineStopped(WebSocketEngine aEngine) {
     // 当 engine 停用时，该方法被调用
     super.engineStopped(aEngine);
    }


    @Override
    public void processToken(PlugInResponse aResponse,
WebSocketConnector aConnector, Token aToken) {
        // 获取 token 的类型
        // 类型可以和"command"联系起来
        String lType = aToken.getType();


        // 获取 token 的命名空间
        // 每个插件都应该有自己独特的命名空间
        String lNS = aToken.getNS();


        // 检查 token 是否有自己的类型和命名空间
        if (lType != null && lNS != null && lNS.equals(getNamespace())){


          // 获取服务器时间
          if (lType.equals("requestServerTime")) {
           // 创建响应 token
           // 这包含独特的 token-id
           Token lResponse = createResponse(aToken);

           // 添加 "time" 和 "started" 域
           lResponse.put("time", new Date().toString());
           lResponse.put("started", aConnector.getVar(SAMPLE_VAR));

           // 将响应 token 发送回客户端
           sendToken(aConnector, lResponse);
        }
      }
    }

}
```

HTML5 敏捷实践

将插件添加到 jWebSocket 服务器上

以下代码展示了如何将新插件添加到 jWebSocket 服务器的插件链中：

```
// 启用 jWebSocket 服务器子系统
JWebSocketFactory.start( ...);

// 将插件添加到 jWebSocket 服务器的插件链中
TokenServer lTS = (TokenServer)JWebSocketFactory.getServer("ts0");
SamplePlugIn lSP = new SamplePlugIn();
lTS.getPlugInChain().addPlugIn(lSP);
```

JWebSocketFactory 类加载并且启动 jWebSocket 服务器，包含了所需类库、基本插件和过滤器。首先，TokenServer 获取它的 id，这是在 *jWebSocket.xml* 配置文件中配置的。然后，新的插件被初始化并且添加到 TokenServer 的插件链中。这样就完成了，新插件的所有函数都可以在客户端调用了。

创建一个客户端插件

一般有两种访问服务器端插件的方法：简单地使用 *jWebSocket.js* 中提供的 sendToken 方法；或者为 OnMessage 方法实现一个监听器。然而，我推荐在独立的 JavaScript 文件中实现客户端插件，这样能保持模块和 API 的整洁，并且便于用两个文件分发这个包（服务器端和客户端插件）。

以下代码展示了如何创建一个客户端 jWebSocket 插件。它为 jWebSocketToken Client 提供了 requestServerTime 方法，也为 jWebSocketJSONClient 类和它的子类提供了同样的方法。

```
jws.SamplesPlugIn = {

    // 共享对象插件的命名空间
    // 如果命名空间改变了，需要同步更新服务器插件
    NS:jws.NS_BASE + ".plugins.samples",


    processToken:function( aToken ) {
        // 检查命名空间是否匹配
        if( aToken.ns == jws.SamplesPlugIn.NS ) {
            //你可以直接在插件中处理来自服务器的 token
            if( aToken.reqType == "requestServerTime" ) {
                // 这里只是为了演示
                // 不要在此使用阻塞调用
```

```
          alert( "jWebSocket Server returned:" + aToken.time );
        }
      }
    },

    requestServerTime:function( aOptions ) {
      var lRes = this.createDefaultResult();
      if( this.isConnected() ) {
        var lToken = {
          ns:jws.SamplesPlugIn.NS,
          type:"requestServerTime"
        };
        this.sendToken( lToken, aOptions );
      } else {
        lRes.code = −1;
        lRes.localeKey = "jws.jsc.res.notConnected";
        lRes.msg = "Not connected.";
      }
      return lRes;
    }

  }

    // 将 jWebSocket 示例插件添加到 TokenClient 类
    jws.oop.addPlugIn( jws.jWebSocketTokenClient, jws.SamplesPlugIn );
```

在网页中使用这个插件

在应用中使用这个插件的最后一步是在网页中包含这个新插件文件的链接：

```
<script type="text/javascript" src="<url>/res/js/jWebSocket.js">
</script>
<script type="text/javascript" src="<url>/res/js/jwsSamplesPlugIn.js">
</script>
```

引用第三方 jWebSocket 插件

jWebSocket 已经包含了数量庞大并且持续增长的可用插件。表 9-1 提供了概览。

表 9-1 jWebSocket 包含的插件

插件	用途
API-Plug-in	公开 WebSocket API，例如 WSDL Web Services
Arduino-Plug-in	用 Arduino 远程监控和控制硬件
Benchmark-Plug-in	速度检测和通信评估支持
Channel-Plug-in	实现基于信道的通信模型
Chat-Plug-In	支持聊天室、群组和个人实时聊天
Events-Plug-in	实现基于事件的通信模型
Filesystem-Plug-in	公开或者私有文件夹的实时更新通知
JCaptcha-Plug-in	支持验证码
JDBC-Plug-in	数据库访问、缓存、同步和更新通知
JMX-Plug-in	Java EE 管理扩展的 WebSocket 界面
JMS-Plug-in	Java EE 消息服务的 WebSocket 界面
jQuery-Plug-in	支持 jQuery 和 jQuery Mobile 的实时数据交换
Logging-Plug-in	调试功能，web socket 服务器端和客户端的日志
Mail-Plug-in	通过 web socket 支持邮件协议 SMTP、POP3 和 IMAP
Monitoring-Plug-in	通过 Sigar 库实现远程服务器监控
Reporting-Plug-in	通过 web socket 实现 Jasper 报告
RPC-Plug-in	远程功能调用，服务器端到客户端、客户端到服务器端、客户端到客户端
Sencha-Plug-in	支持 Sencha/Sencha Touch/ExtJS 的实时数据交换
Shared-Canvas-Plug-in	实时共享 HTML5 canvas 的例子：虚拟白板
Shared-Objects-Plug-in	在客户端之间支持实时数据同步
SMS-Plug-in	支持多个供应商的分布式 SMS 消息
Statistics-Plug-in	基于 WebSocket 服务的访问统计
Streaming-Plug-in	通过 web socket 实现流服务的例子
Test-Plug-in	支持 token、请求响应和错误处理的开发工具
Twitter-Plug-in	Twitter 流式消息服务的 WebSocket 界面
XMPP-Plug-in	Jabber/XMPP 通信服务的 WebSocket 界面

如果你的程序选择了 Java 语言，可以开始将 Web socket 集成到自己的应用中，如果需要，也可以开发自己的 jWebSocket 插件。

实例 74 通过 Server-Sent Events 向浏览器推送通知

服务器端发送事件（Server Sent Events）是由 Opera 创建的，它实现了将 Comet 技术规范化。这个标准通过 JavaScript API EventSource 为应用提供了原生的实时更新支持。Event Source 可以连接到服务器端，通过 HTTP 流异步推送数据到客户端。Server-Sent Events 在浏览器和服务器端之间建立一个单一、双向、持久的连接。

和 WebSocket API 不同，Server-Sent Events 和 `EventSource` 对象在应用里使用 HTTP 实现服务端实时推送功能。HTTP 流出现在 WebSocket API 之前，主要是指 Comet 或者服务器端推送。令人兴奋的部分是 Server-Sent Events API 试图将 Comet 技术标准化，使得在浏览器上实现变得简单。

什么是 HTTP 流

在一个标准的 HTTP 请求和返回中，服务器端会在完成请求处理后立刻关闭连接。HTTP 流或者 Comet 的实现不同于此，它们会在浏览器和服务器端之间建立一个持久的连接。

需要注意并不是所有的 Web 服务器都支持 HTTP 流，只有类似于 Node.js、Tornado、Thin 这样的基于事件（event based）的服务器才支持 HTTP 流。这些非阻塞服务器还可以同时支持大量的并发请求。

关于基于事件和基于线程的服务器的完整讨论超出了本书的范围，但是本实例会实现一个简单的基于事件的服务器端。客户端通过简单的 JavaScript 实现到服务器端的连接，该服务器端用 Ruby、Thin 和 Sinatra 实现。

如果使用 Node.js，应该也很容易实现。请注意将来关于 Git 仓库的更新。

Ruby 实现的 Sinatra

Sinatra 的文档将自己描述为"用最少 Ruby 代码快速创建网页应用的 DSL"。

这本书之前主要关注使用 Node.js（HTTP 服务器）和 Express.js（网页应用框架）快速实现服务器端，但是如果不以同样的笔墨介绍 Ruby、Rails 和 Sinatra，那将是不完整的。

虽然学习 Ruby 是另外的学习曲线，但是在众多编程语言中它的学习曲线几乎是最平滑的。如大量的 Ruby 开发者所说，它可能是最优雅和有趣的现代编程语言。

假如你是网页应用开发的新手的话，Ruby on Rails 和它的小兄弟 Sinatra 也是非常好的网页应用开发框架。

和 Node.js、Express.js 类似，Sinatra 构建简单的小型服务器端不费吹灰之力。这让我们可以将精力放到浏览器端的开发上。

现在，让我们使用 Sinatra 构建一个简单的 HTTP 流式服务器。要学习使用 Ruby on Rails 和 Sinatra，可以查看 rubyonrails.org（*http://guides.rubyonrails.org/getting- started.html/*）和 sinatrarb.com（*http://www.sinatrarb.com/intro*）上的文档。

你也可以选择跳过之后的部分，直接从 github 仓库（*http://github/html5hacks/ chapter9*）中复制代码。

实现通知推送功能

本实例的目标是构建一个简单的流式服务器，使用 EventSource 对象从浏览器打开一个持久的连接。然后从一个管理浏览器向连接的所有接收者推送通知。听起来很简单，对吧？让我们开始吧！

一个简单的 HTTP 流式服务器

首先，打开一个名为 *stream.rb* 的文件。添加以下内容：

```
require 'json'
require 'sinatra'
```

之后，设置一个公开的文件夹，服务器端使用基于事件的 Ruby 服务器，Thin：

```
set :public_folder, Proc.new { File.join(root, "public") }
set server:'thin'
```

现在，需要设置两个路由显示两个页面：index 和 admin。使用 ERB 作为模板语言。关于 ERB 的细节超出了本书的范围，我们涉及的部分很有限。更多关于 ERB 的内容请到 ruby-doc.org（*http://rubydoc.org/stdlib-1.9.3/libdoc/erb/rdoc/ERB.html/*）查看。

```
get '/' do
  erb :index
```

```
end

get '/admin' do
    erb :admin
end
```

为每个通知分配一个时间戳，这个函数很简单：

```
def timestamp
  Time.now.strftime("%H:%M:%S")
end
```

还需要设置两个空数组：一个存储连接，另外一个存储通知。

```
connections = []
notifications = []
```

对于路由部分：当浏览器打开页面的时候，其中包含了执行的 JavaScript 代码，使用 EventSource 对象连接到 URL *http://localhost:4567/ connect*（之后再讨论更多关于 EventSource 的内容）。

现在，你可以看到基于事件的 HTTP 流的神奇之处了。连接保持打开，直到回调函数被触发，关闭流。

```
get '/connect', provides:'text/event-stream' do
  stream :keep_open do |out|
    connections << out


    # 当数据流关闭时调用 out.callback
    out.callback {
     # 删除连接
     connections.delete(out)
    }
  end
end
```

最后，任何发送到**/push** 路由上的数据都会被推送到每个连接的设备上：

```
post '/push' do
  puts params
  # 在通知中添加时间戳
  notification = params.merge( {'timestamp' => timestamp}).to_json


  notifications << notification
```

```
notifications.shift if notifications.length > 10
connections.each { |out| out << "data:#{notification}\n\n"}
end
```

正如我之前说的那样，你可以按说明从 Git 仓库将代码拉到本地执行这些代码。
或者像之前一样，打开终端，找到代码的位置，执行以下命令：

```
$ ruby stream.rb
```

图 9-15 显示了 Sinatra 服务器正在启动。

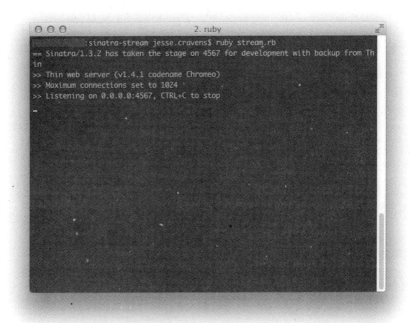

图 9-15　启动 Sinatra 服务器

现在启动了 Sinatra 应用，在不同的路由上处理不同的请求。

这还不完整，我们会在之后的章节讨论其余部分。

创建 HTML 页面

我们创建两个页面：一个用于管理员发布通知，另一个用于其他连接的接收者接收通知。这两个页面使用同样的布局，显示如下：

```
<html>
  <head>
    <title>HTML5 Hacks - Server Sent Events</title>
    <meta charset="utf-8" />

    <script
src="http://ajax.googleapis.com/ajax/libs/jquery/1/jquery.min.
js">
</script>
    <script
src="http://ajax.googleapis.com/ajax/libs/jqueryui/1/jquery-ui
.js">
</script>
    <script src="jquery.notify.js" type="text/javascript"></script>
    <link rel="stylesheet" type="text/css" href="style.css">
    <link rel="stylesheet" type="text/css" href="ui.notify.css">

  </head>
  <body>
        <!-- implementaion specific here  -->
  </body>
</html>
```

管理页面包含了<input>标签和一个简单的按钮：

```
<div id="wrapper">
    <input type="text" id="message" placeholder="
Enter Notification Here" /><br>
    <input type="button" id="send" data-role="button">push</input>
</div>
```

接收页面会显示一组简单的文字：

```
<div id="wrapper">
  <p>Don't Mind me ...Just Waiting for a Push Notification
from HTML5 Hacks.</p>
</div>
```

用浏览器打开 *http://localhost:4567/admin* 可以看到管理表单（如图 9-16 所示）。

HTML5 敏捷实践

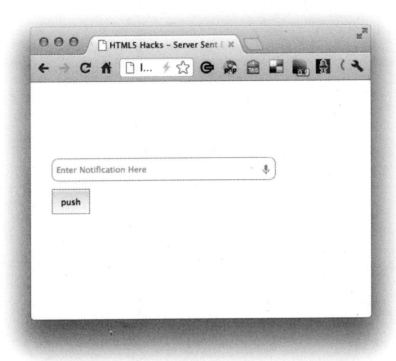

图 9-16 初始的管理页面

用浏览器打开 *http://localhost:4567*，你会看到如图 9-17 所示的效果。

图 9-17 初始的索引页面

添加一些 jQuery

我们需要通过以下 JavaScript 代码在发送按钮上绑定一个事件监听器。这段简单的代码会阻止默认的表单提交,向服务器端发送 JSON 格式的通知对象。

注意 URL /push 对应之前在 Sinatra 应用里创建的路由。

```
$('#send').click(function(event) {
    event.preventDefault();

    var notification = { notification:$('#notification').val()};

    $.post( '/push', notification,'json');
})
```

现在打开 5 个浏览器窗口：一个作为管理者 *http://localhost:4567/admin*，其他 4 个作为接收者 *http://localhost:4567*（如图 9-18 所示）。

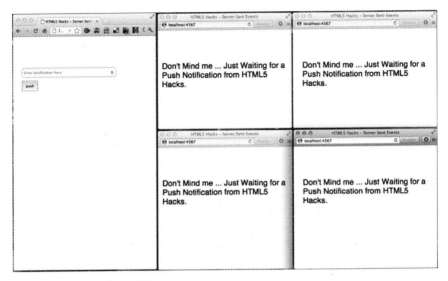

图 9-18　打开 5 个浏览器窗口

看起来不错。现在我们来构建 EventSource。

EventSource

EventSource API 是一种非常简单的打开 HTTP 流式连接的 JavaScript API。

因为接收页面只需要接收数据，Server-Side Events 是一个理想的方案。如果想实现双向通信，在本章中也有其他的 WebSocket 的例子。

之前讨论 Sinatra 应用时，我们演示了如何创建一个让浏览器做 HTTP 流连接的路由，这就是需要连接的地方。

```
var es = new EventSource('/connect');

es.onmessage = function(e) {
  var msg = $.parseJSON(event.data);

    // ... do something
}
```

现在我们使用可用的数据创建简单的通知：

```
var es = new EventSource('/connect');

es.onmessage = function(e) {
var msg = $.parseJSON(event.data);

    // ...Notify
}
```

这是完整的管理脚本：

```
$(function() {
  $('#send').click(function(event) {
    event.preventDefault();

    var notification = {message:$('#notification').val()};

    $.post( '/push', notification,'json');
  })
});
```

安装 jQuery.notify

我们使用 Eric Hynds 的 jQuery 插件 jQuery-notify(*https://github.com/ehynds/jquery-notify*）显示推送的通知。先需要在接收页面包含一些标记：

```
<div id="container" style="display:none">
    <div id="basic-template">
        <a class="ui-notify-cross ui-notify-close" href="#">x</a>
        <h1>#{title}</h1>
        <p>#{text}</p>
    </div>
</div>
```

这在页面的底部创建了一个隐藏的 div 标签（如图 9-19 所示）。这里没有展示如何使用 CSS 的"display:none"将它隐藏起来，但是可以从 Git 仓库中的源码中找到具体的实现方式。

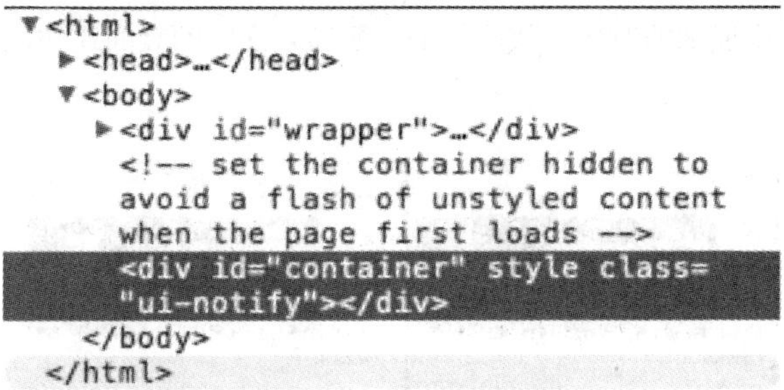

```
▼<html>
  ▶<head>…</head>
  ▼<body>
    ▶<div id="wrapper">…</div>
      <!-- set the container hidden to
      avoid a flash of unstyled content
      when the page first loads -->
      <div id="container" style class=
      "ui-notify"></div>
    </body>
</html>
```

图 9-19　隐藏 div 标签

为了初始化 jQuery.notify，必须先调用如下方法：

```
$("#container").notify({
            speed:500,
            expires:false
    });
```

以下是最终的接收脚本：

```
$(function() {

  $("#container").notify({
      speed:500,
      expires:false
  });

  var es = new EventSource('/connect');
  es.onmessage = function(e) {

    var msg = $.parseJSON(event.data);
      $("#container").notify("create", {
          title:msg.timestamp,
          text:msg.notification
    });
    }

})
```

这很简单。EventSource API 很小巧，可以直接嵌入类似 Sinatra 或者 Node.js 的框架中。

现在，当我们从管理页面提交通知的时候，接收页面会更新包含时间戳的通知，如图 9-20 所示。

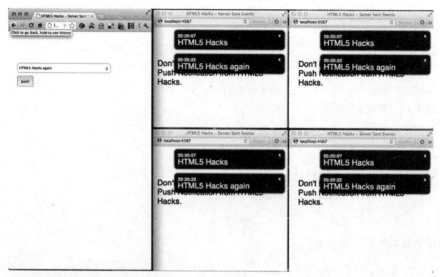

图 9-20　向连接的浏览器推送通知

实例 75　配置 Amazon S3 支持跨域共享网络字体

Cross-Origin Resource Sharing（CORS）是一个允许浏览器应用从其他域名下获取资源的规范。通过 CORS 可以实现安全且容易实施的绕过同源策略的方法。

本实例中，在云存储器中托管网络字体。为了实现这个功能，首先学习如何配置 Amazon S3 bucket，使其能够从其他域名接收请求。

如果你对网络字体和 @font-face 还不熟悉，请参考实例 12。

下一节中，我们将先讨论关于 Amazon S3 和同源策略的内容，然后再研究 CORS。

什么是 Amazon S3 Bucket

Amazon S3（Simple Storage Service）是一个简单的云存储器。所有类型的文件都可以存储在这个服务中，但是网页开发者通常用它存储静态文件，例如图片、JavaScript 文件和层叠样式表文件。

为了改善性能，网页开发者喜欢使用内容分发网络（CDN）来托管这些静态文件。虽然 Amazon S3 本身不是 CDN，但是通过 CloudFront 很容易将 CDN 功能打开。

一个 *bucket* 是指一个用来存储静态文件的目录名。

先在 Amazon Man- agement Console（*http://console.aws.amazon.com*）设置一个账号，如图 9-21 所示。

图 9-21 S3 管理界面

点击 Create Bucket 按钮会看到如图 9-22 所示的提示框。

我们为 bucket 命名并且选择一个区域（如图 9-23 所示）。你可以选择一个区域降低延时、减少花费，或者符合监管要求。

我们将 bucket 命名为"html5hacks"。可以从管理窗口看到空白的文件系统（如图 9-24 所示）。

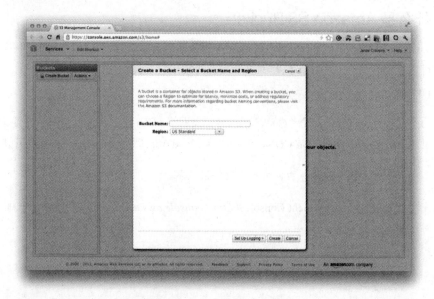

图 9-22　在 S3 管理控制台创建一个 S3 bucket

这很简单。但是为什么要做这些呢？让我们先讨论一些关于浏览器安全的话题
——同源策略。

同源策略

随着浏览器成为应用平台，应用开发者在很多情况下需要从其他域名直接获取内
容。维基百科（Wikipedia）这样定义同源策略：

> 在计算机科学领域，同源策略是一种重要的安全思想。很多浏览器端编程语
> 言如 JavaScript 都应用了这种策略。这种策略允许在页面上运行来自同一
> 个网站的其他脚本的方法和属性，而禁止访问其他网站上脚本中的方法和
> 属性。[1]

根据维基百科的定义，同源策略是一个好策略，可以保护用户免受安全攻击。但
这给网页开发者带来了很多不便。

注 1：　*http://en.wikipedia.org/wiki/Same_origin_policy*

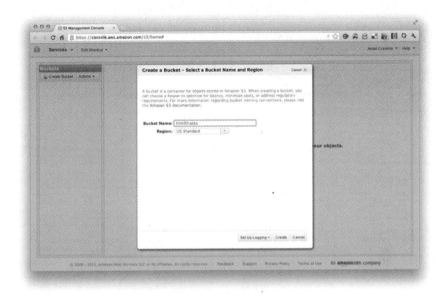

图 9-23 在 S3 管理控制台命名一个 S3 bucket

这就是 CORS（Cross-Origin Resource Sharing）的来源。CORS 允许开发者指定哪些域名（白名单）可以从本地远程获取数据和内容。

在应用里使用网络字体

在网页中包含网络字体有很多方式，例如调用@font-face 服务，在应用中构建字体，将字体托管到自己 Amazon S3 bucket 中，以及将文件转换为 Base64 字符串内联嵌入到 data-uri 中。最后的这种方法和实例 13 中的描述类似。

每种技术都有局限性。

- 当调用@font-face 服务的时候，被限制在特定的服务数据库中。

- 在应用中构建字体不能使用 HTTP 缓存，每次页面请求都要单独下载字体。另外，也不能在其他应用中复用这个字体。

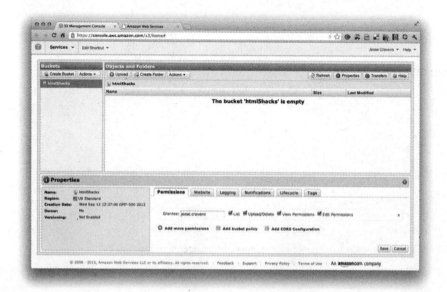

图 9-24　html5hacks S3 bucket

- Amazon S3 bucket 中托管字体很不错，但是 Firefox 是例外，它强制在所有资源上应用同源策略。所有向远程服务器发送的请求都被拒绝了。

- 将字体转换为 Base64 增加了样式表的大小，也不利于缓存。

关于不同类型的网络字体的细节超出了本实例的范围，现在假设我们已经选定了网络字体 *BebasNeue.otf*。

可以从 dafont.com（*http://www.dafont.com/*）免费下载这个开源的字体。

将这个字体上传到 Amazon S3 Bucket

现在，我们只需要将字体上传到在云端的文件系统（如图 9-25 所示）。

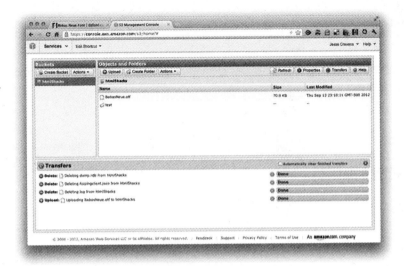

图 9-25   上传的 BebasNeue 字体

在网页中添加网络字体

为了将网络字体添加到页面上，我们需要在 HTML 中添加一个样式表。

下面是我们的页面，页面名为是 *index.html*，用 `<link>` 标签引入基本样式 *style.css*。

```html
<html>
  <head>
    <title>S3 - font</title>
    <meta charset="utf-8" />
    <link rel="stylesheet" type="text/css" href="styles.css">
  </head>
  <body>
    <h1 class="test">HTML5 Hacks</h1>
  </body>
</html>
```

我们在 *style.css* 中添加以下内容指向上传的文件。通过 `test` 类将字体应用到 H1 标签上。

```css
@font-face { font-family:BebasNeue; src:
url('https://s3.amazonaws.com/html5hacks/BebasNeue.otf'); }
```

```
.test {
  font-family:'BebasNeue';
}
```

用浏览器打开新创建的 HTML 页面。在 Opera 中（如图 9-26 所示），Safari 和 Chrome 中 H1 标题样式显示正确。

图 9-26　Opera 浏览器显示的 BebasNeue 字体

但是当我们在 Firefox 中查看的时候，会发现问题（如图 9-27 所示)。

如果在 Firefox 开发者工具（Firebug）中查看字体的请求，可以发现从服务器返回的内容为空（如图 9-28 所示）。

为什么呢？Firefox 默认只接受和主页面同域名下的内容的请求。如果在不同的域名下引用字体，需要给字体的头部添加 `Access-Control-Allow-Origin` 信息。

所以从 Firefox 不会加载 CDN 上的字体。

什么是跨域资源共享（CORS）

CORS（Cross-Origin Resource Sharing）规范在服务器支持跨站请求的情况下，使用 `XMLHttpRequest` 对象从网页发送和接收跨域 HTTP 请求。

图 9-27　Firefox 浏览器显示 BebasNeue 字体失败

接收请求的服务器必须返回 `Access-Control-Allow-Origin` 头信息，值为*或者发送请求的原域名。如果其中不包含原域名，请求会失败。

另外，除了 `GET` 和 `POST` 请求，`PUT` 请求也是必需的，浏览器在接收 `PUT` 请求前会发送 `HTTP OPTIONS` 请求和服务器建立握手连接。

幸运的是，由于开发社区的推动，Amazon 通过一个简单的 XML 配置文件为 Amazon S3 添加了 CORS 配置支持。

现在，让我们开始吧！

在 Amazon S3 上配置 CORS

你应该已经打开了 Amazon Management Console(*http://console.aws.amazon.com/*)。选择 Properties→Permissions→Edit CORS configuration，会弹出一个对话框。

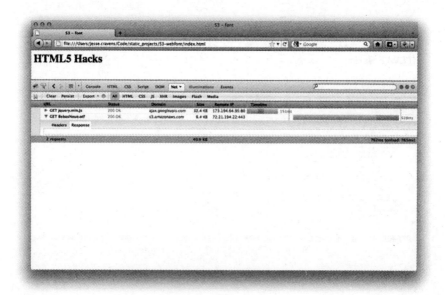

图 9-28　Firefox 浏览器显示的空返回

这个配置最多可以添加 100 种定义，但是我们的网络字体只需要几个定义即可。在这个例子里使用*，但是如果是在生产环境，应该建立一个白名单，禁止其他域名从你的 S3 账户上获取字体，因为那样虽然不会带来灾难性后果，但是会耗费你的资金。

第一个规则是允许从任何源发送跨域 GET 请求。这个规则也允许通过发送 OPTIONS 请求获取 Access-Control-Request-Headers 头信息。对于任何 OPTIONS 请求，Amazon S3 会返回对应的头信息。

第二个规则是允许从所有源做跨域 GET 请求。通配符*表示所有源。

```
<CORSConfiguration>
<CORSRule>
    <AllowedOrigin>*</AllowedOrigin>
    <AllowedMethod>GET</AllowedMethod>
</CORSRule>
</CORSConfiguration>
```

将新的配置复制到编辑器中保存（如图 9-29 所示）。

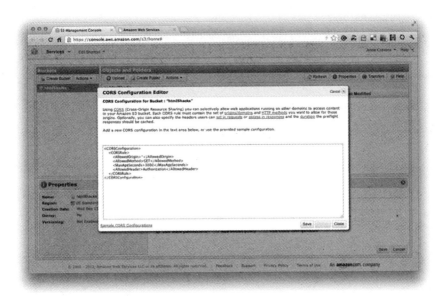

图 9-29　在 S3 管理控制台配置 CORS

让我们回到 Firefox 重新加载页面。现在可以看到标题的字体显示为 BebasNeue，如图 9-30 所示。

还有很多关于 CORS 的内容需要学习，尤其是 HTTP POST 请求对 MIME 类型的支持，以及向支持 CORS 的服务器发送 cookies 和 HTTP 身份认证数据。现在开始创建自己的 CORS 例子吧。

实例 76　使用 Robodeck 控制 HTML5 幻灯片

Robodeck 使用 HTML5 Sencha 2.0 移动远程控制网页应用，让开发者可以通过 web socket 和 XHR 控制 Deck.js HTML5 幻灯片。Robodeck 运行在 Node.js 上，使用 Express.js 应用框架输出 HTML、JavaScript 和 CSS，使用 Socket.IO 做 web socket 支持。Robodeck 也演示了如何使用 HTML5 地理位置 API。

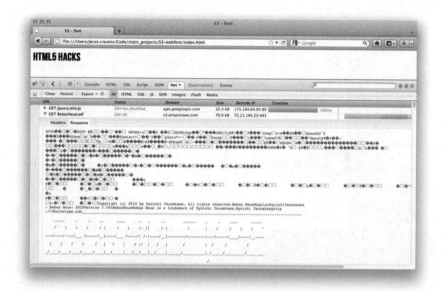

图 9-30　Firefox 浏览器成功显示 BebasNeue 字体

你是否想过使用 HTML5、JavaScript、CSS 创建幻灯片来和 PowerPoint 与 Keynote 竞争，或者在浏览器中通过 URL 分发幻灯片？用你的移动设备控制幻灯片如何？或者在其他人查看幻灯片的时候记录他们的位置信息？

robodeck 是个 HTML5 终极实例，它将上述功能在一个框架内实现了。它是托管在 GitHub 上的一个项目，在 Heroku（如图 9-31 所示）上有可执行的演示，为我们创建幻灯片提供了基础。本实例将研究整个框架的创建过程。

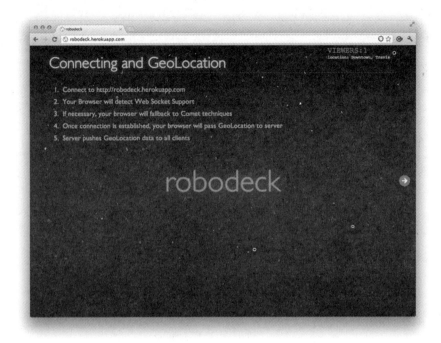

图 9-31　托管在 Heroku 上的 robodeck 例子

本实例比前一个实例更详细地介绍了关于服务器端和客户端的 JavaScript 实现。Node.js 的优美之处在于可以使用一种语言 JavaScript 实现和维护前后端代码。这种简单性让 Node.js 成为开始使用 Web socket 的理想选择。

Deck.js

Deck.js（*http://imakewebthings.com/deck.js/*）是一个 HTML5 幻灯片框架，使用 JavaScript、CSS3、2D/3D 转换和动画创建网页幻灯片，不需要 PowerPoint 和 Keynote 的支持。Robodeck 使用 Deck.js 是因为它有强大的 API，可以简化创建高级幻灯片的过程，并且允许添加动作。更多关于这个 API 的细节请看在线文档（*http://imakewebthings.com/deck.js/docs/*）。

现在将 Deck.js 下载到本地电脑（如图 9-32 所示），等完成一个基本应用的时候再将文件移动到合适的文件夹中。

图 9-32　Deck.js 的首页

Node.js 和 Express

我们将使用 Node.js 作为网络服务器来处理从浏览器发送的请求，使用 Express 框架向浏览器发送 HTML 和标记。

本实例假设你已经安装了 Node.js。如果还没安装，可以参考在线文档 nodejs.org.

从命令行切换到项目目录，执行 Express 应用生成器。要了解更多关于 Express 生成应用的信息，请看实例 83。

```
$ cd your-projects-directory
$ express robodeck
$ cd robodeck
```

现在可以用 ls 命令查看目录中的文件：

```
$ ls
Procfile    README    app.js    node_modules    package.json
    Public        routes    views
```

现在我们已经有了必要的文件和文件夹执行一个简单的 Node.js/Express 应用。

首先，需要在 *package.json* 文件中包含所需模块：

```
{
    "name":"robodeck"
  , "version":"0.0.1"
  , "private":true
  , "dependencies":{
      "express":"2.5.8"
    , "jade":">= 0.0.1"
    , "socket.io":"latest"
    , "useragent":"latest"
    , "googlemaps":"latest"
  }
}
```

可以看到在项目中只包含了几个模块。之前已经介绍过 Express，这里使用 Jade 作为 HTML 语言。要了解更多关于 Jade 的信息，请看实例 85。

项目中还包含了 Socket.IO，它会在下一节涉及。Google Maps 模块实现了反向地理位置编码。在本实例之后的部分会有更多关于地理定位的实现，地理定位 API 在第 6 章中已经详细研究过。

当配置文件填好之后，可以使用 Node Package Manager 安装模块：

```
$ cd robodeck
$ npm install
$ node app.js
Express sever listening on port 3000
```

最后，用浏览器打开 *http://localhost:3000*，结果如图 9-33 所示。

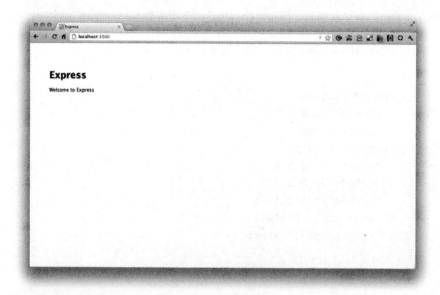

图 9-33　初始 Express 应用

构建路由

现在我们已经实现了一个基本的 Express 网络应用了。打开 *app.js* 查看内容。可以看到基本的 Express 应用只接受一个 URL 的请求，即根 URL 的请求。这就是为什么打开 *http://localhost:3000* 会得到基本的返回。

```
// 路由

app.get('/', routes.index);

app.listen(3000, function(){
  console.log("Express server listening on port %d in %s mode",
app.address().port, app.settings.env);
});
```

为了支持两个独立的应用，需要从两个不同的 URL 接收请求：一个在根 URL 返回 Deck.js 应用，另一个用来创建 Sencha 2.0 移动应用。为了简化，我们使用路径 *http://localhost:3000/x*。

　　　　　　　　　　　　　　　　　　　　　　　　HTML5 敏捷实践

还需要从 Sencha 2.0 移动应用接收 **XMLHttpRequest**：一个从 URL *http://localhost/next* 返回后一个幻灯片，另一个从 URL *http://localhost/prev* 返回前一个幻灯片。

实例 84 介绍了如何在 Node.js 中构建路由。所以如果你想了解路由实现的细节，可以阅读那个实例。现在，我们将如下代码复制到 *app.js* 文件中：

```
app.get('/', function(req, res) {
    routes.desktop(req, res);
});


app.get('/x', function(req, res) {
    routes.iphone(req, res);
});


///////// 从远程移动应用接收 XHR 调用


app.get('/next', function(req, res) {
  console.log('NEXT- ' + 'server time:' + getTime() + ',
client time:' + req);
  send(JSON.stringify({ "cmd":'next' }));
});


app.get('/back', function(req, res) {
  console.log('PREV ' + getTime());
  send(JSON.stringify({ "cmd":'prev' }));
});
```

现在，我们构建了 4 个独立的路由接收请求。

在 *routes* 目录下可以包含一个 *index.js* 文件，其中包含路由的实现逻辑：

```
exports.desktop = function(req, res){
  res.render('desktop', { layout:'basic' });
};


exports.iphone = function(req, res){
  res.render('smartphone', { layout:'mobile' });
};
```

在这里，我们根据不同的路由告诉 Express 去哪里寻找构建返回给浏览器 HTML 标记的视图。注意虽然有 4 个路由，但只有两个视图布局。

这是因为其中两个路由/next 和/previous 不需要返回 HTML 标记。这些路由会生成 Web socket 信息发送给监听的客户端。从根 URL 获取桌面视图的客户端会获取 Socket.IO 脚本，让客户端监听 Web socket 消息。在订阅的事件处理器的回调函数中，调用 Deck.js API 在幻灯片上执行 CSS 转换。

构建桌面和移动视图

让我们构建这两个视图。

第 10 章提供了更多关于 Jade 视图的信息。为了实现本实例的功能，可以使用如下代码创建两个视图：一个用作移动应用，另一个现实 Deck.js 应用。

我们之前分别在路由中设计了两个视图：桌面和 iPhone。每个视图使用了不同的布局。可以将布局想象为容器，将视图想象为容器内部的标记。

首先，让我们先看一个桌面版的基本布局：

```
!!!
html
  head
    title robodeck
    link(rel='stylesheet', href='/stylesheets/style.css')
    link(rel='stylesheet', href='./deck.js/core/deck.core.css')
    link(rel='stylesheet',
href='./deck.js/extensions/goto/deck.goto.css')
    link(rel='stylesheet',
href='./deck.js/extensions/hash/deck.hash.css')
    link(rel='stylesheet',
href='./deck.js/extensions/menu/deck.menu.css')

    link(rel='stylesheet',
href='./deck.js/extensions/navigation/deck.navigation.css')

    link(rel='stylesheet',
href='./deck.js/extensions/scale/deck.scale.css')
    link(rel='stylesheet',
href='./deck.js/extensions/status/deck.status.css')

    // 在 /themes/style/ 中定制或自己创建
    link(rel='stylesheet', href='../deck.js/themes/style/neon.css')
    // Transition theme
```

```
    // 在 /themes/transition/ 中有更多编号模板，或创建自己的模板
    link(rel='stylesheet',
href='../deck.js/themes/transition/horizontal-slide.css')

    script(src='../modernizr.custom.js')
    script(src='../socket.io/socket.io.js')


body.deck-container
    != body
```

可以从 Deck.js 的标记内部看到 CSS、Socket.IO JavaScript 依赖。现在实现桌面版
的视图，它会包含在基本布局中。这是用来创建 Deck.js 幻灯片的基础。你可以
看到每个幻灯片是使用 HTML5 section 标签来表示的，并且包含一个名为 slide
的类属性。

```
// 在类为 slide 的容器中创建任意数量的元素
section.slide
    h1 robodeck
    h2 Interactive Demo - Connecting and GeoLocation
    ol
        li Connect to http://robodeck.herokuapp.com
        li Your Browser will detect Web Socket Support
        li If necessary, your browser will fallback to Comet techniques
        li Once connection is established,
your browser will pass GeoLocation to server
        li Server pushes GeoLocation data to all clients


section.slide#remote
    h1 HTML5 Rocks
    h2 Interactive Demo - Remote Control Pub/Sub
    ol
        li We connect to the same application with a Sencha 2.0
HTML5 Mobile Web app
        li We advance the deck by publishing NEXT or PREV command
messages to the server
        li All connected clients are subscribing to the commands
        li Client JavaScript then controls the deck


section.slide#thanks
    h1 Thank You!
    ol Interactive Demo - the end.
```

这段标记提供了三张幻灯片。打开浏览器，点击向右箭头可以翻到第二张幻灯片。图 9-34 显示了第二张幻灯片，标题为 "HTML5 Hacks"。注意 URL 的锚标签：*http://localhost:3000/#remote* 和第二张幻灯片的 id `remote` 是匹配的。

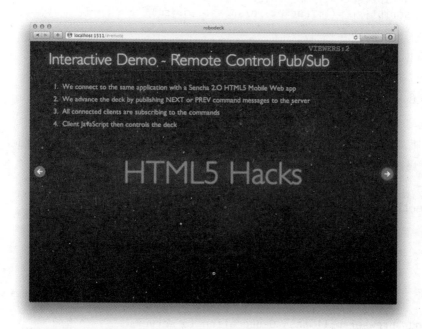

图 9-34　Robodeck 第二张幻灯片

应用还包含了一张显示当前连接的总客户端数目和每个客户端的地理位置的幻灯片。

```
footer
div#clients
    p#viewers
    div#locationsWrapper
        p#locations
    p#tweets
```

Deck.js JavaScript 的依赖包含在 basic.jade 视图中，放在页面的底部。这是出于性能考虑，确保标记在脚本开始加载和执行之前被加载。

```
script(src='../jquery-1.7.min.js') script(src='../deck.js/core/
deck.core.js')
script(src='../deck.js/extensions/hash/deck.hash.js')
script(src='../deck.js/extensions/menu/deck.menu.js')
script(src='../deck.js/extensions/goto/deck.goto.js')
script(src='../deck.js/extensions/status/deck.status.js')
script(src='../deck.js/extensions/navigation/deck.navigation.js')
script(src='../deck.js/extensions/scale/deck.scale.js')
```

最后，通过调用以下方法启动 Deck.js：

```
script
    $(function() {$.deck('.slide');});
```

现在实现移动路由，需要一个移动布局，包含向移动设备发送的资源。切记，移动设备应该从 localhost:3000/x 访问应用，这样能接收为移动设备优化的应用。

在移动布局中，包含以下标记框架：

```
  !!!
html
  head
    title robodeck mobile
    // sencha 1.0
    // link(rel='stylesheet',
href='../javascripts/sencha/resources/css/sencha-touch.css')
    // script(src='http://maps.google.com/maps/api/js?sensor=true')
    // script(src='./javascripts/sencha/sencha-touch-debug.js')


    // sencha 2.0
    link(rel='stylesheet',
href='app/lib/touch/resources/css/sencha-touch.css',
title='senchatouch', id='senchatouch')
    link(rel='stylesheet',
href='app/css/style.css', title='android', id='android')


    script(src='app/lib/touch/sencha-touch.js')
    script(src='app/app/app.js')
    script(src='app/app/views/Viewport.js')
    script(src='app/app/views/Home.js')

    // 其他
    script(src='./modernizr.custom.js')
```

```
    // script(src='./socket.io/socket.io.js')
```

```
body.deck-container
    != body
```

这个移动布局包含了创建 HTML5 移动网页应用的 Sencha 2.0 所有依赖。

在移动容器中包含的智能手机视图是为非平板网络客户端设计的。也可以针对平板电脑定制视图，或者使用 CSS3 media query 针对不同的设备在标记上设置不同的元数据（更多关于 CSS3 media query 的内容请看实例 16）。

为了简化，在所有的客户端访问 localhost:3000/x URL 时，我们提供同样的视图。

由于 Sencha 2.0 的特性，不需要在智能手机视图内包含任何东西。生成 Sencha 2.0 应用的所有代码只是包含在手机布局视图中的 JavaScript 文件。这种设计方式和其他类似的框架（例如 jQuery Mobile）是不同的。但是这种"JavaScript 作为核心"的设计方式让 Sencha 2.0 显得很独特，并且在 JavaScript 开发社区中流行起来。我们会在之后的章节中详细讨论 Sencha。

现在，还需要添加 smartphone.jade 视图，因为以后会添加其他脚本，例如 Socket.IO client 或者 jQuery Mobile。

公开文件

正如之前的 Web socket 实例，为了完成 Web socket 通信，需要同时维护服务器端和客户端的代码。在应用中还需要一个/*public* 文件夹包含应用所需的所有静态资源文件。

首先将 Deck.js JavaScript 文件移到/*public* 文件夹，这样就能从浏览器访问基本的幻灯片了。项目文件夹的结构如图 9-35 所示。

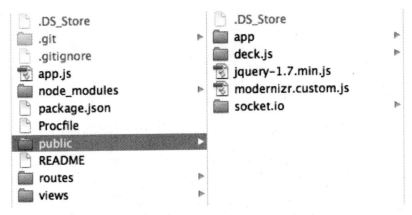

图 9-35　将 Deck.js 文件移到/public 文件夹

使用 Socket.IO 模拟支持 WebSocket

Socket.IO 是为了让所有浏览器和移动设备都支持实时通信而设计的，它将不同的传输机制封装起来。

更多关于 polyfills 的内容请看实例 55。

为了给所有浏览器提供实时通信支持，Socket.IO 从以下列表中选择了最高效的通信方式，提供统一的 API：

- WebSocket

- Adobe Flash socket

- Ajax long polling

- Ajax multipart streaming

- Forever iFrame

- JSONP polling

图 9-36 显示了 Socket.IO 的主页。

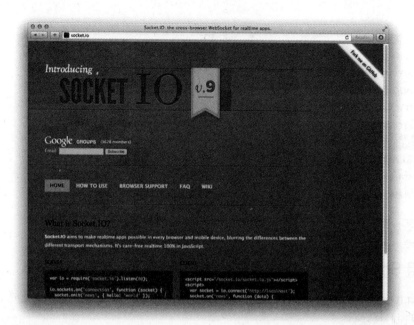

图 9-36　Socket.IO 的主页

幸运的是 Node.js 社区使 Socket.IO 非常易用,几乎不需要多少时间就能运行起来一个 Web socket 服务器。

我们已经在本实例的开始部分安装好了 `socket.io` 模块,所以现在只需要引用它,开始使用它的 API。

首先,需要打开 app.js 文件,并且将如下代码添加到 `app.config` 和 `app.routes`之前:

```
// 是被连接的客户端
var clients = [];

function send(message) {

  clients.forEach(function(client) {
      client.send(message);
  });
}
```

这里,创建了一个客户端数组,还有一个 send 函数,它会遍历连接的客户端并向它们发送一条消息。

然后，添加如下代码：

```
app.listen(process.env.PORT || 1511);

var sio = io.listen(app);
sio.sockets.on('connection', function(client) {

  clients.push(client);
  send(JSON.stringify({ "clients":clients.length }));

  client.on('disconnect', function () {
    var index = clients.indexOf(client.id);
    clients.splice(index, 1);
  });

});
```

现在开始创建服务器端的 Socket.IO 实现。

注意我们向 Socket.IO 的 `listen()` 方法中传入了 `Express app` 对象，所以它们都会在同样的端口监听。

设置一个事件处理器，处理客户端连接事件。将客户端添加到客户端数组中，并向它发送初始 Web socket 消息，其中包含了当前连接的客户端数量。

注意 disconnect 事件触发的时候，会将客户端从客户端数组中移除，从而保证总客户端计数器是准确的。

这是第一个 Web socket 消息，它用在 Deck.js 桌面视图中更新用户界面，显示当前观看 Deck.js 幻灯片的客户端的数量。

这个视图想要正常工作，还差一步：在客户端中包含 Socket.IO 库。

将 Socket.IO 客户端 JavaScript 添加到视图中

现在，回到包含静态文件的*/public* 文件夹，这是包含客户端 JavaScript 的地方。客户端创建 `WebSocket` 对象，发送初始请求然后升级到 `WebSocket` 协议。客户端 JavaScript 还会建立一个发布订阅系统，通过网络发送和接收消息。

我们在这个文件夹下创建*/socket.io* 文件夹，其中包含 *socket.io* 文件和 *deck.js* 文件。

我们将 *socket.io* 客户端 JavaScript 代码下载到*/socket.io* 文件夹中。项目文件夹的结构如图 9-37 所示。

图 9-37　将 Socket.IO 客户端 JavaScript 添加到/public 文件夹中

最后，在 basic.jade 视图中添加一些 JavaScript 代码，让 Socket.IO 能够从服务器端接收消息：

```
script
    var socket = io.connect();

    socket.on('message', function (data) {

        var json = JSON.parse(data);

        if (json.clients) {

            // 更新 DOM
            $('#viewers').text('viewers:'+ json.clients);

        }

    });
```

当一个消息从 clients 的属性中取出后，我们通过 jQuery 访问 DOM 并将观看者的数量更新为当前值。

可以通过打开多个浏览器标签或者多个浏览器窗口访问 localhost:3000 的方式来测试这个功能。每个窗口都会收到一个 web socket 消息，对连接的所有客户端上显示的观看者数量进行更新（如图 9-38 所示）。

图 9-38　实时更新客户端数据

添加地理位置 API 和使用 googlemap 模块逆向获取地理位置编码

现在已经完成了从 web socket 服务器获取消息的应用了。再利用浏览器的地理位置 API 添加额外的数据（客户端的经纬度）和 Node.js 的 googlemaps 模块，就可以实现根据经纬度确定客户端的逆向地理位置编码了。

然后经 Google 服务器返回的位置信息更新到浏览器界面上。

首先在客户端添加所需代码。在 *basic.jade* 文件中，使用浏览器内置的地理位置 API 弹出消息，请求用户允许访问他的位置信息。每个浏览器弹出的消息都有些差异，Safari 中的样子如图 9-39 所示。

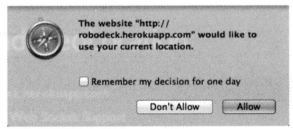

图 9-39　苹果 Safari 请求允许访问地理位置

更多相关细节和代码请看实例 59。

安装 Sencha 2.0 支持移动客户端

Sencha Touch 2 是一个高性能的 HTML5 移动应用开发框架，开发者可以用它来构建支持所有移动设备浏览器的执行快速而且吸引人的应用。基于这个原因，我们选择这个框架作为本实例研究的对象。就像选择 Socket.IO 是因为它支持跨平台、实时通信一样，我们希望移动远程控制应用可以支持尽量多的移动设备。

远程控制通信

功能的最后一部分是能够从连接到 *http://localhost:3000/x* 的客户端在后台发送单向的 XMLHttpRequest，控制幻灯片的切换。需要使用 Sencha 2.0 HTML5 移动应用框架来完成这个功能。

界面上包含一个 Forward 按钮和一个 Back 按钮（如图 9-40 所示)。

图 9-40　基于 Sencha 2.0 构建的 Robodeck

在视图部分可以看到所有构建 Sencha 2.0 应用的依赖。需要下载 Sencha 2.0（*http://www.sencha.com/products/architect/download/*）并且将其中的文件安装到 */public* 文件夹，才能让这些链接访问到正确的文件。*/public* 文件夹现在看起来如图 9-41 所示。

图 9-41　将 Sencha 2.0 添加到/public 文件夹

现在我们只需要按 Sencha 的开发规范更新 Sencha 文件夹中的两个文件。

首先打开 app/app 文件夹中的 app.js 文件，声明一个新的 `Ext.regApplication`。对 `name` 属性定义命名空间，用 `launch` 方法定义应用的入口。

```
Ext.regApplication({
    name:'robodeck',
    launch:function() {
        this.views.Viewport = new this.views.Viewport();
    }
});
```

打开 *app/app/views* 文件夹中的 *Viewport.js* 文件，配置 viewport。这些都很简单，更多细节可以参考 Sencha 文档（*http://docs.sencha.com/touch/2-0/*）。

比较重要的一点是如何创建 `Ext.TabPanel` called `Viewport`：

```
robodeck.views.Viewport = Ext.extend(Ext.TabPanel, {
    fullscreen:true,
    layout:'card',
```

```
    tabBar:new Ext.TabBar({
        dock:'bottom',
        ui:'dark',
        layout:{
            pack:'center'
        }
    }),

    initComponent:function() {
        // 将 cards 实例放入 app.views 命名空间
        Ext.apply(robodeck.views, {
          Home:new robodeck.views.Home(),
        });
        // 将 cards 实例放入 viewport
        Ext.apply(this, {
            items:[
                robodeck.views.Home
            ]
        });
        robodeck.views.Viewport.superclass.initComponent.apply
(this, arguments);
    }
});
```

最后，在 *app/app/views* 文件夹中打开 *Home.js*。这个文件定义了 `xhr()` 函数，点击 Forward 和 Next 按钮就会调用它。

```
var server = 'http://'+ document.location.host;


function xhr(url) {
  var request = new window.XMLHttpRequest();
  request.open('GET', url, true);
  request.send();
}


robodeck.views.Home = Ext.extend(Ext.Panel, {
  ...

  items:[
    {
      xtype:'button',
      text:'Forward',
        handler:function(){
```

```
            console.log('pressed -- Next');
            xhr(server + '/next');
        }
    },
    {
      xtype:'button',
      text:'Back',
          handler:function(){
              console.log('pressed -- Back');
              xhr(server + '/back');
      }
     }
    ],
    ...
});
```

这就是在 Sencha 2 移动应用中点击按钮发送 **XMLHttpRequest** 的全部代码。

最后，还记得在本实例开始时定义的路由 *http://localhost:3000/next* 和 *http://localhost:3000/back* 吗？现在开始使用它们。当请求接收的时候，会触发 Web socket **send()** 方法：

```
app.get('/next', function(req, res) {
  send(JSON.stringify({ "cmd":'next' }));
});
```


```
app.get('/back', function(req, res) {
  send(JSON.stringify({ "cmd":'prev' }));
});
```

我们在连接的客户端监听这个消息，如果其中包含 cmd 属性，就会在$.deck 对象上执行这个命令。

```
socket.on('message', function (data) {
    var json = JSON.parse(data);
    ...
    if (json.cmd) {
        console.log('cmd:' + json.cmd);
        console.log("CMD MESSAGE");

        // 调用 deck.js api
```

```
        $.deck(json.cmd)
    }
    ...
});
```

通过远程移动应用的控制，所有连接的客户端都会看到幻灯片前进和后退。

实例 77　查看 Socket.IO 连接确定它是原生的还是模拟的

Chrome 开发者工具可以帮助我们调试分析网络流量。也可以通过禁用 web socket 来模拟 Socket.IO 的回退支持。

在本实例中，可以看到 Socket.IO 的强大功能。之前，我提到 Socket.IO 可以对没有实现 Web socket 的浏览器提供回退模拟支持。在之前的实例中，我们通过 Chrome 开发者工具查看了 WebSocket 信息。

一种测试 Socket.IO 回退到另外一种通信机制的方法是在 Chrome 开发者工具控制台输入 **WebSocket = undefined**（如图 9-42 所示）。

图 9-42　在 Chrome 中关闭 WebSocket 支持

然后，点击网络标签，就会发现浏览器关闭了 WebSocket 连接，回退到 XHR-polling。可以看到 HTTP 请求被按固定的时间间隔发送，以查询是否有更新（如图 9-43 所示）。

实例 78　使用 node-spdy 构建简单的 SPDY 服务器

SPDY 是由 Google 开发的用来缩短网页加载时间的通信协议。它并不是为了取代 HTTP 协议，而是用来压缩和简化 HTTP 请求的。

首先声明，本实例很短，很简单。详细解释 SPDY 超出了本书的范围。

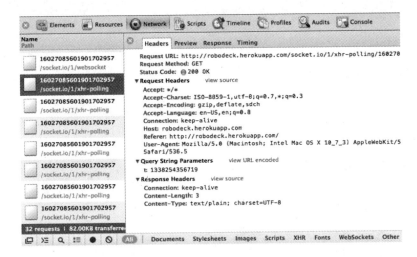

图 9-43　Socket.IO 中的 XHR-polling

我们已经说过，SPDY 对于未来网络技术和 HTML5 连接层非常重要。

所以，本实例的目的是实现一个最基本的 SPDY 应用，为开发者提供另外一种工具。

node-spdy

为了实现简单的 SPDY 协议，我们还像以前一样使用 Node.js 创建一个简单的应用。使用 Fedor Indutny 开发的 node-spdy 支持 SPDY。

可以从 GitHub（*https://github.com/indutny/node-spdy/tree/master/examples/hello_world*）下载 hello_world 例子。

复制整个目录，打开 hello_world 例子：

```
$ cd your-code-directory
```

```
$ git clone git://github.com/indutny/node-spdy.git
```

现在进入文件夹，执行 npm install 命令：

```
$ cd node-spdy
$ npm install
```

启动 SPDY 服务器：

```
$ node app.js
```

现在它已经启动并运行在 3232 端口。

在浏览器打开 *https://localhost:3232/*，可以看到"Hello World"字样（如图 9-44 所示）。请确保在 URL 中包含"*https://*"，否则将不能正确打开。

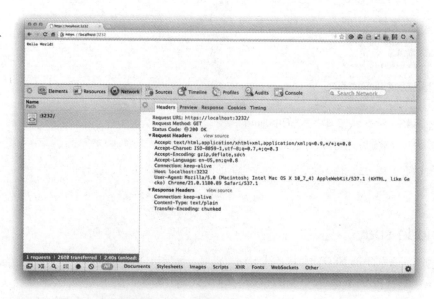

图 9-44　node-spdy 中简单的"Hello World"

我们创建了一个简单的请求，服务器返回"Hello World"。你可能看不出其中的改进，因为它过于简单了。

当应用中有大量连接和数据传输时，SPDY 才会表现出优势。返回简单的字符串"Hello World"显然不是这样的应用。

下一步

这样就完成了。这已经足够你开始使用 SPDY。你可以尝试增加一些逻辑，来创建大量的请求或者传输大量的数据。打开性能检测工具，可以看出其中的差别。请关注 html5hacks.com/blog 中关于 SPDY 的更新。

使用 Node.js 实现高级 HTML5 应用

至此，本书已经提供了一系列涵盖了 HTML5 工具箱大部分功能的实例。但是如何开发专业的 HTML5 应用呢？

在本书的后半部分章节可以看到，一些 HTML5 规范改进了连接层的技术。为了在实例中试验这些规范，需要使用一个 Web 服务器。我们还希望能够快速书写标记语言并且快速对修改部署。Node.js 工具集让这些变得简单并且易学。Node.js 是使用 JavaScript 语言开发的，可以在浏览器端和服务器端用同样的编程语言开发。

诚然，其他开发语言和开发框架（例如 PHP 和 Ruby on Rails）也提供了类似的开发环境，但是对于创建"快而脏"（quick and dirty）的实验 HTML5 API 的实例来说，最好的选择还是 Node.js。

本章的实例将引导你构建一个能够在远程服务器快速部署的 HTML5 起始应用。如果愿意，你也可以直接看最后一个实例，下载用 Node.js 开发的构建专业 HTML5 应用的代码。

HTML5 应用设计的考虑

本章的实例不仅关注于如何使用这些新工具，而且会涉及一些开发现代 HTML5 应用的设计挑战，包括：移动网络、客户端性能优化、跨浏览器支持和"不自我重复"（Don't Repeat Yourself，DRY）。

为什么是 Node.js

首先，让我们从最近非常流行的 Node.js 开始。选它并不是因为流行，而是由于下面这些原因：

- Node.js 提供了 HTTP 服务器端，可以托管静态文件。
- Node.js 提供了 JavaScript API，在构建应用时，可以在服务器端和客户端使用同样的编程语言。
- 有很多将部署 Node.js 应用变得简单而快速的工具。由于我们的目标是构建这些实例，我们将使用尽量多的工具。

安装

我不想过多讨论如何安装 Node.js 的知识。对于本地安装，可以从 *http://nodejs.org/#download* 下载安装器。

如果希望使用 Node.js 包管理器安装的话，可以从 *https://github.com/joyent/node/wiki/Installing-Node.js-via-package-manager* 下载。

关于本地环境的官方安装文档，也可以查看 *https://github.com/joyent/node/wiki/Installation*。

安装完 Node.js 之后，打开控制台检查是否安装成功。

在 Mac OS X 上通过 Homebrew 安装

如果你使用的是 Mac，最简单的安装方式应该是通过 Homebrew（*http://mxcl.github.com/homebrew/*）安装。当安装好 Homebrew 之后，安装 Node.js 只需要运行如下代码：

```
brew install node

user$ node -v
v0.4.7
```

实例 79　在浏览器中显示 "Hello Html5"

在基本的 "Hello World" 实例中，可以使用 Node.js 处理从浏览器发来的请求，并返回内容。

先用 Node.js 接收第一个 HTTP 请求和响应。让我们从最简单的开始：使用 Nodejs.org 的 "Hello World" 应用例子。

首先，打开一个文件系统中的空文件夹，创建一个名为 *server.js* 的空白文件。

在其中添加以下代码：

```
var http = require('http');
http.createServer(function (req, res) {
 res.writeHead(200, {'Content-Type':'text/plain'});
 res.end('Hello Html5\n');
}).listen(1337, "127.0.0.1");


console.log('Server running at http://127.0.0.1:1337/');
```

现在，执行下面这行来自命令行的代码，就可以执行上面这些代码了：

```
$node server.js
```

让我们逐项分析。文件开头部分的 `require` 方法是符合 CommonJS 规范的 Node.js 依赖模块管理系统的一部分。包含了 HTTP 模块之后，可以调用 `http.createServer()` 并且传入一个接受请求（`request`）对象和响应（`response`）对象参数的函数。每个对象都有自己的方法和属性。之后，通过在控制台将请求对象和响应对象打印出来来查看它们的细节。

```
http.createServer(function (req, res) {
 res.writeHead(200, {'Content-Type':'text/plain'});
 res.end('Hello Html5\n');
}).listen(1337, "127.0.0.1");
```

这里的 `writeHead()` 方法用来返回响应代码并且将响应头的内容写入缓冲区。`end()` 方法接收一个字符串参数。

最后需要注意的一点是 `listen()` 方法会链接到 `createServer()` 方法后面。当 `createServer()` 方法执行完成返回后，下一个方法是 `listen()`，它传入监听的端口号作为参数。`createServer()` 方法返回的对象继承了 `http.Server` 的原型。

这些基础的设置可以使 Node.js 服务器运行起来。

在打印请求之前，先将 *favicon.ico* 的请求记录关闭，这样控制台就不会打印这些请求了，打印记录会更加容易阅读。

```
var http = require('http');
http.createServer(function (req, res) {
```

```
// 对 favicon 的控制


if (req.url === '/favicon.ico') {
  res.writeHead(200, {'Content-Type':'image/x-icon'} );
  res.end();
  console.log('favicon requested');
  return;
}
else {
  console.log('REQUEST:' + req);
  console.log(req);
  res.writeHead(200, {'Content-Type':'text/plain'});
  res.end('Hello Html5\n');
}


}).listen(1337, "127.0.0.1");


console.log('Server running at http://127.0.0.1:1337/');
```

在本实例中，我们关心的是 HTTP 的基础和如何使用 Node.js 快速、简单地构建网络应用。

现在我们开始查看 HTTP **request** 和 **response** 对象的内容。为了简化，可以将请求想象为输入，将返回想象为输出。

Server 和 HTTP 模块会处理这些请求，并且根据请求的参数处理这些请求。

下面是 **request** 对象的内容：

```
{ socket:
  { fd:8
  , type:'tcp4'
  , secure:false
  , _readWatcher:{ callback:[Function], socket:[Object] }
  , readable:true
  , _writeQueue:[]
  , _writeQueueEncoding:[]
  , _writeQueueFD:[]
  , _writeWatcher:{ socket:[Circular],
callback:[Function:_doFlush] }
  , writable:true
  , _writeImpl:[Function]
  , _readImpl:[Function]
```

HTML5 敏捷实践

```
,  _shutdownImpl:[Function]
,  remoteAddress:'127.0.0.1'
,  remotePort:50722
,  server:
   { connections:2
     , paused:false
     , pauseTimeout:1000
     , watcher:[Object]
     , _events:[Object]
     , type:'tcp4'
     , fd:6
   }
,  _outgoing:[ [Object] ]
,  __destroyOnDrain:false
,  ondrain:[Function]
,  _idleTimeout:120000
,  _idleNext:
   { fd:9
   , type:'tcp4'
   , secure:false
   , _readWatcher:[Object]
   , readable:true
   , _writeQueue:[]
   , _writeQueueEncoding:[]
   , _writeQueueFD:[]
   , _writeWatcher:[Object]
   , writable:true
   , _writeImpl:[Function]
   , _readImpl:[Function]
   , _shutdownImpl:[Function]
   , remoteAddress:'127.0.0.1'
   , remotePort:50726
   , server:[Circular]
   , _outgoing:[]
   , __destroyOnDrain:false
   , ondrain:[Function]
   , _idleTimeout:120000
   , _idleNext:[Object]
   , _idlePrev:[Circular]
   , _idleStart:Fri, 10 Feb 2012 05:46:34 GMT
   , _events:[Object]
   , ondata:[Function]
   , onend:[Function]
   , _onOutgoingSent:[Function]
```

```
    }
, _idlePrev:[Circular]
, _idleStart:Fri, 10 Feb 2012 05:46:34 GMT
, _events:
  { timeout:[Function]
  , error:[Function]
  , close:[Function]
  }
, ondata:[Function]
, onend:[Function]
, _onOutgoingSent:[Function]
}
, connection:[Circular]
, httpVersion:'1.1'
, headers:
  { host:'localhost:1337'
  , connection:'keep-alive'
  , 'cache-control':'max-age=0'
  , 'user-agent':'Mozilla/5.0 (Macintosh; Intel Mac OS X ...'
  , accept:'text/html,application/xhtml+xml,...'
  , 'accept-encoding':'gzip,deflate,sdch'
  , 'accept-language':'en-US,en;q=0.8'
  , 'accept-charset':'ISO-8859-1,utf-8;q=0.7,*;q=0.3'
  }
, url:'/'
, method:'GET'
, statusCode:null
, client:[Circular]
, httpVersionMajor:1
, httpVersionMinor:1
, upgrade:false
}
```

关于 HTTP 的一些背景信息[1]

当 Node.js HTTP server 模块从浏览器客户端接收请求的时候，会创建一个包含请求信息的对象。查看这个对象的内容，可以发现一些重要的属性：URL、请求方法和请求头信息。

注1： HTTP 协议是为分布式、协同、多媒体信息系统设计的应用层协议。HTTP 是互联网数据通信的基础（wikipedia，*http://en.wikipedia.org/wiki/Hypertext_Transfer_Protocol*）。

理解这三个属性可以帮助你理解 HTTP 和网络服务器的基础。

URL

URL（Uniform Resource Locator）是一个在互联网上存在的资源。可以将它想象为一个文档或者其他资源的地址。

URL 的第一部分（`://`之前的部分）为协议标识。它告诉客户端（大部分时候就是浏览器）使用什么协议连接。这个特例中，协议为 HTTP（http://）。第二部分是资源名（紧跟着`://`的部分），包含 IP 地址或者域名。

URL 是 URI（Uniform Resource Identifier）的一种。URI 是一个形容互联网上对象地址的更宽泛的词。

请求方法

HTTP 请求方法（有时作为动词）是指在互联网资源上进行的操作。资源的表现形式、资源是否预先存在以及动态生成的数据都取决于服务器端的实施方式。

在这个例子中，浏览器使用 `GET` 方法请求一个包含"Hello Html5"的字符串。

请求头信息

HTTP 头信息包含传递到 HTTP 事务的参数消息。这个消息包含的一组信息是用冒号分隔的联合数组。数据是字符串格式的，易于查看和调试。

另外一个和 HTML5 有关的属性即 `upgrade` 属性。我们在实例 76 中已经提到过使用 `Upgrade` 方法请求的过程。

在这个例子中，`upgrade` 属性的值为 `false`。之前已经提到过，HTTP 协议的开发者已经预先考虑到了为浏览器提供一种更新到不同协议的方式，这是 WebSocket 的握手机制。

如果你想继续研究这个对象，可以查看 `request` 对象的官方文档（*http://nodejs. org/api/http.html#http_class_http_serverrequest*）。

现在，让我们在控制台打印 `response` 对象：

```
var http = require('http');
http.createServer(function (req, res) {


console.log('RESPONSE:' + res);
console.log(res);


}).listen(1337, "127.0.0.1");


console.log('Server running at http://127.0.0.1:1337/');
```

当服务器处理完请求包含的信息并且通过框架处理完所需逻辑之后，它会创建一个 response 对象。

下面是 response 对象的内容：

```
{ socket:
{ fd:9
, type:'tcp4'
, secure:false
, _readWatcher:{ socket:[Object], callback:[Function] }
, readable:true
, _writeQueue:[]
, _writeQueueEncoding:[]
, _writeQueueFD:[]
, _writeWatcher:{ callback:[Function:_doFlush],
socket:[Circular] }
, writable:true
, _writeImpl:[Function]
, _readImpl:[Function]
, _shutdownImpl:[Function]
, remoteAddress:'127.0.0.1'
, remotePort:50807
, server:
{ connections:2
, paused:false
, pauseTimeout:1000
, watcher:[Object]
, _events:[Object]
, type:'tcp4'
, fd:6
}
, _outgoing:[ [Circular] ]
, __destroyOnDrain:false
, ondrain:[Function]
, _idleTimeout:120000
, _idleNext:
```

```
    { fd:8
    , type:'tcp4'
    , secure:false
    , _readWatcher:[Object]
    , readable:false
    , _writeQueue:[]
    , _writeQueueEncoding:[]
    , _writeQueueFD:[]
    , _writeWatcher:[Object]
    , writable:true
    , _writeImpl:[Function]
    , _readImpl:[Function]
    , _shutdownImpl:[Function]
    , remoteAddress:'127.0.0.1'
    , remotePort:50805
    , server:[Circular]
    , _outgoing:[Object]
    , __destroyOnDrain:false
    , ondrain:[Function]
    , _idleTimeout:120000
    , _idleNext:[Object]
    , _idlePrev:[Circular]
    , _idleStart:Fri, 10 Feb 2012 06:07:08 GMT
    , _events:[Object]
    , ondata:[Function]
    , onend:[Function]
    , _onOutgoingSent:[Function]
    }
, _idlePrev:[Circular]
, _idleStart:Fri, 10 Feb 2012 06:07:35 GMT
, _events:
    { timeout:[Function]
    , error:[Function]
    , close:[Function]
    }
    , ondata:[Function]
    , onend:[Function]
    , _onOutgoingSent:[Function]
    }
, connection:[Circular]
, output:[]
, outputEncodings:[]
, _last:false
, chunkedEncoding:false
```

```
, shouldKeepAlive:true
, useChunkedEncodingByDefault:true
, _hasBody:true
, finished:false
}
```

如果你想继续研究这个对象，可以查看 `response` 对象的官方文档（*http://nodejs.org/api/http.html#http_class_http_serverresponse*）。

请求和返回对象以 JavaScript 对象的形式储存在内存中。在实例 80 和实例 81 中我们会继续研究这些对象。

实例 80 通过 request 对象检测用户代理（UA）字符串

可以通过 HTTP `request` 对象获知客户端的用户代理（UA）。

在实例 79 中，我们已经看到了 Node.js 的 `request` 和 `response` 对象中包含了很多属性。现在，我们来关注请求头信息，并从其中解析出用户代理字符串。这样就可以确定发送请求的客户端设备的类型了。

User agent sniffing 是一种常用的技术，尤其是最近移动互联网和移动网络浏览器流行以后，更需要利用这个技术区分不同的浏览器。所以这和构建 HTML5 网络应用有很大关系。

有时候获取发送请求的客户端设备的类型对于应用开发者来说很重要。如果应用从头信息中解析出了客户端类型，就可以根据不同的客户端类型获取特定设备的详细属性。例如屏幕大小、是否可以使用摄像头、是否可以使用硬件加速等。这些属性都可以用来通过构建条件逻辑向客户端返回不同的标记和脚本。

一直以来，从浏览器的 JavaScript 中获取浏览器类型被认为是不好的做法，所以这个设计在开发者社区中还存在争议。虽然服务器端设备检测或者客户代理检测是常见的做法，但是很多前端开发者认为这是一种不必要的做法。随着客户端 JavaScript 框架的成熟和原生浏览器 API 的成熟，移动网络应用的设计也发生了变化。响应式设计（利用 CSS3 media query 和对象检测）的理念让在浏览器中通过 JavaScript 和 CSS3 改变内容成为了可能，同时服务器端不需要知道客户端的类型。

在大部分情况下，同时在服务器端和客户端提供这些功能是一种更优化的做法。

现在，只通过 Node.js 请求对象中的客户代理字符串来生成不同的响应对象。

在 *server.js* 主文件中，我们将会添加一个非常基本的客户代理解析脚本。通过查看 `console.log` 打印的请求对象的内容可以发现，我们可以从请求的头信息中获取客户代理属性。另外，创建一个全局对象 `DeviceData` 作为数据的命名空间。

```
var ua = req.headers['user-agent'],
DeviceData = {};
```

现在，我们已经获取了客户代理字符串，可以使用正则表达式解析其中的信息。

首先，检测是否包含 `mobile` 字符串，并设置 `DeviceData` 的 `mobile` 属性为 `true`：

```
// Mobile?
if (/mobile/i.test(ua))
  DeviceData.mobile = true;
```

然后检测是否为苹果的产品：

```
// 是苹果设备吗
if (/like Mac OS X/.test(ua)) {
  DeviceData.iOS = /CPU( iPhone)?OS ([0-9\._]+) like Mac OS
X/.exec(ua)[2].replace(/_/g, '.');
  DeviceData.iPhone = /iPhone/.test(ua);
  DeviceData.iPad = /iPad/.test(ua);
}
```

我们已经了解了设备检测的基础。很明显，这是一个生产环境的简化例子。在生产环境中，应用一般会将客户代理字符串传递给其他包含数据库的应用或者第三方的网络服务。这个应用或者网络服务会查询提供的信息、记录错误日志、采集数据做分析，或者更新现有数据。

实例 81 使用 Node.js 的 response 对象向客户端返回为设备定制的数据

可以使用 Node.js 中的 `response` 对象在浏览器中显示为客户端定制的信息。

我们已经分析了 request 对象，现在来看 response 对象。首先，调用 writeHead()方法并传入 success 响应代码，再将 Context-Type 的值设为 text/plain。这是一个非常标准的响应。然后调用 end()方法，并传入根据 DeviceData 对象属性生成的特定的字符串。

```
res.writeHead(200, {'Content-Type':'text/plain'});

  if (DeviceData.mobile) {
    res.end('Hello Html5\n Request from a Mobile Device');
  }

  if (DeviceData.iOS || DeviceData.iPhone || DeviceData.iPad) {
    res.end('Hello Html5\n Request from an Apple Device');
  }

  else {
    res.end('Hello Html5\n Request from some other Device');
  }
```

server.js 文件最终如下：

```
var http = require('http');
http.createServer(function (req, res) {

// 控制 favicon
if (req.url === '/favicon.ico') {
    res.writeHead(200, {'Content-Type':'image/x-icon'} );
    res.end();
    // console.log('favicon requested');
    return;
}
else {
  // console.log('REQUEST:' + req);
  console.log(req.headers);

  var ua = req.headers['user-agent'],
DeviceData = {};
// Mobile?
if (/mobile/i.test(ua))
DeviceData.mobile = true;

// 是苹果设备吗
if (/like Mac OS X/.test(ua)) {
  DeviceData.iOS = /CPU( iPhone)?OS ([0-9\._]+) like Mac OS
```

HTML5 敏捷实践

```
X/.exec(ua)[2].replace(/_/g, '.');
        DeviceData.iPhone = /iPhone/.test(ua);
        DeviceData.iPad = /iPad/.test(ua);
  }


  res.writeHead(200, {'Content-Type':'text/plain'});


  if (DeviceData.mobile) {
    res.end('Hello Html5\n Request from a Mobile Device');
  }


  if (DeviceData.iOS || DeviceData.iPhone || DeviceData.iPad) {
    res.end('Hello Html5\n Request from an Apple Device');
  }


  else {
    res.end('Hello Html5\n Request from some other Device');
  }
};
}).listen(1337, "127.0.0.1");


console.log('Server running at http://127.0.0.1:1337/');
```

实例 82 # 使用 Node.js 包管理器添加一个 Web 应用开发框架作为第三方模块

通过 Node.js 包管理器（NPM）在 Node.js 应用中添加模块非常简单。在应用中添加 Express 应用开发框架只需要在应用的声明文件中添加 Express，并且通过 NPM 安装。

首先，需要理解 Node.js 是如何处理第三方模块的。NPM 是为 Node.js 而开发的包管理系统。受 Linux 包管理系统的启发，NPM 可以在开发者的电脑上或者应用中自动安装、更新、配置和删除第三方模块。NPM 维护了应用所依赖的远程库的版本信息，开发者可以从中查询和下载应用所需的模块。

Node.js 从版本 0.6.3 开始内置了 NPM。让我们检查一下：

```
user$ npm -help
```
NPM 是一个管理模块的简单工具。先看一些基本使用方法。

首先，更新 *package.json* 项目声明文件，使之包含所需的第三方模块：

```
{
  "name":"html5hacks-node"
, "version":"0.0.1"
, "private":true
, "dependencies":{
    "express":"latest"
  }
}
```

现在使用 d 参数安装 *package.json* 中的依赖模块：

```
user$ npm install -d
```

现在我们已经在代码库中添加了第一个模块。需要最新版本的 Express 来提升应用的效率。

实例 83 使用 Express 应用生成器创建基础应用

Express 的应用生成器可以通过命令行创建应用的骨架。

为什么选择 Express

在之前的实例中，只使用了 HTTP 模块处理 request 对象和 response 对象。Node.js 提供了另外一个"核心"模块 Connect 用来提供 HTTP 层次之上的功能。

HTTP 模块的 createServer 方法返回一个对象，可以用来响应 HTTP 请求。这个对象继承了 http.Server 的原型。

Connect 也提供了一个 createServer 方法，返回一个继承并且扩展了 http.Server 的对象。Connect 的扩展让插入中间件变得简单了。这就是 Connect 自述为"中间件框架"的原因。

Express 对 Connect 所起的作用类似于 Connect 对 HTTP 模块所起的作用：提供一个 createServer 方法扩展 Connect 的 Server 原型。所以 Connect 的功能都可以用，并且增加了视图渲染和处理路由的 DSL。Ruby 语言的 Sinatra 类型与此类似。

最快的使用 Express 的方式是使用 Express 生成应用。首先创建一个应用：

```
$ npm install -g express
$ express /mydir && cd /mydir
OR
$ npm install -g express
$ mkdir mydir
$ cd mydir
$ express
```

这会在目录中生成如下应用骨架：

```
create :.
create :./package.json
create :./app.js
create :./public
create :./public/javascripts
create :./public/images
create :./public/stylesheets
create :./public/stylesheets/style.css
create :./routes
create :./routes/index.js
create :./views
create :./views/layout.jade
create :./views/index.jade
```

让我们仔细观察一下 *app.js* 文件。下面是生成的默认内容：

```
/**
 * Module dependencies.

 */


var express = require('express')
  , routes = require('./routes');


var app = module.exports = express.createServer();


//配置


app.configure(function(){
 app.set('views', _dirname + '/views');
 app.set('view engine', 'jade');
 app.use(express.bodyParser());
```

```
 app.use(express.methodOverride());
 app.use(app.router);
 app.use(express.static(_dirname + '/public'));
});


app.configure('development', function(){
 app.use(express.errorHandler({
  dumpExceptions:true,
  showStack:true }));
});


app.configure('production', function(){
 app.use(express.errorHandler());
});


// 路由


app.get('/', routes.index);

app.listen(3000);
console.log("Express server listening on port %d in %s mode",
app.address().port, app.settings.env);
```

让我们将几个必需的部分分离出来：

```
// 1.声明模块依赖
var express = require('express')
, routes = require('./routes');


// 2.启用 Express Server
var app = module.exports = express.createServer();


// 3.配置应用
app.configure(function(){
 app.set('views', _dirname + '/views');
 app.set('view engine', 'jade');
 app.use(express.static(_dirname + '/public'));
});


// 4.设置路由
app.get('/', routes.index);
```

```
// 5.监听 Port 3000
app.listen(3000);
console.log("Express server listening on port %d in %s mode",
app.address().port, app.settings.env);
```

现在安装依赖:

```
$ npm install -d
```

启动服务器:

```
$ node app.js
```

实例 84 **定制模块处理路由**

在定制模块中处理请求是一种模块化的做法。

我们在主文件 *app.js* 中做一些修改。首先,生成器已经创建了一个新的模块,用于将路由逻辑分离出来。

为了演示方便,也为了使用静态 HTML 文件,我们需要将布局引擎关闭,并对 Express 进行配置,使之服务于从*/public* 文件夹托管静态 HTML 文件。我们还需要关闭布局支持。

下面是 *app.js* 文件的内容:

```
var express = require('express')
, routes = require('./routes');

var app = module.exports = express.createServer();

app.configure(function(){

  // 关闭布局引擎
  app.set("view options", {layout:false});

  app.use(express.static(_dirname + '/public'));

  // 制做一个定制的 html 模板
  app.register('.html', {
   compile:function(str, options){
    return function(locals){
     return str;
    };
   }
  });
```

```
});

// 路由
app.get('/', function(req, res){
res.render("index.html");
});

app.listen(process.env.PORT || 3000);
console.log("Express server listening on port %d in %s mode",
app.address().port, app.settings.env);
```

路由模块包含了 *index.js* 文件，其中包含了处理路由的逻辑：

```
exports.index = function(req, res){
 res.render('index', { title:'Index' })
};
```

下面是一个基本的 *index.html* 文件包含的标记：

```
<!DOCTYPE html>
<html lang="en">
<head>
  <meta charset="utf-8">
  <title>HTML5 Hacks</title>
</head>


<body>
  <p>HTML5 Hacks</p>
 </body>
</html>
```

现在已经完成了第一个模块，并根据路由向浏览器提供内容。随着应用的增长，需要将很多功能模块化，这样 *app.js* 文件才不会变得难以维护。

实例 85 配置 Express 启用视图引擎

使用视图配置 Express 引擎渲染视图，提供了一种简化 HTML 模板的方向。

在实例 84 中，我们禁用了布局引擎，并且配置 Express，使之托管静态 HTML 文件。下一步是简化和优化视图生成策略。一个常见的编程最佳实践是保持代码不自我重复（DRY），我们将在实例中实践这一点。在这里，还会简单介绍一种称为 Jade 的元语言来替代 HTML。下一个实例会更多涉及 Jade 和 Stylus。我们会看到这几个工具所带来的生产力的提升。

首先看一些变化。

以下是 *app.js* 文件的内容：

```
var express = require('express')
  , routes = require('./routes');


var app = module.exports = express.createServer();


app.configure(function(){
  app.set('views', _dirname + '/views');
  app.set('view engine', 'jade');
  app.use(express.static(_dirname + '/public'));
});


// 路由
app.get('/', function(req, res){
  res.render("index.html");
});


app.listen(process.env.PORT || 3000);
console.log("Express server listening on port %d in %s mode",
app.address().port, app.settings.env);
```

路由模块包含的 *index.js* 文件的内容没有变：

```
exports.index = function(req, res){
  res.render('index', { title:'Index' })
};
```

但是包含标记的 index.jade 文件的语法变简单了：

```
!!!5
html(lang='en')
head
  meta(charset='utf-8')
  title HTML5 Hacks
body
  p HTML5 Hacks
```

在之后的几个实例中，我们会继续研究 Jade 和它的姐妹语言 Stylus。

实例 86　启用 Jade 布局使应用视图遵守 DRY

DRY（Don't Repeat Yourself）是一种常见的软件设计风格。本实例将在视图中应用这个最佳实践。

为了在 Express 应用中维护标记和样式，需要使用两个不错的工具：Jade 和 Stylus。Jade 是一个编译为 HTML 的动态元语言，Stylus 是一个编译为 CSS 的动态元语言。和其他工具的介绍一样，这里不会涉及具体的细节，因为这不是一本 API 参考手册。

选择这两个"捷径"语言的原因很简单。我们要确保开发环境包保持结构化且可维护。如果你已经熟悉了 HTML 和 CSS，学习这些工具不会很难。投入时间和精力学习这些工具完全值得，因为会为以后节约大量的时间。

还有其他类似的或者你已经熟悉的元语言，例如 HAML、Less 和 Sass。这些工具有些差异，但是理念是相同的。

在进入本实例之前，先需要了解一下 Jade 语法。

我们已经在之前的实例中体会到了它的简单语法。更多细节可以看 Jade 的网站（*http://jade-lang.com/*）和官方文档（*https://github.com/visionmedia/jade#readme*）。

在实例 85 中，我们已经使用 Jade 构建了一个基本应用。现在进入了 DRY 理念。我们通过增加一些视图、一个基本布局和一些视图部件来演示这个理念的重要性。布局和视图部件都是动态"包含"标记的技术，目的是将多个 *.jade* 文件组合成一个输出。

首先，需要另外一个路由。在主文件 *app.js* 中，添加如下内容：

```
app.get('/', routes.index);

app.get('/example1', routes.example1);
```

在 *index.js* 文件中，添加一个新的路由：

```
exports.index = function(req, res){
 res.render('index', { title:'Index' })
};
```

```
exports.example1 = function(req, res){
  res.render('example1', { title:'Example1' })
};
```

最后，在 views 文件夹中添加一个新的文件 *basic.jade*。现在，当向 *http://localhost /example1* 发出请求的时候会返回 *example1.jade* 文件。

如果继续添加更多路由和相应的视图，文件中会包含大量重复的标记、脚本和样式文件。显然，这不是 DRY 的做法。这就是布局和视图部件产生的原因。将布局想象为共有的容器，将视图部件想象为包含在视图内部的重复的内容。

让我们创建 *layout.jade* 文件来包含所有的共有容器信息，例如 HTML 头部、标题属性和所有的 JavaScript 和 CSS 依赖：

```
!!!5
html(lang='en')
head
 meta(charset='utf-8')
 title HTML5 Hacks
 meta(name='description', content='')
 meta(name='author', content='')
 // 样式
 link(href='assets/css/bootstrap.css', rel='stylesheet')
 script(src='assets/js/application.js')
body
 !=body
```

现在，视图中包含的标记通过 !=body 调用嵌入到了文档的 body 部分。这是 *index.js* 文件的内容：

```
P HTML5 Hacks
```

现在打开 *http://localhost:3000*，可以看到两个文件 *layout.jade* 和 *index.jade* 聚合的结果（如图 10-1 所示）。

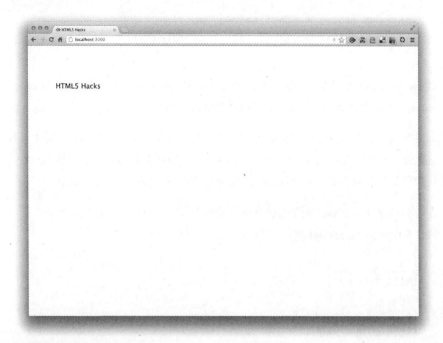

图 10-1　初始视图

布局默认是打开的，但是如果需要可以按照实例 84 的方式将它在配置中关闭：

```
// 将布局关闭
app.set("view options", {layout:false});
```

实例 87　使用 Jade 视图部件在视图中创建简单的导航条

现在可以使用视图部件在视图中展示可以重用的内容了。

为了演示这种能力，让我们插入共有内容，例如导航条。创建一个名为 *nav.jade* 的文件，放到 *views/partials* 文件夹中：

```
ul.nav
 li.active
  a(href='/example1') Example1
```

```
li
  a(href='/example2') Example2
li
  a(href='/example3') Example3
```

还需要更新主文件 *app.js* 使之包含新的路由:

```
app.get('/', routes.index);

app.get('/example1', routes.example1);

app.get('/example2', routes.example2);

app.get('/example3', routes.example3);
```

现在需要构建这三个新文件。首先是 *example1.jade*:

```
p Example 1
```

然后是 *example2.jade*:

```
p Example 2
```

最后是 *example3.jade*:

```
p Example 3
```

下面是包含 **partials/nav** 的布局:

```
!!!5
html(lang='en')
head
 meta(charset='utf-8')
 title HTML5 Hacks
 meta(name='description', content='')
 meta(name='author', content='')
body
 != partial('partials/nav')
 != body
```

最终效果如图 10-2 所示:

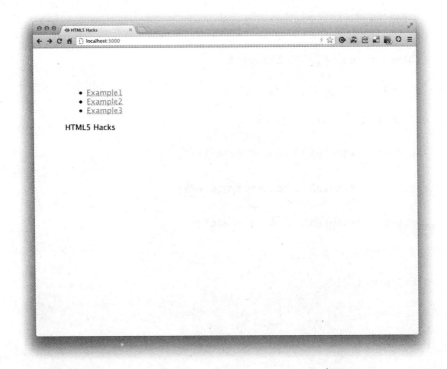

图 10-2 导航部件

当用户点击导航条的连接查看不同页面的时候，可以在每个页面看到公用的布局和导航条布局。这个实例很简单地演示了如何保持网页包含文件的组织，即使程序变得复杂，按这样的方式也可以很容易地维护。

让我们通过更多的实例来演示这个新模板引擎的强大之处。

实例88 使用 Jade Mixin 在视图中填充数据

Jade mixin 是另外一个可以在视图中减少代码量的工具。可以使用 mixin 遍历网络服务、数据库或者内存中的数据。

例如，现在在内存中或者数据库中保存了一个复杂的对象。我们希望打印一个显示对象中数据的列表。

可以使用 mixin 实现这个功能。这个功能的强大之处在于，可以将一个对象传递到视图中，遍历数据并且动态显示其中的属性。通过 mixin，可以将部分数据作为对象传入，在 mixin 中嵌入 mixin，并且可以保持代码的整洁、简明和 DRY。

首先，让我们查看一个从路由传递到视图中的复杂对象。你可能会疑问为什么需要处理复杂对象。通常从网络服务 API 返回的对象都是多层嵌套的。这也是从 NoSQL 数据库 MongoDB、CouchDB 或 Redis 返回的数据的特点。在本实例中，我们会模拟从 Frozen Yogurt 商店应用返回的数据。现在，我们通过硬编码的方式将这个对象作为 response 对象的 render 方法的第二个参数传递。

```
exports.example3 = function(req, res){
 res.render('example3', {
"name":"Yogurt Shop Daily Data",
"toppings":
  [
         { "id":"5001", "type":"Walnuts" },
         { "id":"5002", "type":"Jelly Beans" },
         { "id":"5005", "type":"Cherries" },
         { "id":"5007", "type":"Powdered Sugar" },
         { "id":"5006", "type":"Chocolate Sprinkles" },
         { "id":"5003", "type":"Chocolate Syrup" },
         { "id":"5004", "type":"Cocunut" }
  ],
"yogurts":
         [
            { "id":"5001", "type":"Tart", "flavors":
                [
                   { "id":"5001", "type":"Green Tea" },
                   { "id":"5002", "type":"Euro" },
                   { "id":"5005", "type":"Orange" }
                ]
            },
            { "id":"5002", "type":"Sweet", "flavors":
                [
                   { "id":"5001", "type":"Vanilla" },
                   { "id":"5002", "type":"Chocolate" },
                   { "id":"5005", "type":"Mexican Bean" }
                ]
            },
            { "id":"5005", "type":"Cake", "flavors":
                [
                   { "id":"5001", "type":"Cherry Cheesecake" },
```

```
                    { "id":"5002", "type":"Apple Fritter" },
                    { "id":"5005", "type":"Carrot Cake" }
                ]
            }
        ]
    })
};
```

现在可以在视图中通过 `locals` 对象访问这个数据。为了遍历这个数据并显示到视图中，Jade 提供了非常有用的功能，其中一个就是 mixin。

维基百科将 mixin 定义为：一个为子类提供可被继承的方法的类，不是为了实例化（创建这个类的对象）。mixin 和抽象类含义相同。继承 mixin 主要是为了使用其中的功能。一个类或者对象能够从一个或多个 mixin 中"继承"大部分需要的功能，所以 mixin 也可以被认为是一种多继承的机制。

example3.jade 文件使用了这个功能（如图 10-3 所示）：

```
h2 Yogurts and Toppings

mixin toppings(data)
 ul.data
  - each item in data

    li= item.type

h2= name

h3 Toppings
mixin toppings(toppings)
```

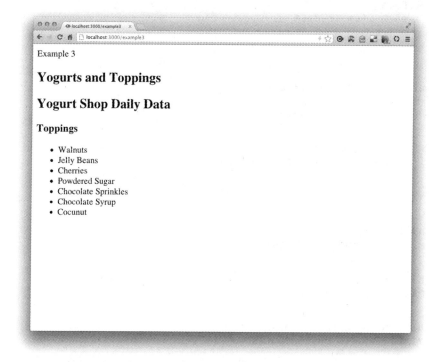

图 10-3 基本列表

现在可以在 *example3.jade* 文件中添加更多逻辑，也可以在 mixin 中嵌入另外一个
mixin。

```
h2 Yogurts and Toppings

mixin toppings(data)
 ul.data
   - each item in data

       li= item.type

mixin yogurts(data)
 ul.data
   - each item in data

       li= item.type

mixin flavors(data)
```

```
ul.data
 - each item in data

    li= item.type

mixin yogurts_nest(data)
 ul.data
   - each item in data

     li= item.type
     mixin flavors(item.flavors)

h2= name

h3 Toppings
mixin toppings(toppings)

h3 Yogurts
mixin yogurts(yogurts)

h3 Yogurts with Flavors
mixin yogurts_nest(yogurts)
```

通过 Jade 元语言的能力和强大的功能，可以创建清楚、简洁的标记管理视图（如图 10-4 所示）。

实例 89 使用 Stylus 书写富有表现力、动态、容错的 CSS

Stylus 让 Express 应用中的 CSS 更容易书写和维护。

在之前提到过，Stylus 是一个编译为 CSS 的动态元语言。

Stylus 中的功能很多，我们在之后的实例中会选择几个例子演示。Stylus 提供了大量简化 CSS 选择器的方法。同样，类似 Stylus 这样的元语言是可选的，而且一旦使用就会有很大收益。

首先，在当前应用中添加 Stylus 模块。在本实例中，简单地引入 Stylus，将 *.styl* 文件编译为 *.css* 文件。

```
var express = require('express')
 , routes = require('./routes')
 , stylus = require('stylus');
```

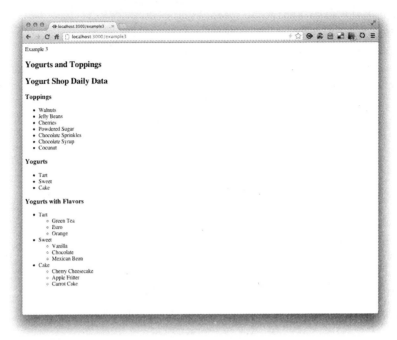

图 10-4 将酸奶列表置顶

```
var app = module.exports = express.createServer();

app.use(stylus.middleware({
 debug:true,
 src:_dirname + '/public',
 dest:_dirname + '/public',
 compile:compileMethod
}));

function compileMethod(str) {
 return stylus(str)
  .set('compress', true);
};


// 配置
app.configure(function(){
 app.set('views', _dirname + '/views');
```

```
app.set('view engine', 'jade');
app.use(express.bodyParser());
app.use(express.methodOverride());
app.use(app.router);
app.use(express.static(_dirname + '/public'));
});


// 路由
app.get('/', routes.index);


app.listen(3000);
console.log("Express server listening on port %d in %s mode", app.
address().port, app.settings.env);
```

下面是一个新的 *style.styl* 样式文件，使用了新的语法：

```
body
  font 12px Helvetica, Arial, sans-serif
  background #D6396E
  text-align left

ul
  list-style none
```

如果打开 *style.css* 文件，可以看到实时编译的样式表文件内容：

```
body{font:12px Helvetica,Arial,sans-serif;background:#D6396E;
text-align:left}
ul{list-style:none}
```

现在我们使用 Express、Jade、Stylus 运行的应用向浏览器显示了最终结果（如图
10-5 所示）。

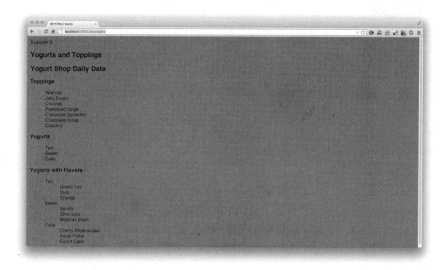

图 10-5 添加了样式的甜品酱和酸奶列表

使用 HTML5 样板作为默认初始模板

使用 HTML5 样板（boilerplate）可以开发快速、容错、适应未来变化的网站。HTML5 样板是专业的前端 HTML、CSS、JavaScript 模板。

HTML5 样板已经进化成为现在构建专业的并且满足大部分需求的开发基础的事实标准。

为什么使用样板作为所有 HTML5 实例或者生产应用的起点？我们会深入讨论其中的一系列原因。查看完整列表请参见网址 *http://html5boilerplate.com/*。参与开发的开发者已经对所有方面做了深入的研究，样板已经进化为一组实用的最佳实践。

根据开发环境的不同，在项目中包含 HTML5 样板的方式也不同。让我们从最简单的方式开始，然后使用 Jade 和 Stylus 将样板和 Node.js 应用集成起来。

首先需要下载软件包（*http://github.com/h5bp/html5-boilerplate/zipball/v3.0.2*）。

打开 *index.html* 文件，会看到如下样板 HTML 标记：

```
<!doctype html>
<!—
paulirish.com/2008/conditional-stylesheets-vs-css-hacks-answer
-neither/
-->
<!--[if lt IE 7]>
<html class="no-js lt-ie9 lt-ie8 lt-ie7" lang="en">
<![endif]-->
<!--[if IE 7]> <html class="no-js lt-ie9 lt-ie8" lang="en">
<![endif]-->
<!--[if IE 8]> <html class="no-js lt-ie9" lang="en"> <![endif]-->
<!--[if gt IE 8]><!--> <html class="no-js" lang="en"> <!--<![endif]-->
<head>
  <meta charset="utf-8">


  <title>HTML5 Hacks</title>
  <meta name="description" content="">


  <!-- Mobile viewport optimized: h5bp.com/viewport -->
  <meta name="viewport" content="width=device-width">


  <!-- Place favicon.ico and apple-touch-icon.png in the root
directory: mathiasbynens.be/notes/touch-icons -->

  <link rel="stylesheet" href="css/style.css">


  <!-- More ideas for your <head> here: h5bp.com/d/head-Tips -->


  <!-- All JavaScript at the bottom, except this Modernizr build.
      Modernizr enables HTML5 elements & feature detects for
optimal performance.
      Create your own custom Modernizr build:
www.modernizr.com/download/ -->
  <script src="js/libs/modernizr-2.5.3.min.js"></script>
</head>
<body>
  <!-- Prompt IE 6 users to install Chrome Frame.Remove this
if you support IE 6.
    chromium.org/developers/how-tos/chrome-frame-getting-started -->
  <!--[if lt IE 7]><p class=chromeframe>Your browser is
<em>ancient!</em> <a href="http://browsehappy.com/">Upgrade to a
different browser</a> or <a
href="http://www.google.com/chromeframe/?redirect=true">install
Google Chrome Frame</a> to experience this site.</p>
  <![endif]-->
```

```
<header>

</header>
<div role="main">
  <p>Welcome to HTML5</p>
</div>
<footer>

</footer>

<!-- JavaScript at the bottom for fast page loading -->

<!-- Grab Google CDN's jQuery, with a protocol relative URL;
fall back to local if offline -->
  <script
src="//ajax.googleapis.com/ajax/libs/jquery/1.7.1/jquery.min.js">
</script>
<script>
  window.jQuery || document.write('
  <script src="js/libs/jquery-1.7.1.min.js"><\/script>')
</script>

    <!-- scripts concatenated and minified via build script -->
    <script src="js/plugins.js"></script>
    <script src="js/script.js"></script>
    <!-- end scripts -->

</body>
</html>
```

针对本实例的特点,这里已经去掉了不相关的代码和注释。关于这个模板的设计和细节可以写一整本书来介绍。我们只关注其中 HTML5 的部分,这些已经足够开始使用了。

在浏览器中打开 *index.html* 文件,就有了开发 HTML5 应用的起点。让我们仔细查看这个样板的如下 7 个最相关的方面。

`<doctype>`

我们在实例 01 中提到过 HTML5 `<doctype>`的声明方式。

条件样式表

条件样式表是为了处理一些浏览器中的 CSS 渲染错误而开发的。由于并不是所有浏览器都正确实施了 W3C 的 CSS 规范,因此书写跨浏览器的 CSS 非常复杂。条件样式表确保你的网站可以在大部分流行的浏览器中得到一致的渲染效果，这样可以减轻前端工程师的痛苦。

这种理念来自于 IE 浏览器的条件注释方法，并且已经进化到了其他地方。你可以从 paulirish.com（*http://paulirish.com/2008/conditional-stylesheets-vs-css -hacks-answer-neither*）获取相关信息。

这个方案出现在 HTML 样板之前，但是由于集成到了 HTML5 样板中，它成为了构建 HTML5 应用的重要工具。

Modernizr

Modernizr 为设计可以在任意浏览器或者设备上正确显示的网站和应用提供了起点。

Modernizr 中包含的是 media query 测试和内置的类似于 YepNope.js 的微型库 `Modernizr.load()`。YepNope.js 在实例 55、实例 63 和实例 76 中提到过。

Chrome Frame

Google Chrome Frame 是一个开源的插件，它将 Google Chrome 集成到 IE 中。通过 Google Chrome Frame，你可以使用 Chrome 的 V8 JavaScript 解释器、HTML5 canvas 标记支持和其他 IE 中不包含的开放网络工具。

Header 和 *footer* 元素

在实例 02 中提到过模板默认包含了 header 和 footer 元素。

Google CDN's jQuery

jQuery 是常用的增强浏览器功能的工具库。它通过了跨浏览器测试，可以处理不同浏览器的不同特性。

CDN（Content Delivery Network）旨在解决静态文件（例如样式表、图片和 JavaScript）的网络延迟问题。

Optimized JavaScript

我们的 JavaScript 应该通过构建脚本连接起来并压缩，放置到页面的底部。Steve Souders 有三个优化网页性能的基本准则。更多相关信息请访问 stevesouders.com（*http://stevesouders.com/hpws/rules.php*）。

和 Node.js/Express 应用集成

不幸的是，这只能为不和 HTTP 或者 WebSocket 服务器端交互的 HTML5 功能带来好处。为了实现一个部署到远程服务器的全功能的应用，需要将这个样板集成到本章开始实例中的网页应用中。

幸运的是，我已经为你准备了这一切，并且托管在 Github 上。如果你熟悉 Git，可以直接下载这些代码：

```
$ git clone git@github.com:html5hacks/chapter9.git
$ npm install
$ node app.js
```

现在启动应用，更新 *index.jade* 和 *layout.jade* 文件，将之前从 HTML5 样板学到的东西添加进入。以下是原来的 *.jade* 文件 *layout.jade*：

```
!!!5
html(lang='en')
head
 meta(charset='utf-8')
 title HTML5 Hacks
 meta(name='description', content='')
 meta(name='author', content='')
 // 样式
 link(href='assets/css/bootstrap.css', rel='stylesheet')
 script(src='assets/js/application.js')
body
!= partial('partials/nav')
!= body
```

和 *index.jade*：

```
P HTML5 Hacks
```

添加完额外的标记和脚本声明之后，样板文件变为这样：

```
!!!5

// 如果版本低于 IE 7
    html(class="no-js ie6 oldie", lang="en")
// 如果版本为 IE 7
    html(class="no-js ie7 oldie", lang="en")
// 如果版本为 IE 8
```

```
      html(class="no-js ie8 oldie", lang="en")
// 如果版本高于 IE 8
html(class="no-js", lang="en")
      // <![endif]


head
  meta(charset='utf-8')
  title HTML5 Hacks
  meta(name='description', content='')
  meta(name='author', content='')
  meta(name='description', content='')
  // 样式
  link(href='css/style.css',    rel='stylesheet')
  script(src='js/libs/modernizr-2.5.3.min.js')
body

  // [if lt IE 7]><p class=chromeframe>Your browser is
<em>ancient!</em> <a href="http://browsehappy.com/">
// Upgrade to a different browser</a> or <a
href="http://www.google.com/chromeframe/?redirect=true">install
// Google Chrome Frame</a> to experience this site.</p>
<![endif]


  header
  != partial('partials/nav')
  div(role="main")
  != body
  footer
  // 将 JavaScript 放到底部有利于页面快速加载
  // 通过绝对地址 URL 从谷歌的 CDN 获取 jQuery;
fall back to local if offline


  script(
src='http//ajax.googleapis.com/ajax/libs/jquery/1.7.1/jquery.min.js')
  script

window.jQuery || document.write('
<script src="js/libs/jquery-1.7.1.min.js"> <\/script>')

  script(src='js/plugins.js')
  script(src='js/script.js')
```

可以看到，在.*jade* 文件中包含标记、样式和脚本声明，能让模板的维护尽量简单。

HTML5 敏捷实践

成为一个 HTML5 高手

本章的标题为"使用 Node.js 开发高级 HTML5 应用"。到此为止，你应该能够使用从本章学到的 HTML5 规范开发可以部署到生产环境的应用了。

本书的目的是通过逐步向你展示开发过程，将现有工具组合为一个开发必备工具箱，让你成为一个 HTML5 专家。

现在开始吧！你已经掌握了快速创建和部署自己的 HTML5 应用的所有内容了！

更多相关信息请访问 *http://html5hacks.com/join*。

索引

HTML5 敏捷实践

W

WAP (Wireless Application Protocol), 121

web fonts, 56-70

Amazon S3 Bucket, 405

bold/italic, 59

browser support/performance, 61

creating custom fonts with, 56

Google Web Fonts, 61

Web Fonts service, Google API access, 66

web pages, WYSIWYG editing of, 227-230

web sockets

build a donation thermometer, 365-381

building with Node.js, 358-365

controlling a slide deck, 411-432

cross-platform plug-ins, 381

echoing simple messages, 350-357

native vs. emulated, 432

WebSocket Protocol, 349

web-based visualization, 324

WebKit-based browsers, 54

WebM codec, 129

WebSocket HyBi protocol, 359

WebSocket Protocol, 296

WebStorage API, 244

WebVTT (Web Video Text Tracks), 140, 142, 155

webworkers, 305-347

and client-centric apps, 323

dedicated, 313-322, 336-340

inline worker, 307-312

JavaScript and, 305

pros and cons of, 305

shared, 345

third-party libraries, 341

Wejrowski, Brett, 252

window.history methods, 234

WOFF (web-only font format), 61

word-wrap attribute, 71

writeHead ( ) method, 446

ws Module, 358

WYSIWYG editor, 227-230

X

XHR-polling polyfills, 432

XHR2, 242

Y

YepNope.js, 250, 300

YUI date picker, 24

YUI slider utility, 29

Z

zebra stripe data tables, 86

ZIP files, 258

zip.js library, 258

关于作者

Jesse Cravens 是 Frog 公司的高级工程师。Frog 是一家为世界顶级公司提供设计、工程、服务的公司。他有很丰富的网页应用开发经验，最近关注于单页面网页应用架构、移动互联网和 HTML5。

之前，他担任 USAA 的高级开发和技术管理职位。领导一支移动应用开发团队，负责 USAA 领先的 iOS、安卓、黑莓和其他移动网页应用的规划、设计、开发、测试、实施和维护。这些应用在全球有大约 8 亿用户。

Jesse 拥有美国莱斯大学的艺术学士学位和位于圣东安尼奥的美国德州大学的课程与教学硕士学位。目前他和妻子、两个孩子生活在德克萨斯州奥斯汀。他的个人网站是 jessecravens.com。

Jeff Burtoft 是微软公司的 HTML5 传教士，每天在 HTML5 社区高兴地工作。他的博客地址是 *http://html5Hacks.com*。他开发了多款受欢迎的移动应用。

Jeff 在网页应用开发社区有 10 年以上的经验。他的工作经历很丰富，做过创业公司的网络管理员和美国国防部的多媒体顾问。Jeff 在位于德克萨斯州圣安东尼奥的财富 500 公司做了 5 年多的首席前端工程师。Jeff 拥有美国杜肯大学的修辞研究学士学位和位于波多黎各圣胡安的美洲大学的拉丁美洲商业证书。在过去的几年中，Jeff 主要关注于互联网：HTML、JavaScript、CSS，现在关注 HTML5。

Jeff 和他的妻子、三个孩子生活在华盛顿州贝尔维尤市。在业余时间，他喜欢开发移动应用和陪孩子们玩视频游戏。

博文视点精品图书展台

专业典藏

移动开发

大数据·云计算·物联网

数据库
Web开发

程序设计
软件工程

办公精品
网络营销